科技成果评价：

方法与实务

张　龙　曾硕勋◎编著

U0833262

科学技术文献出版社
SCIENTIFIC AND TECHNICAL DOCUMENTATION PRESS
·北京·

图书在版编目（CIP）数据

科技成果评价：方法与实务 / 张龙，曾硕勋编著. —北京：科学技术文献出版社，2021.8

ISBN 978-7-5189-8224-0

Ⅰ.①科… Ⅱ.①张… ②曾… Ⅲ.①科技成果—评价 Ⅳ.① G311

中国版本图书馆 CIP 数据核字（2021）第 164672 号

科技成果评价：方法与实务

策划编辑：崔 静 责任编辑：刘英杰 司马国辉 责任校对：张吲哚 责任出版：张志平

出 版 者 科学技术文献出版社
地 址 北京市复兴路15号 邮编 100038
编 务 部 （010）58882938，58882087（传真）
发 行 部 （010）58882868，58882870（传真）
邮 购 部 （010）58882873
官方网址 www.stdp.com.cn
发 行 者 科学技术文献出版社发行 全国各地新华书店经销
印 刷 者 北京虎彩文化传播有限公司
版 次 2021 年 8 月第 1 版 2021 年 8 月第 1 次印刷
开 本 710×1000 1/16
字 数 328千
印 张 23.25
书 号 ISBN 978-7-5189-8224-0
定 价 76.00元

版权所有 违法必究

购买本社图书，凡字迹不清、缺页、倒页、脱页者，本社发行部负责调换

序　言

2016年科技部正式废止了《科学技术成果鉴定办法》，全面取消了科技成果鉴定，科技行政管理部门不再组织成果评价，甘肃省科学技术情报研究所被甘肃省科学技术厅认定为首批第三方科技成果评价机构，专业从事科技成果评价工作。研究制定规范的成果评价业务流程，构建科学合理的评价指标体系等一系列问题成为当务之急。本书的出版，是甘肃省科学技术情报研究所针对这一问题的积极探索和实践，将对甘肃省的第三方科技成果评价和科技成果转移转化产生积极的推动作用。

本书是在充分调研、反复论证、全面实践的基础上，集思广益、博采众长而成。本书制定了集“评价咨询、形式审查、合同签订、评价师评价、专家遴选、专家咨询、综合评价、结果公示、报告发布”于一体的甘肃省第三方科技成果评价业务规范，形成了以“技术成熟度、技术创新度、技术先进度、社会效益、经济效益、生态效益、研发团队、知识产权、转化风险”为核心的分类评价指标体系，实现了由传统的“定性鉴定”到“定性＋定量”的综合性评价的重大转变，客观地反映了科技成果的技术水平和应用效益。

2021年5月21日，习近平总书记在中央全面深化改革委员会第十九次会议上强调：加快实现科技自立自强，要用好科技成果评价这个指挥棒，遵循科技创新规律，坚持正确的科技成果评价导向，激发科技人员积极性。会上通过了《关于完善科技成果评价机制的指导意见》，强调科技成果评价要坚持以质量、绩效、贡献为核心的评价导向，重点要围绕“评什么”“谁来评”“怎么评”“怎么用”四大问题开展专题调研。本书从科技成果的技术、应用、团队、产出、转化等5个层面17个维度，详细阐述了科技成果评价的方法与经验，内容从理论到实践，由简到繁，通俗易懂。我相信本书的出版，将是对甘肃省科技成果评价体系的进一步完善和提升，对全面客观反映科技成果的科学价值、技术价值、经济价值、社会价值、文化价值提供重要的理论和实践基础。

甘肃省科学技术情报研究所　所长
甘肃省科技发展战略研究院　院长
2021年7月

目　录

第1章

科技成果评价概述

1.1 科技成果评价定义

1.1.1 科技成果概念

清源则正本，弄清楚什么是科技成果评价之前，我们需要了解其基础，即什么是科技及什么是科技成果。

（1）科学与技术的区别与联系

由于科学与技术经常性地同时出现，不少非科技人员并不清楚它们之间的区别与联系，因此社会各界习惯性地把科学和技术连在一起，统称为科学技术，简称科技。然而，实际上二者既有密切联系，又有重大区别。

科学要解决的问题，是发现自然界中客观存在的事实（可能无法感知）与现象之间的关系，并建立理论把事实与现象关联起来，弄清楚事物之间的关系，开展理论、原理、机制等基础性研究。技术的任务则是把科学的成果应用到实际问题中去，当然也涉及部分应用的技术问题，主要侧重于如何使用，即应用的方式方法、应用领域等。

科学主要倾向于探索未知，这也是科学总是支持自由探索的原因（如我国的自然科学基金支持的项目），科学研究导致的相关理论、机制的发明、发现往往能带来学科领域的重大的突破，影响社会经济发展，甚至引起社会重大变革，如蒸汽的能量转换为机械能、电磁感应、爱因斯坦方程式等的发现。社会、经济巨大的前进发展，也可能是灾难性的战争结果。当然，众多理论性的重大科学研究可能仅仅引起学术界的震动，不会立即产生实际效益，如世界最美公式——欧拉公式（Euler's formula）、杨－米尔斯（Yang–Mills）理论等均是世界级重大科学成就，当前还未能产生重大社会效益和经济效益，其潜能在未来可能不可估量，但还缺乏激发其最大价值的条件。总体来说，科学研究导致的结果难以较为准确地预判。技术主要倾向于相对成熟的技术应用，相对来说技术的应用较为简单。当然也存在由于其他技术障碍导致跨领域的技术应用无法实现，如某项技术在空气环境中应用成熟，但在太空、深海环境中应用却存在问题，当然这些其他技术的障碍是可以在一定范围内进行预判的。

科学与技术又是互相联系、互相依赖、互相促进、相辅相成的统一体。科学承担的是认识世界，技术承担的是改造世界，科学提供规律、理论去指导技术，为技术的发展提供基础和支撑。技术通过主观世界的创新、创造，去改造世界以满足人类发展的需求，与此同时，技术进步则不断地向科学研究提出新的问题，要求从本源上解决，这就需要科学的进步，从而反过来激励科学发展。

（2）社会科学是否也是科学

社会科学是否也是科学，这个命题仁者见仁智者见智。蒂姆·卢恩斯（Tim Lewens）《科学的意义》一书，便从科学哲学的角度出发，让我们重新理解“科学”究竟意味着什么。正如爱因斯坦所说，“大多数科学家深受其时代偏见之苦，而历史、哲学方面的知识可以赋予他们那种摆脱偏见的独立性。在我看来，这种由哲学洞见带来的独立性，正是一个单纯的工匠或专家和真正追求真理之人的显著差别所在。”然而，我们经常在日常生活中使用“科学”一词，它享有尊贵的地位，但有时它的含义似乎并不清晰。清末，现代意义上的“科学”概念经由日本传入中国；五四运动时，它以“赛先生”的身份，获得交口称赞。20世纪20年代初著名的“科玄论战”中，被斥为“玄学鬼”的玄学派大败，而科学派大胜。在如此的文化氛围中，“科学”获得至高的地位。我们似乎默认了“科学”的含义，但它具体所指为何，似乎并不清楚。中医是科学吗？炼金术是不是科学？与之密切相关的是，科学对于我们意味着什么？科学能够解决我们的人生困惑吗？答案均不清楚。蒂姆·卢恩斯(Tim Lewens)《科学的意义》一书就从科学哲学的角度，试图回应这些问题。卢恩斯是英国剑桥大学科学哲学教授，对科学哲学史和当代科学哲学的争论（包括抽象的理论争论和具体的现实争论）都非常熟悉，他也正是以这些为资源，回应我们上面提到的问题。但这并不是一本拒普通读者于千里之外的“专业书”，因为“它没有预设任何科学知识，也不要求读者熟知哲学”。

判定科学的标准是什么？“‘科学’意味着什么？”这是卢恩斯给此书第一部分所起的标题，他借用 20 世纪两个著名科学哲学家卡尔·波普尔（Karl Popper）、托马斯·库恩（Thomas Kuhn）的工作，讨论我们是如何判定科学的标准的。波普尔相信，科学运作是一个“猜想与反驳”的过程，一个解释世界的信念系统（猜想），只有在其可能被观察证伪的情况下（反驳），才是一个科学的体系。比如爱因斯坦的相对论预测了太阳对经由它而达到地球的光线所产生的弯曲效应，如果实际观察结果与之相反，就可以证伪相对论。而非科学或伪科学则不能证伪，比如星座算命，比如说世界的本原是“太极”这样的形而上学命题。中医是否是科学？似乎也可以检验一下，比如中医的那一套基础理论，阴阳五行之类，似乎和形而上学命题一样，并不能检验；而有一些中医临床经验，似乎类似于经验总结，可以证伪。总体而言，国外学者认为历史、哲学等社会科学为科学范畴，但把玄学、星座算命、太极等虚幻无根据或暂无法解释的学说当成伪科学。

有人认为科学至少应该包括以下几个方面：一是对象的确定性和普遍性；二是前提和条件的量化和有限性；三是判断和推论的必然性。显然，社会要作为科学研究的对象在这几个方面都很难达到要求，更重要的是，社会研究者本身就是其研究对象的构成要素，使科学研究所必须具有的客观性不可避免地被主体性、目的性所“污染”，几乎使任何“社会科学”成为不可能！总而言之，科学需要具备可验证、可再现、可重复三要素。也有人认为社会科学当然是科学，可以被实践证伪，同等条件下可以被复制，满足这两个条件的社会理论就是科学。绝对多数社会科学不满足可重复要求，尽管有“社会科学最好的老师，是历史，阳光下没有新东西，发生过的还会发生！”，但也有“人不可能两次踏入同一条河流”等哲学思想，这就说明社会发展不可能完全重复。

基于上述阐述，社会科学是否为科学仍然混沌，或许我们的认识有限，或许某些事物不可认识，又或许某些所谓的事物本就不存在而导致无法认识。我们在现有的认识范围内批判性地划定部分社会科学为科学，作为本书成果评价对象的一部分。

（3）科技成果

科技成果顾名思义即科学技术产生的成果。前面我们已经界定了科技的范畴，什么样的科学技术产生的结果才能称为成果？

新中国成立后，1961 年 4 月 22 日国务院全体会议（第 110 次会议）通过并发布试行的《新产品新工艺技术鉴定暂行办法》最早界定科技成果，该办法指出科技成果主要是指技术上成熟、经济上合理的新产品、新工艺。这体现出了我国社会、经济、科技发展的历史背景，即一穷二白，急需社会经济的发展，科技为改造、建设社会主义新中国而服务。

1986 年，中国科学院在《中国科学院科学技术研究成果管理办法》中把科技成果的含义界定为：对某一科学技术研究课题，通过观察实验、研究试制或辩证思维活动取得的具有一定学术意义或实用意义的结果。

2004 年 12 月 16 日，最高人民法院公布《最高人民法院关于审理技术合同纠纷案件适用法律若干问题的解释》，明确指出了技术成果的一般规定：“技术成果，是指利用科学技术知识、信息和经验做出的涉及产品、工艺、材料及其改进等的技术方案，包括专利、专利申请、技术秘密、计算机软件、集成电路布图设计、植物新品种等。”这对技术成果所包含的内容形式进行了较为具体的规定。总的来看，科技成果是人类的智力劳动产物，与有形物有很大差别。

2015 年 8 月修订的《中华人民共和国促进科技成果转化法》中明确指出，科技成果是“通过科学研究与技术开发所产生的具有实用价值的成果”。

2016 年《高新技术企业认定管理工作指引》规定，依照促进科技成果转化法，科技成果是指通过科学研究与技术开发所产生的具有实用价值的成果（专利、版权、集成电路布图设计等）。这一界定与促进科技成果转化法第二条款规定是一样的，但增加了一个括号，具体限定了科技成果的范围，让人更为清晰地辨识科技成果。由此可知，任何一件专利、版权、集成电路布图设计都是科技成果，而科技信息、科技知识将不被认为是科技成果范畴。这意味着，在任何科技项目的研发中，取得若干相应的知识产权，即可视为获得了若干项科技成果。

国内学者也对科技成果的定义提出了自身的认识。

河北省软件评测中心给出了科技成果的概念，他们认为所谓科技成果是指人们在科学技术活动中通过复杂的智力劳动所得出的具有某种被公认的学术或经济价值的知识产品，是指由法定机关（一般指科技行政部门）认可，在一定范围内经实践证明先进、成熟、适用，能取得良好经济、社会或生态环境效益的科学技术成果，其内涵与知识产权和专有技术基本相一致，是无形资产中不可缺少的重要组成部分。

刘天立（1984）认为科技成果的科学定义，实际就是解决什么样的科技研究工作结果是科技成果的问题。他认为不是所有的科技研究工作的结果都是科技成果，它应该是有条件的，有标准和要求的。他提出了科技成果的定义范围，科技成果是研究自然科学技术的结果。自然科学由基础科学、技术科学、应用科学三部分组成。技术领域则主要由工业技术、农业技术、医疗卫生技术、交通运输技术等组成。不难看出，所谓科学技术研究的对象、内容和所取得的结果，在上述三大科学和几个主要技术领域之内，这就是科技成果的定义范围。

殷起鸣（1984）认为科技成果是科技人员辛勤劳动的结晶，是经济发展的重要资源。

郭美云（1988）给出了科技成果的定义，她认为科技成果是自然科学技术研究成果的简称。目前各界对科技成果的定义及其分类认识上并不统一。她认为科技成果是研究自然科学技术的结果，因此，科技成果定义的范围应该是自然科学的定义范围。而自然科学由基础科学、技术科学、应用科学三部分组成。故而，科技成果是在上述三大科学领域内，通过观察、实验和辩证思维活动取得的具有一定学术意义或实用意义的创造性成果。科技成果必须是通过科研活动取得的，必须具有创造性、先进性，具有一定的学术意义或实用意义。没有创造性的科研结果不能视为科技成果，没有新观点、新见解也不能算科技成果。科技成果应该有其客观标准，不能随意解释。

荆明新（1989）认为科技成果是我国科技管理工作的专门术语，泛指科学技术研究中取得的成功结果或成就。科技成果是指对某一科学技术研究课题，运用系统分析方法，通过调查考察、实验研究、设计试制和辩证思维活动，所取得的具有一定学术意义或实用价值的创造性研究结果。它包括科学发现、技术发明、技术改进及其他推动科技进步的成果。科学发现是指对本来已存在的自然现象及物质，经过研究、探索，取得了新的认识。技术发明是指经过实验研究创造出了前所未有的新技术、新方法、新物质、新用途。技术改进是指对机器设备、工具、工艺技术等方面所做的改进和革新。科技进步是指利用科学技术推动了国民经济建设与人类社会及科学技术事业本身的发展，是人们在改造世界的活动中，因技术变革而使科技系统总体效能不断提高的动态过程。他认为以下 4 种情况可作为科技成果：①对前人已经确定的概念、定律等，做出否定性的科学论证，并为国内外同行学者所公认。②在重大科技攻关及高技术项目研究中，周期长、难度大，并能独立应用或具有重要学术价值的阶段性研究结果。③引进、消化、吸收某些国外、省外的科技成就，研制出新技术、新产品、新设备，或对其加以改进和提高，对本国或本省的建设起到了重要作用，具有地域新颖性。④在科技成果的推广应用过程中，其措施有很大的创新，做出了创造性贡献，取得显著经济效益或社会效益。他还提出了不能算作科技成果的情形：①未经系统分析、科学实验，仅取得某些偶然的、无规律且重复性差的结果。②只进行某些原理性试验，未形成较完整的概念，且不能显示其学术意义及应用价值。③未经严格论证，不能揭示事物本质的结论。④学习、移植仿制其他地区、部门的一般性新技术、新工艺、新产品及其他低水平重复科研项目。⑤以收集、汇编他人知识、经验为主，缺少自己创新性科研内容的编著、教材、讲话、文献综述、学术评论等。⑥一般性的科技调查、考察，未得出规律性认识及提供普遍指导作用。⑦一般性科研项目中的阶段性进展，或重大科技攻关项目及高技术研究中不能独立应用的阶段性研究结果。⑧在科技成果推广工作中，仅在推广范围上有所扩大，而在推广措施及技术难点的解决方面无明显创新。

李宏伟（1994）认为科技成果是指对某一科学技术研究课题，通过实验研究、调查、考察，取得的具有一定实用价值或学术意义的结果。

丁向阳（1995）评论了科技成果评价的基本概念。从价值论的观点出发，价值的本质体现是指客体满足主体需要的过程（或程度）。客体指评价对象，主体指评价者（或它所代表的用户），科技成果的价值则是指科技成果对人类需要（包括物质和精神方面的需要）的满足程度和过程。其价值内容主要包括知识价值和实用价值及社会价值。知识价值主要体现人类精神需要的满足；实用价值主要体现人类物质需要的满足；社会价值则既包括人类对物质生活高质量的追求和满足，也包括人类对精神愉悦不同程度的需要和满足。科技成果对人类需要的满足有一个完善和提高的过程。因此，对科技成果价值的认识也需要有一个过程。

1995 年《矿山测量》报道了《什么是科技成果》，指出科技成果包括：①阐明自然现象、特征、规律及其内在联系的，在学术上具有新见解，并对科学技术发展具有指导意义的科学理论成果，包括基础研究理论成果和部分应用研究理论成果；②解决生产建设中科学技术问题的，具有新颖性、先进性和实用价值的应用技术成果，包括新产品、新技术、新工艺、新材料、新设计和生物、矿产新品种等；③推动决策科学化和管理现代化，对促进科技、经济与社会的协调发展起重大作用的软科学研究成果。它将软科学也作为科技成果的重要组成部分。

杨庆华等（1995）认为科技成果是在科学技术实践中人们通过脑力劳动创造出来的知识产品的总称，可分为自然科技成果和社会科学成果。他将社会科学成果也作为科技成果的一个部分。

岳莎莎（2009）认为科技成果就是科学技术成果的简称，是指对科学研究课题通过调查考察、实验研究、设计试验和辩证思维等活动，所取得的具有一定学术意义或实用价值的创造性成果的统称。

综上所述，不管是官方、社会组织还是研究学者，“科技成果”一词频繁地被人们所使用，并且也出现在有关科技成果管理方面的政策法规上，然而对该词却没有明晰统一的认识，从而造成了很多问题。“科技成果”一词是具有中国特色的一个词，它是从“科学”一词演化来的，在计划经济时期、市场经济初期、市场经济成熟期及加入WTO后，它的内涵均有所不同。在新的时期，为了明确认识，把“科技成果”分解为“科学成果”和“技术成果”两部分，并把“软科学成果”排除在“科技成果”的范围之外。我们认为随着科技的发展，科技成果的定义绝不会一成不变，因此，也难形成统一认识，总体趋势还是一致的。

我们认为科技成果的定义应该包含但不限于以下范围：①任何一项可以称为科技成果的科研结果都注入了新的人类智慧；②科技成果的出发点和落脚点充满中性或正向性的社会属性，绝不是以反人类为目的的结果。

1.1.2　科技成果形式

1986年中国科学院《中国科学院科学技术研究成果管理办法》在阐述科技成果的特征时指出，新产品、新工艺、新材料及科技报告等，通过专利审查、专家鉴定、检测、评估或市场及其他形式的社会确认，都是科技成果的形式。

赵永新等（1988）综述了各级科研管理机构的科技成果分类，其中农业科技成果分类“国家科技进步奖”把科技成果分成七类，如新成果，推广应用成果，采用新技术成果，消化、吸收、开发利用成果，基础技术和软科学类等成果，含10个评分指标。“上海市科技进步奖”把科技成果分成三类或四类，如应用、开发、软件、理论，含 14 个指标。上海市农科院从实际出发，要求成果分类简单明了，并与计划管理的分类相吻合，分为基础研究（含软件）、应用研究、开发（推广）研究三类成果。

杨庆华等（1995）认为基础研究成果指自然现象、探索自然规律、揭示运动规律、提出基本原理、获得新的知识体系及建立新的或完善已有的定理、定律、理论、学说的科技活动等形式。应用研究成果探索出用于生产的新技术、新工艺、新产品、新材料、新方法的原型、雏形或原理性样机等形式，得到应用于生产的规律性和可行性。发展研究科技成果具体包括新的或改进的产品、工艺、流程、方案等形式，一般可直接移交生产投入使用。

2004 年 12 月 16 日最高人民法院公布的《最高人民法院关于审理技术合同纠纷案件适用法律若干问题的解释》指出：利用科学技术知识、信息和经验做出的涉及产品、工艺、材料及其改进等的技术方案，包括专利、专利申请、技术秘密、计算机软件、集成电路布图设计、植物新品种等都是科技成果的具体形式。

（1）论文

论文常用来指进行各个学术领域的研究和描述学术研究成果的文章，简称为论文。它既是探讨问题进行学术研究的一种手段，又是描述学术研究成果进行学术交流的一种工具，即在科学领域内表达科学研究成果的文章。它包括学年论文、毕业论文、学位论文、科技论文、成果论文等。

（2）专利

专利（patent），从字面上是指专有的权利和利益。“专利”一词来源于拉丁语 Litterae patentes，意为公开的信件或公共文献，是中世纪的君主用来颁布某种特权的证明，后来指英国国王亲自签署的独占权利证书。在现代，专利一般是由政府机关或者代表若干国家的区域性组织根据申请而颁发的一种文件，这种文件记载了发明创造的内容，并且在一定时期内产生这样一种法律状态，即获得专利的发明创造在一般情况下他人只有经专利权人许可才能予以实施。在我国，专利分为发明、实用新型和外观设计 3 种类型。

（3）标准

标准是对重复性事物和概念所做的统一规定，它以科学技术和实践经验的结合成果为基础，经有关方面协商一致，由主管机构批准，以特定形式发布作为共同遵守的准则和依据。我国标准有国家标准、行业标准、地方标准和企业标准、团体标准四级。其中国家标准是指对需要在全国范围内统一的技术要求，国家标准又可以分为：强制标准，冠以“GB”标识；推荐标准，冠以“GB/T”标识；指导性技术标准，冠以“GB/Z”标识。国家标准是四级标准中要求最低的标准。行业标准是对没有国家标准而又需要在全国某个行业范围内统一的技术要求所制定的标准。行业标准是在全国某个行业范围内统一的标准。行业标准由国务院有关行政主管部门制定，并报国务院标准化行政主管部门备案。当同一内容的国家标准公布后，则该内容的行业标准即行废止。行业标准由行业标准归口部门统一管理。行业标准的归口部门及其所管理的行业标准范围，由国务院有关行政主管部门提出申请报告，国务院标准化行政主管部门审查确定，并公布该行业的行业标准代号。行业标准标识代码较多。地方标准是由地方（省、自治区、直辖市）标准化主管机构或专业主管部门批准、发布，在某一地区范围内统一的标准。制定地方标准一般有利于发挥地区优势，有利于提高地方产品的质量和竞争能力，同时也使标准更符合地方实际，有利于标准的贯彻执行。但地方标准的范围要从严控制，凡有国家标准、专业（部）标准的不能制定地方标准，军工产品、机车、船舶等也不宜制定地方标准。地方标准冠以DB作为标识。企业标准是在企业范围内需要协调、统一的技术要求、管理要求和工作要求所制定的标准，是企业组织生产、经营活动的依据。国家鼓励企业自行制定严于国家标准或行业标准的企业标准。企业标准由企业制定，由企业法人代表或法人代表授权的主管领导批准、发布。企业标准一般以“Q”作为标准的开头。企业标准是当前我国四个层级标准中要求最高的标准。团体标准是指由团体按照团体确立的标准制定程序自主制定发布，由社会自愿采用的标准。团体标准是我国标准的新成员，2015年开始试行，2019年1月正式启用。主要政策经历为：2015年3月11日，国务院印发《深化标准化工作改革方案》，拉开了我国团体标准发展的帷幕；2016 年 3 月，质检总局、国家标准委联合印发《关于培育和发展团体标准的指导意见》；2017 年 12 月，质检总局、国家标准委、民政部联合印发《团体标准管理规定（试行）》。2018 年 1 月 1 日，新修订的《中华人民共和国标准化法》正式实施，新法赋予团体标准明确的法律地位，团体标准、企业标准作为市场自主制定的标准，与国家标准、行业标准、地方标准等政府主导制定的标准共同构成国家标准体系。2019 年 1 月国家标准委、民政部联合印发《团体标准管理规定》。

（4）著作

著作一般指专门针对某一问题进行的深入研究，具有较高学术水平和一定的创造性的文献。载体有古代的竹简，现代的纸质、电子形式等。我们这里指的著作与常规的著作稍有差异，普通的回忆录、年鉴、小说等著作不属于科技成果著作范畴，因为未涉及科学技术创新，也未出现新智慧地融入。为此，我们给出了科技成果评价范畴里的著作定义，我们认为科技成果著作应该涵盖科研新理论、新设计、新技术应用、新思路等核心内容的著作。这里我们需要特别区分科技成果著作与教材。①教材是供教学用的资料，如课本、讲义等；学术著作则一般是研究人员或专业人士用来发表自己对一个课题的理解与认识的论文。②在体系性上，它们是有所不同的。教材的体系更体现一种综合性的体系。如高中物理，它讲力、物体的平衡、直线运动、牛顿运动定律、曲线运动、万有引力、动量和动量守恒等，这些形成物理基础教育的体系。学术著作只在专门性的领域有自己的体系，例如力学领域，胡海昌（院士）有《弹性力学的变分原理及应用》，张汝清有《固体力学的变分原理及应用》，还有其他的研究领域，它们自成体系，没有一位科学家研究所有的物理领域。③教材具有综合性，学术著作具有专门性。如高中语文综合了古今中外名家作品，很多流派；而学术著作不可能，即使是文学史类著作，专业性也很强，不可能“东一榔头西一棒槌”，如《中国古代文学史》《中国现代文学史》等。④教材在知识层次上一般来说都不是太深奥，即使是高等教育教材也是，因为它要让学生能学得下去；而学术著作一般来说就比较有深度了，没有深度也谈不上学术。

⑤教材具有层进性，一般是从易到难，根据受众的教育程度来编。如高中教材不会专门教学小学课本知识，也不能把大学难度的拿来。而学术著作是不管这个的，它是作者殚精竭虑研究的成果，也能成为别人研究的对象。如高中语文教材里选有《论语》，编者在难易度、思想情感等方面都为学生量身定做，而于丹的《于丹〈论语〉心得》肯定不会把学生接受程度放在第一位。⑥教材是为学生准备的，所以具有极强的政府指导性、干预性；而学术著作要自由得多，政府还出台措施鼓励学术研究。

（5）报告

报告是一种记录事实，或根据事实预测未来可能的文献。涉及种类众多，纳入科技成果评价范畴的报告十分有限，我们认为记录某一科研项目，含有新发现、新理论、新设计、新方案等调查、实验、研究的成果或进展情况的报告，可作为科技成果评价的报告，多数报告含有技术参数的图纸、原理性模型、函数等内容。不能作为科技成果的报告具体有：①按照上级部署或工作计划，每完成一项任务，反映工作中的基本情况、工作中取得的经验教训、存在的问题及今后工作设想等，以取得上级领导的指导而写的工作报告；②各种全国性的向政党成员、民众或区域成员汇报某一时期的工作，如我国总理作的政府工作报告；③政府、企事业单位、社会组织等的战略、管理、营销、生产、财务等发展报告；④记录行业发展历史、趋势等的发展报告，由中国非国有经济研究会研究发布的报告，如中国实体经济发展报告等；⑤一般事务性的工作总结报告，反映“例行公事”的内容，如出差、检查、体检、安检报告等；⑥未能注入新发现、新理论等内容，仅仅简单分析前人技术内容，提出领域存在的公知问题的报告，如学生的开题报告，课题立项的开题报告等；⑦反映事实的报告，如征信报告、说明报告、证明报告等。

（6）技术方案

技术方案是为研究解决各类技术问题，有针对性，系统性地提出的方法、应对措施及相关对策。内容可包括科研方案、计划方案、规划方案、建设方案、设计方案、施工方案、施工组织设计、投标流程中的技术性文件、大型吊装作业的吊装作业方案、生产方案、管理方案、技术措施、技术路线、技术改革方案等。

(7) 新技术

新技术仅仅体现在新的技术应用方式方法上，如新的操作方法即可成为新的技术，或将原有的技术进行整合、融合应用，产生技术效果的巨大改进等均可作为新技术，而这种整合、融合并非简单的合并，而是注入了新的人类智慧。

(8) 新工艺

新工艺是指劳动者利用各类新的生产工具对各种原材料、半成品进行加工或处理，最终使之成为成品的方法与过程。

制定新工艺的原则是技术上的先进和经济上的合理。由于不同的工厂的设备生产能力、精度及工人熟练程度等因素都大不相同，所以对于同一种产品而言，不同的工厂制定的工艺可能是不同的；甚至同一个工厂在不同的时期做的工艺也可能不同。可见，就某一产品而言，工艺并不是唯一的，而且没有好坏之分。这种不确定性和不唯一性，和现代工业的其他元素有较大的不同。内画、玉雕等都是中国特有的一种工艺形式。

(9) 新产品

新产品是一个广义的新产品概念，它具体可以包括新发明产品、改进的产品和新的品牌。新产品除包含因科学技术在某一领域的重大发现外，还包括如下方面：在生产销售方面，只要产品在功能或形态上发生改变，与原来的产品产生差异，甚至只是产品单纯由原有市场进入新的市场，都可视为新产品；在消费者方面则指能进入市场给消费者提供新的利益或新的效用而被消费者认可的产品。

(10) 新材料

新材料是指新近发展或正在发展的具有优异性能的结构材料和有特殊性质的功能材料。结构材料主要是利用它们的强度、韧性、硬度、弹性等机械性能，有新型陶瓷材料、非晶态合金（金属玻璃）等。功能材料主要是利用其所具有的电、光、声、磁、热等功能和物理效应。近几年，世界上研究、发展的新材料主要有新金属材料、精细陶瓷和光纤等。

（11）新设备

新设备通常指在规格、性能、精度或自动化程度等方面有提高或扩大的设备。新设备与传统设备相比较，一般生产效率将有明显提高，包括采用先进的新设备可以取得改进产品质量、提高劳动生产率、缩短生产周期、减轻工人劳动强度、改善劳动条件和降低产品成本等各种经济效益。

（12）新品种

新品种主要为自然界中存在，被人类新发现的品种，或通过人为加工而形成的新品种，这里我们一般指动植物新品种。动物新品种，即由动物育种工作者利用生物和育种技术所培育出来的一类新的动物品种。植物新品种，是指经过人工培育或对发现的野生植物加以开发，具备新颖性、特异性、一致性和稳定性并有适当命名的植物品种。我们要求新品种需要取得权威机构颁发的证书，确保其合法性。

（13）计算机软件著作权

计算机软件著作权是指软件的开发者或其他权利人依据有关著作权法律的规定，对于软件作品所享有的各项专有权利。就权利的性质而言，它属于一种民事权利，具备民事权利的共同特征。著作权是知识产权中的例外，因为著作权的取得无须经过个别确认，这就是人们常说的“自动保护”原则。软件经过登记后，软件著作权人享有发表权、开发者身份权、使用权、使用许可权和获得报酬权。

（14）集成电路布图设计

集成电路布图设计是指集成电路中至少有一个是有源元件的两个以上元件和部分或者全部互联线路的三维配置，或者为制造集成电路而准备的上述三维配置。通俗地说，它就是确定用以制造集成电路的电子元件在一个传导材料中的几何图形排列和连接的布局设计。集成电路指半导体集成电路，即以半导体材料为基片，将至少有一个是有源元件的两个以上元件和部分或者全部互连线路集成在基片之中或者基片之上，以执行某种电子功能的中间产品或者最终产品。它是微电子技术的核心，电子信息技术的基础，广泛应用于计算机、通信设备、家用电器等电子产品，具备集成性、整体性及工艺严格性。

（15）其他成果

科技发展日新月异，难以判断是否有其他新的科技成果形式。在此，我们给未来的无限可能留足空间，它们可能已经出现，但不被接受，未纳入科技成果范畴。它们也可能尚在萌芽，或还虚无缥缈。我们期待它们的尽快到来。

综上所述，我们将现有认识到的科技成果具体形式进行了逐一介绍。我们在这里需要对部分误解科技成果的形式情形做一说明，部分科研人员认为科技奖励、荣誉，甚至是培养的人才等也是科技成果的重要体现形式。如前述科技成果定义，科技成果一定是含有新的发现、理论、产品、技术等的载体，必然包含新的人类智慧，而奖励、荣誉本身未能承载这些内容，培养的人才可能具有产生科技成果的技能，但很难去核实，故而也不能作为科技成果的载体。

1.1.3 科技成果特征

科技成果的存在有其表象特点，我们可以从这些具体的表象来判断其是否为科技成果。

1986 年《中国科学院科学技术研究成果管理办法》指出科技成果具备以下特征。①新颖性与先进性：没有新的创见、新的技术特点或与已有的同类科技成果相比较的先进之处，不能作为新科技成果；②实用性与重复性：实用性包括符合科学规律、具有实施条件、满足社会需要，重复性是可以被他人重复使用或进行验证；③应具有独立、完整的内容和存在形式，如新产品、新工艺、新材料及科技报告等；④应通过一定形式予以确认：通过专利审查、专家鉴定、检测、评估或市场及其他形式的社会确认。

郭美云（1988）给出了科技需要具备以下条件特征：①科技成果必须是通过科研活动取得的，必须具有创造性、先进性，具有一定的学术意义或实用意义；②没有创造性的科研结果不能视为科技成果，没有新观点、新见解也不能算科技成果。科技成果应该有其客观标准，不能随意解释。

荆明新（1989）认为科技成果应该具备以下特征。①创新性：要求科技成果必须有独创之处，是前所未有的或是在原有知识、技术的基础上增添了新内容。创新性（或称新颖性）是科技成果的灵魂。②先进性：要求科技成果必须比现有的知识、技术超前一步，有显而易见的提高。③实用性：要求科技成果必须具有一定的经济效益、社会效益或学术价值。

1995年《矿山测量》报道了《什么是科技成果》，指出科技成果具有下特征：①阐明自然现象、特征、规律及其内在联系，在学术上具有新见解，并对科学技术发展具有指导意义；②解决生产建设中科学技术问题，具有新颖性、先进性和实用价值；③推动决策科学化和管理现代化，对促进科技、经济与社会的协调发展起重大作用。

丁向阳（1995）提出科技成果评价的特征有：①客观性。包括两个含义，一是指科技成果满足人类需要是一个客观存在的关系。满足和需要一致，则价值存在；满足程度高则价值高；不一致或相违背，则无价值，甚至产生负价值。二是指科技成果的价值不依评价者的意志而转移；评价者没有认识或有意违背事实，导致评价结果错误，但价值并不因此而改变。②复杂性。科技成果本身是人类实践的创造性结果，它不仅随时间的推移变化，而且不同人群对其有不同的评价标准，因而是多样化的。人类需要本身也是多样化的，不同的人群有不同的需要，也同样随时间的推移而变化。因此科技成果对人类需要的满足关系（即价值）必然呈现复杂的情况。③滞后性。科技成果所提出的新理论、新方法（包括新技术、新设备等）属于一种创新，是人类对自然和社会现象、规律等较深层次的认识。人们（包括专家）由于所处环境、实践和知识的局限，承认（或接受）新理论、新技术等需要有一个认识的过程；同时，新的理论（方法、技术等）也需要在实践中经受检验（或考验），才能证明它比传统方法能更好地解决现存的技术和社会问题，或具备一定条件后才能显示出它优于传统技术。因此，科技成果价值的实现和对它的认识都需要时间，即滞后性。④可评价性。是指人们事先判断的科技成果可以在多大程度上满足需要并避免其不良后果，以及科学技术的发展提供了人们检验科技成果在多大程度上实现了预想结果的手段（方法），也就是人们对科技成果价值进行评价的需要和实现正确评价的可能这两方面。

贺德方(2011)在《对科技成果及科技成果转化若干基本概念的辨析与思考》中指出，科技成果主要有以下3个方面的特征：①科技成果是科学技术活动的产物；②科技成果应具有一定的价值，即学术价值和实用价值；③科技成果必须是经过认定的。因此，他认为满足以上3个基本条件的，可以称为科技成果。

综上所述，科技成果的特征众多，站的角度不同，考虑的范围有所差异，可谓仁者见仁智者见智。比如创造性、新颖性、先进性、实用价值、重复性，以及需要认定等，明显带有一定的角度局限性，部分科技成果是客观事实，不受人为是否认定而存在。有些科技成果是自然规律的发现，有些科技成果是简单的现有理论或技术的组合使用，产生了意想不到的新效果，这些科技成果均是没有创造性的，但不可否认其为科技成果。有些科技成果的使用价值难以确定，太过前沿的理论性研究，其真实性可能多数科学还在疑问，更不用提其价值情况，如当年相对论的提出，多数科学家甚至不能理解其中的理论内容，在当时无法确定其价值。可见，科技成果具有难以确定的特征，即不确定性。有人提出科技成果具有先进性的特征，但部分科技成果在价值无法确定的情形下，其先进性更不可考，如理论性的科技成果。

此外，随着科技的不断进步，科技成果形式多样，其他特征自然也缤纷多彩。我们可以总结出，科技成果的特征包括但不局限于以下几个方面：①新颖，科技成果本身具有一定是之前没有出现过的特质；②可重现，该科技成果在相同的条件下可复制；③价值，可能具有当前价值，也可能在未来体现。

1.1.4 科技成果评价

（1）评价与评估的区别与联系

王春福（1992）对政策评估和政策评价进行了区别研究，他认为：①政策评估和政策评价的内容不同。政策评估的主要内容是对设计的方案进行价值分析、可行性分析和结果预测分析。价值分析主要是对政策目标满足社会需要的程度的分析。在社会主义条件下，对政策目标满足社会需要程度的分析最主要的也是最根本的，就是看其是否符合人民群众的根本利益。可行性分析就是对方案所提出的各项措施能否实现政策目标，实现的程度及是否具备贯彻各项政策措施的具体条件进行分析。结果预测分析主要是对方案实施后可能出现的情况和实施结果进行预测，对可能付出的代价和可能获得的利益进行比较。政策评价的主要内容是对政策执行后的政策效果、政策效益和政策效力进行评价。政策效果评价就是对政策执行结果实现政策目标的程度所做的评价，也就是通过政策的实际结果和理想结果之间的比较，对政策是否实现了预期的目标所进行的分析。政策效益评价就是对政策效果和政策投入之间的关系所做的评价，以确定政策效果和政策投入之间的比例关系。政策效力评价就是对一项政策在整个社会系统中所起的作用和产生的影响的综合评价，其中包括对政策的正效应和负效应，政策的短期效应和长期效应，政策的直接效应和间接效应所做的分析。②政策评估和政策评价的作用不同。由于政策评估和政策评价的内容不同，因而二者在政策运行过程中所起的作用也不同。政策评估的作用在于在政策制定过程中为政策决定提供依据。在政策评估的过程中，通过对各种方案全面的分析，比较出它们各自的优劣，选出最佳方案，作为此项政策的实施方案。政策评价的作用在于，在政策执行过程中为政策的有效贯彻和调整提供依据。在政策评价的过程中，通过对政策执行结果的全面分析，对政策做出准确的、恰如其分的评价，为下一步政策调整提供充足的理由，通过政策评价还可以统一人们的认识，扫除贯彻执行政策的障碍，使正确的政策得到有效的贯彻落实。③政策评估和政策评价的性质不同。政策评估的对象是政策方案，具有预测的性质。因为政策评估依据的不是政策执行后已经出现的结果，而是以对政策问题和各种相关条件的分析为依据的，所以，政策评估所做的分析，只能是对政策执行可能出现的情况和可能取得的结果的一种预测。政策评价的对象是政策运行过程中已经出现的结果，其中包括最终结果和阶段性结果，具有总结的性质，因为政策评价依据的是政策执行后已经出现的结果，是依据这个客观现实对政策的正确与否，以及政策的效益和效力做出结论性的判断，总结经验教训。④政策评估和政策评价的方式不同。政策评估是以逻辑证明的方式进行的，因此，一项政策正确与否还不能得出肯定性的结论。它只是从客观存在的各种条件出发，运用逻辑的力量，对方案进行论证。逻辑论证虽然不能最终确定一项政策的正确与否，但是，逻辑证明的方法是从实践中抽象出来的，它本身已经历过无数次实践的检验，因此，在政策评估过程中，只要严格按照逻辑证明的规律来进行，得出的结论还是具有一定的科学性的，但最终确定其正确与否还必须通过实践来检验。政策评价是通过实践检验的方式来进行的，是对实践的结果进行评价。在政策评价过程中，由于一项政策的正确与否已经通过实践检验了，因此，可以得出肯定性的结论。当然，对实践的结果的评价也有一个客观、准确的问题，所以，政策评价不能仅仅依靠少数人来进行，特别是对一些宏观上的重大政策，在进行评价时必须依靠广大群众来进行，因为人民群众是社会实践的主体。

把政策评估和政策评价区分开来，对于政策科学研究和政策实践具有重大的理论意义和实践意义。区分政策评估和政策评价，是建立在对政策运行的客观过程进行实事求是分析的基础上的，因而使政策科学对政策运行过程的描述更接近于政策运行客观过程本身，有利于政策科学自身的完善。因为，任何一门学科只有准确地揭示该学科研究对象发生发展的规律，才能成为一门科学。政策科学还是一门很不完善的新兴学科，要使自己完善起来，必须以政策过程的规律为依据来构造自己的范畴体系和逻辑结构。把政策评估和政策评价区别开来，把政策评价作为政策运行过程的一个独立的环节，深入地加以研究，不仅对政策科学自身的完善有重要意义，而且对政策实践也是非常重要的。从我国的政策实践来看，政策评价的机构还不健全，政策评价的方法和手段很不完善，政策评价可以说是其中最薄弱的一环，因而使某些政策不能够得到恰如其分的评价，结果是某些不合理的政策不能够得到及时的纠正，某些不完善的政策无法及时地加以完善。这是政策发生重大失误并造成严重后果的一个重要原因。如果我们的政策评价机构很完善，并掌握了政策评价的科学方法和有效手段，对我们党和政府的政策能够及时地和实事求是地加以评价，并及时进行调整，就可以避免因政策的重大失误而导致的严重后果。当然政策上的失误导致严重的后果，其原因是非常复杂的。但是，如果在政策实践中给政策评价以应有的地位，允许对党和政府的政策给予实事求是的评价，起码可以减少政策上的重大失误所导致的严重后果。要想对政策做出及时的、实事求是的评价，就必须把政策评价从政策过程中独立出来加以研究，并通过深入细致的研究，为实际的政策评价提供科学的方法和有效的手段，这一点是至关重要的。

有人认为评估是指依据某种目标、标准、技术或手段，对收到的信息按照一定的程序进行分析、研究，判断其效果和价值的一种活动，其评估报告则是在此基础上形成的书面材料，对方案进行评估和论证，以决定是否采纳。评估通常是对某一事物的价值或状态进行定性定量的分析说明和评价的过程。从这个意义上来讲，评估结论是对评估对象的价值或所处状态的一种意见和判断。而这种意见和判断，则是建立在对评估对象的技术可能性、经济合理性的充分地、客观地和科学地分析过程基础上的，因而能给相关部门或单位提供可靠的参考依据。评价本质上是一个判断的处理过程。Bloom 将评价作为人类思考和认知过程的等级结构模型中最基本的因素。根据他的模型，在人类认知处理过程的模型中，评价和思考是最为复杂的两项认知活动。他认为：评价就是对一定的想法（idea）、方法（method）和材料（material）等做出的价值判断的过程。它是一个运用标准（criteria）对事物的准确性、实效性、经济性及满意度等方面进行评估的过程。综合多方面的因素，评价（evaluation）就是指通过评价者（evaluator）对评价对象的各个方面，根据评价标准进行量化和非量化的测量过程，最终得出一个可靠的并且符合逻辑的结论。

李志民（2020）认为评价简单地说就是对一件事或人物进行判断、分析后的结论。一般是指对某一事物的价值或人的知识与能力的分析与审定处理过程。通过观察、咨询和分析等方法对某一对象进行一系列的复合分析研究和评估，从而确定对象的意义、价值或状态。通过评价者对评价对象的各个方面，根据评价标准进行量化和非量化的测量过程，最终得出符合逻辑的结论。评估一般是指对某一机构或事物的价值或状态进行定量定性的分析和审定的过程，即对评估对象所处状态或意义的判断或结论意见。这种结论意见或判断是建立在对评估对象的技术可能性、经济合理性的客观而全面分析过程基础上，给相关部门或单位提供可靠的参考依据。评估主要依据当初设定的某种目标、标准、技术或方法，审核相关信息，按照一定的程序进行分析、研究判断的一种活动，并出具评估报告。

有人认为评价与评估主要存在以下几个方面的不同。①两者程度不同，评价要量化，评估不需要。②两者的主体不同，评价必须由特定的主体承担，评估不需要。③两者责任不同，评价要承担相应的责任，包括法律的、经济的等。评估只需要承担道义上的责任。④两者的本质属性不同，评估的本质是事实判断，评价的本质是价值判断。⑤两者用法不同，评价常与理论探讨匹配，如评价理论、评价学说、评价函数、高等教育评论等，而评估则常与实务结合，如质量评估、论文评估、项目评估、无形资产评估等。

两者的联系：不论是评价还是评估，都是对对象的价值进行评判，从字面上看，评价就是评判价值的缩略语，而评估则似乎在判定之外有估计之意。一般认为，判定是确定性强的，而估计则是确定性弱的。事实上未必如此，将价值评判用于广泛的社会领域，价值的定义必然是广泛的，判定不可能是很确定的，必定有较强的估计性质。因此，评价与评估从确定性程度上并没有什么原则的区别。两者都是基于衡量某一特定对象的譬如质量、特征、价值等标准而做出的一个评判的过程及其结果。

综上所述，评价、评估具体的差异说法不一，我们认为评价相对评估来说更为确切，精度更高，而且以实际客观依据为基础，多以定量为主，客观性较强。评估相对来说比较宽泛，结果的准确度可能没有评价高，同时评估重点在估算，依据可能不准确，甚至针对未来愿景给出结论，多以定性为主，主观性较强。但两者均是人的行为结果，不管是评价还是评估，均与真实价值体现有一定差异。

（2）第三方科技成果评价

2016 年 8 月，科技部根据《国务院办公厅关于做好行政法规部门规章和文件清理工作有关事项的通知》（国办函〔2016〕12 号）精神，按照依法行政、转变职能、加强监管、优化服务的原则和稳增长、促改革、调结构、惠民生的要求，决定对《科学技术成果鉴定办法》等规章予以废止。《科学技术成果鉴定办法》被废止后，根据科技部、教育部等五部委发布的《关于改进科学技术评价工作的决定》和科技部发布的《科学技术评价办法（试行）》的有关规定，各级科学技术行政管理部门一般不对被评价方自行提出的要求组织成果评价，科技成果评价工作由委托方委托专业评价机构进行。至此，第三方科技成果评价工作应运而生。

科技成果评价作为科技成果转移转化的重要环节，过去由政府科技主管部门对科技成果进行鉴定的做法，已经不能适应当前的形势发展需要，而通过第三方专业评价机构对科技成果的科学价值、技术价值、经济价值、社会价值进行客观、公正的评价，更有利于获得投资方和合作方的认可，更有利于技术交易的顺利进行，也更有利于获得政府支持。国务院印发的《“十三五”国家科技创新规划》中也把第三方的评价结果作为财政科技经费支持的重要依据。

科技成果鉴定与第三方科技成果评价的区别：①科技成果鉴定是行政职能，属于审批性质。对科研成果的工作质量、学术水平、实际应用和成熟程度等予以客观的、具体的、恰当的评价。主要应从学术价值、经济效果和社会影响三个方面进行评审。对不同类型的成果，要有不同的侧重，但不能偏废。对基础研究成果，主要侧重于学术价值；技术研究成果（应用研究与发展研究成果）应侧重于经济效果和社会影响。在成果具体评价上，必须坚持科学性、客观性原则。体育科研成果有体育科学理论成果、体育科学新技术成果、体育科学新产品成果、体育软科学和体育信息成果，以及对已有科技成果的推广与应用。它分为理论性成果和应用性成果两种形式。对前者通过评审的方式进行评价．对后者用鉴定的方式进行评价。体育科研的理论性成果，通常是以学术论文、研究报告或专著等形式表现出来的。这类成果占有相当数量．但“可比性”较差，又缺乏一种相对客观的标尺，所以较难评审。对这类成果可以通过各种学术会议来宣读论文，组织评审；组织专题报告，以答辩的形式进行评审；把论文上报本单位学术委员会，或通过本部门年度科研评奖工作进行评审；把材料寄给有关专业研究机构，或通过报刊编辑出版单位进行评审等。具体的评审方法有写出评审意见、推荐宣读、批准发表、投票表决、积分评定等。② 2016年成果鉴定主管部门科技部取消科技成果鉴定，相关职能部门不再组织成果鉴定，交由第三方机构组织成果评价工作。现在的第三方组织的科技成果评价简称科技成果评价，相关部门也没有出台任何文件说明哪些第三方可以做，没有发过任何准入性的资质，也没有任何文件说明只认可哪些机构出的报告。

丁向阳(1995)提出科技成果评价的概念，他认为科技成果评价是指评价者(同行专家、任务委托单位、合同验收者、用户等）对科技成果价值的评定（或评议活动)。它的本质是一种依赖于人类需要及其认识的主体性活动，也是联结科技成果关系的过去和未来的桥梁，人们的需要是选择科技成果评价标准的依据。

综上所述，第三方科技成果评价和过去的科技成果鉴定从技术层面来说没有本质区别。两者最大的根源性区别在于科研项目管理部门、科研项目实施单位、科研项目结题验收机构（第三方科技成果评价机构）的完全剥离，避免了科研项目管理部门既当“出纳”，又当“会计”的局面。

1.2 科技成果评价原则

科研成果评价指对科研成果的工作质量、学术水平、实际应用和成熟程度等予以客观的、具体的、恰当的评价。对科技成果主要从学术价值、经济效果和社会影响三个方面进行评审。对不同类型的成果，要有不同的侧重，但不能偏废。对基础研究成果，主要侧重于学术价值；技术研究成果（应用研究与发展研究成果）应侧重于经济效果和社会影响。在科技成果具体评价上，必须坚持独立、客观、公正、科学原则。

1.2.1 独立原则

独立才能自主，才能不受外界事物对自身判断的影响。2017 年 11 月，甘肃省科学技术厅按照国家科技管理体制机制改革的要求，科技行政管理部门不再组织科技成果评价。为探索面向市场的科技成果评价新机制，推进科技管理“放、管、服”改革，培育形成专业化、规范化和社会化的科技成果评价体系，确定甘肃省科学技术情报研究所等两家科技服务机构作为第三方科技成果评价机构。两家机构可接受成果持有人的委托，通过规范的市场化运作模式，对科研机构、高等学校和企业自主完成的科技创新成果进行评价，其结果可作为科技成果管理的参考，符合条件的可进行科技成果登记。

甘肃省科学技术情报研究所为独立法人单位，与所有评价委托机构无科研合作、协作等利益关联关系，与科研项目的管理机构无从属关系，完全独立于科研项目的管理机构和科研项目实施单位。它所做出的评价结果不受任何机构、组织、个人影响。同时，独立原则需要兼顾利益关系回避，即第三方科技成果评价机构不能评价本机构和科研协作机构的科技成果。

具体包括以下几个方面。

（1）评价受理独立

科技成果评价受理人员根据第三方科技成果评价要求，独立严格审查科技成果委托机构提交的所有材料，未能达到成果评价最低要求的委托，一律退回。不受任何机构、组织、个人意识影响。

（2）评价过程独立

科技成果评价机构开展评价的过程完全独立，依据相关评价指标进行评价，不受他人指使。

(3) 专家遴选独立

科技成果评价机构接受科技成果评价委托机构的专家推荐，但不受限于推荐范围，最终遴选专家完全根据学科领域独立完成。专家咨询会议之前，遴选专家名单保密。

(4) 评价结论独立

科技成果评价机构根据评价师的初评结果，综合专家咨询会议给出建议，独立形成科技成果评价结论。

1.2.2 客观原则

客观原则，也叫真实原则，即科技成果评价工作必须有客观真实依据，所有资料和评价内容均为客观存在，或者是有充分证据证明其是客观存在的，而不是虚假或伪造的事实。评价过程中不能依据个人的观点和立场去看待问题，那会影响评价结果的合理性和客观性，要始终保持客观和减少个人观点的立场，通过系统的思维和方法约束评价流程，降低个人主观性的影响。具体涵盖以下内容。

(1) 委托材料客观

科技成果评价受理人员严格核实评价委托机构提交的材料，核查其真实性。针对科技论文、专利、专著、软件著作权、新品种、新药证书等需要从专业数据库一一核查。针对社会效益、经济效益、生态效益等科技成果评价委托机构之外提供的佐证材料，需要采用电话、现场等形式进行一一核查，确保其材料真实客观，避免虚高，甚至数据造假情况。

(2) 评价度量衡客观

科技成果评价过程面对任何科研机构、组织、个人均采取一视同仁态度。同一类型科技成果采用相同评价指标体系，确保评价度量衡的标准化、统一化，也为科技成果评价结论提供一个客观的比较标尺，维护科技成果评价结果的公正性。此外，评价度量衡的客观性还体现在一定评价周期的稳定层面，即评价指标体系在一定周期是稳定的，即便有改进情形，也不会出现颠覆性变革。

（3）评价结论客观

科技成果评价以客观佐证材料为评价基础，严格依据评价指标体系，做到有理有据，评价结论实事求是。评价结论为进一步做到公正客观，还需要进行社会公示，要求评价结论经得起历史检验。公示无异议后出具正式科技成果评价报告。

1.2.3 公正原则

公正意为公平正直，没有偏私。没有偏私是指依据一定的标准而言没有偏私，因而，公正是一种价值判断，内含有一定的价值标准，在常规情况下，这一标准便是当时的法律。公正在英文中为 justice，英语中的 jus 本身就有法的意思，公正以 jus 为词根演变而来，也说明了这一点，任何一个社会都有自己的公正标准。古人言“平而后清，清而后明”，即告诉我们公平正直可消除社会混沌，建立规范有序、清晰明朗的社会秩序。

（1）公平

公平反映处事的外在表现，即处理某些事物之后的结果展示。公平的体现需要标尺来衡量，采用不同标尺或采用不被公认的标尺来衡量事物，肯定有失公允，只有采用大家信服的相同标尺，才能被大家接受和信服。科技成果评价工作需要公平，则需要最为广泛的统一标尺。为此，我们选取《科学技术评价办法（试行）》（国科发基字〔2003〕308 号）、《科学技术研究项目评价通则》（GB/T 22900—2009）、《技术转移服务规范》（GB/T 34670—2017），以三个文件、规范作为公平框架，开展科学合理的评价工作。

（2）正直

正直反映处事的内在世界，即处理事物前的一贯品质。正直意为公正刚直、公正坦率。做人应该正直，不做违背良心的事。科技成果评价工作的正直主要体现在评价全流程的评价师、审核师的不掺杂私心，以及避免私心的工作制度。甘肃省科学技术情报研究所的评价师、审核师均获得国家层面相关资质，熟悉相关工作规范和流程。甘肃省科学技术情报研究所制定了避免个人私心出现的工作制度，实行评价师、审核师、咨询专家评价的工作制度，其中评价师、审核师分别为 1 人；咨询专家为单数，一般为 5 人，特殊情况可增加至 7 人或 9 人。这样个别人员即便有私心，也难以左右评价结论，甘肃省科学技术情报研究所制定的评价工作制度已规避个别人员左右评价结论情况的出现。

公平公正，是维持人们正常生活秩序的基本。失去公正，人们会产生怨与恨，使人失去心地的平和。一个没有公平公正支撑的社会，是长久不了的，得不到人心的支持。正确的道义是人类永恒的追求。公平公正是一种正义的选择。人类社会没有绝对的公平和正义，但我们一直在追求完美的公平和正义。

1.2.4 科学原则

（1）指标体系科学

在《科学技术评价办法（试行）》（国科发基字〔2003〕308 号）、《科学技术研究项目评价通则》（GB/T 22900—2009）、《技术转移服务规范》（GB/T 34670—2017）的大框架下，形成四个层面八个维度的科技成果评价体系。评价体系具体包括技术层面（技术成熟度、技术创新度、技术先进度）、效益层面（社会效益、经济效益、生态效益）、知识产权层面（知识产权）、研发团队层面（团队水平）。

采用德尔菲法，经过多轮指标筛选，经过多次专家会议论证指标的科学性和可行性，最终形成当前的四个层面八个维度的科技成果评价体系。

（2）专家遴选科学

学术品德要求。思想道德素质高，遵纪守法，廉洁自律，作风正派，无学术失信、腐败等记录。

性别搭配要求。考虑不同性别对待不确定事物的出发点、落脚点差异，非特殊情况下，均考虑性别差异搭配。

学科搭配要求。一般科技成果为多学科交叉，因此，多学科的专家搭配方式利于多角度合理评价成果水平。例如，医疗护理方面的科研课题，一般遴选1至2名专业医生。

职称基本要求。一般要求副高级以上职称作为遴选范围，主要考虑到副高级以上职称主持、参与科研项目较多，经验丰富，利于科学评价科技成果。

科研一线要求。遴选专家不唯高职称、不唯高职位，在达到副高级职称的基础上，进一步遴选一线科研专家。

（3）评价制度科学

科技成果评价工作涉及环节众多，琐碎而繁杂，采取流程管事、制度管人的方式，科学处理评价各种事宜。

流程制度。严格按照工作流程，逐一进行，不得随意跳跃流程步骤，确保评价工作的流畅进行。

回避制度。要求评价师、审核师与被评价项目无关联；评价机构与被评价项目委托机构无关联；评价咨询专家与评价项目无关联。

负责制度。成果鉴定方式下，课题组评审专家附和式跟随着签字，可能存在不同意见，但未有文字反映，甚至于违心地跟着签字。为区别于之前成果鉴定负责制度，评价师、审核师、咨询专家仅对自己的言行负责，仅对自己给出的评价结论签字负责。

均衡制度。主要体现在咨询专家遴选和评价结论形成的均衡。以利于公平评价为目标，充分均衡兼顾性别、学科、职称等方面遴选专家。评价结论采用评价师、审核师、咨询专家意见均衡给出。

1.3 科技成果评价分类

科技成果评价的分类与科技成果的类别有关，什么样的科技成果就会有什么样的科技成果评价类型。

国家科委于1978年11月颁布的《科学技术研究成果的管理办法》中把科学技术研究成果分为三类：①科学成果，即自然科学方面的具有创造性的理论研究成果；②技术成果，指使生产多、快、好、省的新技术、新工艺、新产品、新方法；③重大科学技术研究项目的阶段性成果。这是首次对科技成果进行分类。在1984年2月颁布的《关于科学技术研究成果管理的规定》中又明确了管理的科技成果范围是：①解决某一科学技术问题而取得的具有一定新颖性、先进性和独立应用价值的应用技术成果；②在重大科学技术研究进程中取得的有一定新颖性、先进性和独立应用价值或学术意义的阶段性科技成果；③消化、吸收引进技术取得的科技成果；④科技成果应用推广过程中取得的新的科技成果；⑤为阐明自然的现象、特性或规律取得的具有一定学术意义的科学理论成果。

刘天立（1984）提出了科技成果的分类方法。科研体系分类法，就是按照科学技术研究体系来分类。例如与基础科学相对应的是基础研究成果，同理还应有应用研究成果、发展研究成果，这里把发展研究归入科学研究一类是否妥当，目前尚有不少争议。我认为，从科学与技术互为因果、相互依赖不可截然分开的特点及从发展研究的对象、内容、目的、结果来分析，这样做是合理的，有利的。科学定义分类法。①按成果的作用功能分为理论和技术成果。理论成果是认识、探索自然现象的本质、特点、规律，并给以理论的阐明。理论成果主要以认识世界为研究目的。技术成果主要是为改造客观世界而探索有实用性的技术知识。②按“创新性”的条件分为“发现”和“发明”成果、“非发现”和“非发明”成果。至于“发现”和“发明”所具备的条件，我国现行的“自然科学奖励”和“发明奖励”两个条例中，都有很严格的规定，这里不再赘述了。所谓“非发现”成果是指不是“发现”的理论成果，同理，“非发明”成果是指不属于“发明”的那些技术成果。

1987年，国家科委颁布的《科学技术成果鉴定办法》中，将被鉴定的科技成果拓宽为科学理论成果、应用技术成果及软科学研究成果；并且还规定了不要求一切科技成果都进行鉴定，规定了三种视同鉴定的情况。科技成果可分为三大类型：①基础理论成果，是指在基础研究和应用研究领域取得的新发现、新学说，其成果的主要形式为科学论文、科学著作、原理性模型或发明专利等。②应用技术成果，是指在科学研究、技术开发和应用中取得的新技术、新工艺、新产品、新材料、新设备，以及农业、生物新品种、矿产新品种和计算机软件等。③软科学成果，是指对科技政策、科技管理和科技活动的研究所取得的理论、方法和观点，其成果的主要形式为研究报告。此种划分已被沿用至今。

郭美云（1988）将科技成果分成以下类别。①按成果的作用功能分为理论成果和技术成果。理论成果是认识、探索自然现象的本质、特点、规律，并给以理论的阐明。理论成果主要以认识客观世界为研究目的。技术成果是为改造客观世界而探索有实用性的技术和知识，如新技术、新工艺、新产品、新方法等。②按成果的“创新性”分为“发现”和“发明”成果及“非发现”和“非发明”成果。发现和发明是指前人所没有的成果，它具有绝对条件的未被公知公用，即其有绝对条件的创新性。绝对条件的创新性是指在全世界范围内不以任何形式（包括一切出版，商业上的制造、销售、使用）出现的公知公用。除发明和发现以外的成果均为非发明、非发现成果。以上两种分类方法各具有独自的优点并可形成独立的系统。我国现行的科技成果管理办法，基本上是采用前一种分类法。目前，国家颁布执行的几种科技成果奖，如发明奖、自然科学奖、科技进步奖等就是分别与以上的科技成果分类相对应的。根据上述科技成果的定义和具体情况，科技成果具体可分为理论性研究成果和应用性研究成果。理论性研究成果，包括基础理论研究成果，如数学、物理类的研究成果及应用基础研究成果，应用基础研究成果，指定向基础研究成果，即有明确的应用目的的基础理论研究成果。它既有应用基础理论的探讨，又有规律性的认识，如惠民凹陷西部下第三系构造岩相带与油气聚集的研究，东濮凹陷文留地区盐下含气层系（沙四段）砂体微相及成岩作用的研究，埋地管线强度的研究，双重介质中流体渗流规律的研究等。应用性研究成果是指有特定的直接应用的目的，是为解决某一科学技术问题而取得的具有一定创造性、先进性和实用价值的科技成果，如无碱液脱臭、HTV塔盘，抽油井计算机诊断，金刚石钻头等。应用性研究成果若是前所未有的则属于发明，如微波式原油高含水连续测定仪。

周春莲等（1988）将科技成果分为三种类型：一种是理论成果，系指为阐明自然现象特征或规律，在理论上有所创新，具有一定学术意义，主要表现为学术论文、研究报告或专著。评审重点是在科学上有无新发现，是否提出了关于自然现象和自然规律的新认识和新资料，提出的新概念、新假设、新理论、新知识等的广度和深度。第二种类型是应用成果，系指为解决某一科学技术问题而取得的具有创造性、先进性和实用价值的新产品、新设备、新技术、新工艺、新材料、新品种、新设计。评审重点是技术性能水平高低，技术的成熟性、实用性、先进性、创造性，应用前景，推广范围和条件，主要技术经济指标与国内外先进水平比较，潜在经济效益和社会效益的分析估价。第三种类型是发展性成果，系指应用成果的进一步开发利用，主要表现在新产品、新设备、新工艺、新材料、新方法、新设计等。评审重点是成果开发之后给社会带来的经济效益、社会效益、环境效益。

荆明新（1989）针对国家科委提出的科技成果三大类做了较为详细的阐述。①科学理论成果。科学理论成果是在认识客观世界的过程中所取得的发现、阐明自然现象、特性或规律，对科学技术的发展或国民经济建设具有指导意义的研究成果，其中包括基础研究理论成果和应用基础研究理论成果。基础研究理论成果是在认识自然现象、探索自然规律的过程中所取得的新发现、新定律、新概念、新学说、新见解等研究成果。这类成果多属于当代科学发展最活跃的突破点及学科前沿，一般不具有明显的近期应用效果，但往往可引起其他学科的一场革命或引起一次技术革命，从而促进人类社会的巨大进步和工农业生产的飞跃发展。应用基础研究理论成果是为应用技术研究工作的需要，针对国民经济建设及社会发展中遇到的科技问题，着力于对有关研究对象获得系统性、规律性，并能直接用于解决技术问题的认识。某些重要基础资料、数据（如资源环境、水文、气象、地质、生态领域）的收集、分析、研究工作，虽然不一定带来对物质运动规律的突破性认识，但是由其产生出来的认识对人类知识宝库同样是一种贡献，也属于科学理论研究成果的范畴。②应用技术成果。应用技术成果是在改造客观世界的过程中，为解决生产建设与社会发展中的科学技术问题所取得的具有一定实用价值的研究结果，包括新技术、新工艺、新产品、新材料、新物质、新设备、新方法、新用途，以及为社会公益服务的标准、计量、科技情报、科技档案等技术基础工作。③软科学成果。软科学成果是运用系统、信息、控制论原理及方法，为决策科学化和管理现代化而进行的创造性研究，对促进科技、经济与社会协调发展起重大作用，在有关战略、政策、规划、评价、预测、科技立法及有关管理科学与政策科学的研究中，做出创造性贡献，并取得显著的社会、经济效益。此外，鉴于科技情报工作及成果推广应用工作中所取得的科技成果具有一定的特殊性，它们是普遍存在于各学科、各行业的共性问题，有必要将其单独提出来加以论述。科技情报成果是指在情报理论、情报技术和情报服务的研究与应用中形成，并在实际应用中产生明显社会效益和经济效益的新理论、新方法和新技术等。推广应用成果是指在组织、实施推广应用国内外已有的先进科技成果过程中，推广措施有所创新，推广面积比较广泛，并取得了显著的经济、社会效益。

1994 年 10 月 26 日，国家科委发布的《科学技术成果鉴定办法》中还明确指出："科技成果鉴定是评价科技成果质量和水平的方法之一，国家鼓励科技成果通过市场竞争，以及学术上的百家争鸣等多种方式得到评价和认可。"并规定："列入国家和省、自治区、直辖市以及国务院有关部门科技计划（以下简称科技计划）内的应用技术成果，以及少数科技计划外的重大应用技术成果，按照本办法进行鉴定。"对下列科技成果不组织鉴定：①基础理论研究成果；②软科学研究成果；③已申请专利的应用技术成果；④已转让实施的应用技术成果；⑤企业、事业单位自行开发的一般应用技术成果；⑥国家法律、法规规定，必须经过法定的专门机构审查确认的科技成果。也就是说，进行科技成果鉴定的只是应用技术成果，科技成果涵盖的范围超出了鉴定的范畴。

蔡金华（1995）提出了日本农业科技成果的分类。主要包括三个方面：

①对技术指导者有参考价值的成果。有些课题完成后，其研究结果的水平尚未达到政府给予奖励的标准，但作为技术指导者在农业生产的技术指导上有助益，如能被作为技术参考而完成课题研究，取得试验结果。②对研究及技术开发有效的成果。有些课题完成研究后，虽没能达到成果所具备的要求，但所取得的技术经生产试验后，其技术对今后的课题进一步研究可能有益，比如获得一些基础知识、研究手段等科技情报而完成该课题，取得结果。③有关行政计划或方案的研究成果。对应于政府需要，而从行政上实施的调查研究、试验研究，向行政方面提出的行政实施计划或方案、参考意见等科研情报，而完成课题研究，取得结果。日本农业科技成果的类型范围还是比较宽泛的，科技成果按照来源不同可以划分为企业内部科技成果和企业外部科技成果。企业内部科技成果主要是企业在研发、生产等企业日常经营中产生；企业外部科技成果多来自高校、研究院、产业协会、技术联盟、同行等。科技成果的来源不同，会直接影响科技成果转化的实施方式、实施细节。例如：从企业内部产生的科技成果，萌生于“产—研”两个环节，由此产生的科技成果的转化实施成本更低、效率更高；从高校产生的科技成果，则跨越了“产—学—研”三个环节，其创新程度更高、创新影响力更大，由此撬动的市场效应也经常会更深远，但在转化实施环节容易出现“死海效应”（即难以顺利将项目落地为市场行动）。不同来源的科技成果，虽无所谓孰优孰劣，在转化实施时面临的问题各式各样，要根据具体特点对症下药。

丁向阳（1995）提出了科技成果的分类。①科学成果，是指阐明自然现象、特征、规律及其内在联系的并在理论上有新见解，或在科学实验中有新发现，或在基础数据整理中有新创造，并对科学技术发展有指导意义的结果。它的价值主要是学术价值（包括知识价值），通常也包括指导创造实用价值（经济与社会价值）的结果。其范围包括基础研究、应用基础研究和应用研究成果。主要表现形式是知识形态的论文、实验和研究报告或科技报告等，一般不能直接产生效益。②技术成果，是指人们在解决利用和改造自然与社会中的科学技术问题而取得的各种产品（设备、材料、品种等）和方法（技术、工艺、方案等）。

它的表现形式可分为两大类。一类是指物质形态的各种有形（或无形）产品，如各种水利、建筑工程，飞机、汽车、药品、油品等产品和设备，各种金属和化工材料，各种生物和矿产品种等；另一类是指知识形态的各种设计和制造方法（工艺、技术等），它一般贮存在人脑及图纸、专利、报告和其他磁性介质、胶片等信息载体上。这两类常常是互相关联的，但并非一一对应。它们的范围包括从专利（诀窍、构思）到实验室，以至中间试验成果和开发、生产的产品（技术）等；其价值通常也包括知识价值和实用价值（经济、社会价值等）。③软科学成果，是指为推动决策科学化和管理现代化，运用现代科学技术手段，对各种复杂的自然和社会问题，从经济、科学、技术、管理、教育等方面的内在联系和规律入手，提出解决问题的方案，包括发展战略、规划、预测和评价、可行性论证和对策分析、理论方法和管理方案等。主要表现形式是知识形态的研究报告，其价值通常也包括咨询等知识价值和指导实践的实用价值，产生直接和间接的经济与社会效益。

杨庆华等（1996）把科技成果分为基础研究成果、应用研究成果和开发研究成果 3 类。基础研究成果从理论性和应用性角度考虑，基础研究成果可分为两种：一种是揭示自然界的现象、规律、相互联系和运动规律，增加人类认识世界的理论知识，称为基础理论研究成果；另一种是针对生产中提出的科学技术问题获得可供应用的理论研究方法和手段，称为应用基础研究成果。基础理论研究成果是解决自然科学所面临的问题，提出有关的基础理论，一般不要求有明确的应用目的或近期应用效果，但它具有为生产技术上出现新突破的潜在能力。应用基础研究成果是针对生产中的科学技术问题得到的理论探索结果，为解决生产、工程的实际问题提供了理论依据。应用研究成果是运用基础研究，特别是应用基础研究的成果，为解决生产中的实际问题而获得的物质技术和方法技术。它探索出用于生产的新技术、新工艺、新产品、新材料、新方法的原型、雏形或原理性样机，得到应用于生产的规律性和可行性。这类成果尚不一定能直接应用于生产，但其在应用技术新知识上有所创新，取得应用价值。开发研究成果是运用基础研究、应用研究的成果，在研究解决生产中的技术问题、工艺问题及新产品等技术开发工作中所取得的成果。这类成果可表现为新产品、新工艺、新材料、新方法、新设计等，在技术上已基本成熟，可以或基本可以用于生产。在提高行业技术水平，提高生产效率，改善工艺条件，提高产品质量等方面有积极作用，并取得显著经济效益和社会效益。基础研究成果、应用研究成果和开发研究成果是自然科学技术研究在不同的研究阶段和目的的成果形式。社会科学研究以解决我国社会主义现代化建设的决策、组织和管理问题，促进经济、科技、社会的协调发展为目的，以辅助各级领导决策为根本目的。研究范围包括战略研究、规划研究、政策研究、管理研究、体制改革研究、科技法规研究、技术经济分析、重大项目可行性论证、社会科学的基本理论方法等。可见，社会科学旨在解决社会发展中的战略及策略问题，其有很强的政策性和预测性。社会科学研究的成果根据社会科学的特点分为基础研究成果和应用研究成果。

何浩等（2007）探讨了科技成果的分类，他们重新认识了当代科技成果的内涵，并在此基础上对现有科技成果分类进行分析，提出了新的科技成果分类方法。①按成果基本属性分类。根据成果的基本属性，科技成果可以分为物质成果、精神成果和管理成果。物质成果是指在自然科学研究中所获得的能够带来经济、社会效益（外部经济效益）、生态环境效益的提高，促进整个社会物质文明发展的成果。物质成果的价值主要体现为揭示自然界的运动规律，为自然科学的进步贡献力量，同时增加社会经济财富，促进社会的进步。精神成果是指人类在改造主观世界的过程中，社会的精神生产和精神生活发展而得到的成果。精神成果的价值主要体现为促进教育、科学、文化的发展和人们思想、政治、道德水平的提高。管理成果指能够让物质成果和精神成果更好地发挥作用的成果。管理成果的价值主要体现为对组织运转和资源配置的基本规律的揭示、组织效率的提高和资源配置的优化，从而达到人、财、物的和谐运转。②按成果所属的项目研究的不同阶段分类。根据成果所属的项目研究的不同阶段，科技成果可以分为基础型成果、应用型成果和开发型成果。基础型成果是指揭示自然、个人、组织及社会的内在规律，促进人类自然科学和社会科学进步的成果。基础型成果的价值主要体现为发展、完善自然科学与社会科学的基础理论，为应用型和开发型科技成果的研究作理论铺垫。应用型成果是指利用自然科学知识，用于解决现实生产中实际问题或具有间接的生产可行性的成果。应用型成果的价值主要体现为革新产品或工艺的原理，促使技术进步，从而更好地获得生产的可行性与规律性。开发型成果是指用于现实生产，改变人们的思维意识和行为，提高组织绩效，优化资源配置的成果。开发型成果的价值主要体现在成果转化后所能带来的技术、经济、社会、生态和精神效益。③交叉分类。物质成果分为基础型、应用型和开发型。基础型物质成果又可以细分为纯理论性成果和具有潜在应用价值的成果。纯理论性成果主要是指成果完全基于基础性理论的创新和深化，运用的领域局限于基础理论研究。具有潜在应用价值的成果主要是指在实际应用或开发过程中能够得到运用的成果，其所潜在的应用价值会在后期的研究或实际运营中得到有效的发挥。基础型物质成果主要是一般性的科学理论，如公式、定律、假说等；应用型物质成果主要包括新产品、新工艺的原理、原型，如样品、图纸、说明等；开发型物质成果主要包括新产品（包括新材料、新设备）和新工艺的实物或图纸、说明等技术资料等。精神成果分为基础型和开发型。基础型精神成果主要包括一般性理论、思想、原理、定律等；开发型精神成果主要指精神建设方案。管理成果分为基础型和开发型。基础型管理成果主要包括假说、原理、原则、定律、模型等；开发型管理成果主要指管理方案。

邹立尧等（2017）研究了气象科技成果的分类法，他们在调研国内外科技成果分类依据和方法的基础上，经过系统分析，归纳总结出气象科技成果的主要特点和各种表现形式，形成了气象科技成果科学分类的主要思路，建立了气象科技成果分类表框架。气象科技成果分类表采取从总到分、从一般到具体的层次结构，层次和类目之间存在一定的逻辑关系；分类标识采用英文字母与阿拉伯数字相结合的混合制编码。气象科技成果的一级类目依据成果功能划分为三大类，即科学认识类、业务工具类和管理咨询类；二级类目以成果表现形式划分排序。类目的名称标识如下：S 为科学认识类，S1 为论文、S2 为专著等；

T为业务工具类，T1为技术方法、T2为仪器装备、T3为业务系统等；M为管理咨询类，M1为法规、M2为政策等；三级类目以此类推。

综上所述，科技成果的分类方法多种多样，其中科研管理部门站在管理者的角度，将科技成果分为基础理论成果、应用技术成果、软科学成果。理工性质较强的科研院所则把科技成果分为基础理论成果、应用技术成果，将软科学成果排除在外。部分学者为了自身研究的便利，打破传统的科技成果分类，建立自身的分类体系。

我们将科技成果评价的类型分为理工类、农业类、医药类及社科类，共四个大类。总体分类清晰，但也有部分交叉，如理工类的生物与医药类有边缘交叉情况。

1.3.1 理工类

理工类专业是指研究理学和工学两大学科门类的专业。理工，是一个广大的领域，包含物理、化学、生物、工程、天文、数学及前面六大类的各种运用与组合。理工事实上是自然、科学和科技的融合。

具体包括理学和工学两个类型。①理学。理学是中国大学教育中重要的一支学科，是指研究自然物质运动基本规律的科学，大学理科毕业后通常即成为理学学士。理学与文学、工学、教育学、历史学等并列，组成了我国的高等教育学科体系。理学研究的内容广泛，本科专业通常有数学与应用数学、信息与计算科学、物理学、应用物理学、化学、应用化学、生物科学、生物技术、天文学、地质学、地球化学、地理科学、资源环境与城乡规划管理、地理信息系统、地球物理学、大气科学、应用气象学、海洋科学、海洋技术、理论与应用力学、光学、材料物理、材料化学、环境科学、生态学、心理学、应用心理学、统计学等。②工学。工学是指工程学科的总称。包含仪器仪表、能源动力、电气、信息、交通运输、海洋工程、轻工纺织、航空航天、力学、生物工程、农业工程、林业工程、公安技术、植物生产、地矿材料、机械、食品、武器、土建、水利、测绘、环境与安全、化工与制药等专业。理学研究的是科学，要求研究越具体越详细越明白越好；工学研究的是技术，要求研究越简单，能把生产成本降得越低越好。理科重视基础科研，工科重视实际应用。理科培养科学家，工科培养工程师。

1.3.2 农业类

农业类是农业科学领域的传统学科，以解决人类的“吃饭穿衣”为首要任务。随着农业科技创新速度的不断加快，生物技术和信息技术的飞速发展及其在农业中的广泛应用，农学在保持传统特色的基础上，正焕发着勃勃生机。农学（农业科学）是研究与农作物生产相关领域的科学，包括作物生长发育规律及其与外界环境条件的关系、病虫害防治、土壤与营养、种植制度、遗传育种等领域。农学（农业科学）是研究农业发展的自然规律和经济规律的科学，因涉及农业环境、作物和畜牧生产、农业工程和农业经济等多种科学而具有综合性。林业科学和水产科学有时也包括在广义的农业科学范畴之内。农业生产对象的多样性和生产条件的复杂性，决定了农业科学的范围广泛和门类繁多，其中有侧重基础理论的，也有侧重应用技术的。随着有关学科的相互渗透，新的研究领域层出不穷，学科内容范围还在不断扩大。根据目前状况，除林业科学和水产科学另有相对独立的学科体系外，农业科学可以大体概括为 5 个主要门类，每个门类又有若干学科及其所属分支。①农业环境科学。农业环境是农业生物赖以生存和发展的物质条件，广义上也包括有机环境，即农业生物以外的其他生物因素，但习惯上常指日照、温度、水、大气、土壤等无机环境条件。农业环境科学就是以农业生物环境的发生和发展、组成和结构、调节和控制、改造和利用等为研究内容。目前比较成熟的分支学科有土壤学、农业气象学等。农业工程学包括农田水利科学等也是农业环境科学的组成部分，但已发展成为独立的学科。②作物生产科学也称农学或农艺学。其研究对象除大田作物外，还包括果树、蔬菜、花卉等园艺作物。作物生产是一个由多种因素综合作用的复杂过程，作物生产科学的这种综合性常常使它同自然科学的一些学科难以截然分割，但在实践中也已经发展出一些比较系统的学科。③作物育种学和作物栽培学。作物育种学和作物栽培学作用在于提高作物的产量、品质和抗逆能力，甚至改变植株和植物器官的构型，使之适应栽培、包装和贮运等措施的需要。植物病理学、农业昆虫学、杂草学和农药科学等的作用则在于最大限度地减少作物生产中的损失。④植物病理学。随着研究的深入，这些学科一方面进一步分化，如植物病理学又细分为植物病原真菌学、植物细菌病学、植物病毒学、植物线虫病学、植物免疫学等；另一方面，它们又趋向于综合，如病虫害防治中综合防治的运用、植物保护措施与育种、耕作栽培措施的结合等。这又导致生态学和系统科学等在农业生产中日益受到重视。⑤畜牧科学。畜牧科学是为经济地增产优质家畜、家禽和肉、奶、蛋、皮毛等畜产品服务的科学。其中，家畜育种学的发展及杂种优势利用和人工授精、胚胎移植等技术的应用，已经大大加速了良种畜禽繁殖的速度。家畜营养学的进步，日益清楚地揭示了各种家畜在不同情况下的营养需要，和各种营养元素在许多饲料中的含量。电子计算技术应用于最佳饲料方案的研究，有力地促进了饲料工业的发展和畜禽生产的机械化和工厂化，提高了饲养的密度和劳动生产率，缩短了生产周期，并使产品更加规格化。⑥兽医学。兽医学是一门独立性较大的学科，不少国家不把它列入农业科学的范围之内。但由于它与畜牧科学关系密切，许多情况下仍将二者相提并论。兽医学的重要性在于它为改善畜牧业的环境卫生条件、预防诊治畜禽疾病，从而减少因病害而导致的经济损失提供了可能。在畜牧生产愈益趋向工厂化和集约化的条件下，兽医学的作用将更加突出。兽医学的下属分支主要包括兽医微生物学、兽医寄生虫学、家畜传染病学、兽医内科、兽医外科、兽医产科和兽医药物学等。⑦农业工程科学。农业工程科学是现代农业生物学和现代工程学相结合的一门应用科学。它综合应用各种工程技术知识，为改善农业生产（包括农产品加工、贮运）的工艺技术和环境条件服务，有时也包括为改善农民的生活条件服务。早期的农业工程主要只研究解决有关农业机械的设计、制造、使用管理和销售服务方面的问题。现在的研究范围已扩及农业建筑和环境控制、水土资源、农村能源的开发利用等。以农业系统为对象的农业系统工程学应用于农业布局、水域生态系统、农作物群体生理和害虫综合防治等方面，将为农业生产的系统化、定量化和最优化研究提供重要手段。⑧农业经济科学。农业经济科学以农业中的生产关系和生产力运动规律为对象，研究农产品的生产、交换、分配和消费等过程中的各种社会关系，以及农业生产力诸要素利用和组合状况，农业内部各生产部门的比例关系与布局、农业生产技术措施的经济效果等。其中有的已形成相对独立的分支学科，如农业生产经济学、农业管理经济学等。

1.3.3 医药类

医药是关于人类同疾病做斗争和增进健康的科学。它的对象是社会的人。因此，医学与社会科学、医学伦理学具有密切关系。著名医史学家西格斯特指出："医学是一门社会科学"，"医学的每一个行动始终涉及两类当事人——医生与病人，或更广泛地说，是医学团体和社会，医学无非是这两群人之间的多方面的关系"。由于医学科学的发展和医学模式的转变，人们已从传统的生物医学模式向生物、心理、社会医学模式转变。

药学类主要有四个分支：药学、药物制剂、中药学、制药工程。①药学主要研究药物的来源、炮制、性状、作用、分析、鉴定、调配、生产、保管和寻找（包括合成）新药等。主要任务是不断提供更有效的药物和提高药物质量，保证用药安全，使病患得以以伤害最小效益最大的方式治疗或治愈疾病。②药物制剂从狭义上来讲，就是具体的按照一定形式制备的药物成品，从广义上来讲是药物制剂学，是一门学科。根据《中华人民共和国药品管理法》第一百〇二条关于药品的定义：药品是指用于预防、治疗、诊断人的疾病，有目的地调节人的生理机能并规定有适应证、用法和用量的物质，包括中药材、中药饮片、中成药、化学原料药及其制剂、抗生素、生化药品、放射性药品、血清疫苗、血液制品和诊断药品等。药物制剂解决了药品的用法和用量问题。

③中药学是研究中药的基本理论和临床应用的学科，是中医药各专业的基础学科之一。内容包括中药、中药学的概念，中药的起源和发展；中药的产地与采集，药材的概念，以及在保证药效的前提下，如何发展道地药材；中药炮制的概念、目的与方法；中药药性的概念、中药治病的机制，中药配伍的目的、原则及药物“七情”的概念、中药配合应用规律；用药禁忌的概念及主要内容；用药剂量与用法，剂量与疗效的关系，确定剂量的依据及中药煎服法等内容。④制药工程是一个化学、生物学、药学（中药学）和工程学交叉的工科类专业，以培养从事药品研发制造，新工艺、新设备、新品种的开发、放大和设计人才为目标。尽管制药工程专业在名称上是新的，但是从学科沿革来看它的产生并不是全新的，是相近专业的延续，也是中国科学技术发展的产物。

1.3.4 社科类

社会科学是用科学的方法研究人类社会的种种现象的各学科总体或其中任一学科。它是研究各种社会现象的科学，比如社会学研究人类社会（主要是当代），政治学研究政治、政策和政治活动，经济学研究资源分配。①经济科学。主要涉及有关商品和劳务的生产、供求、消费等方面的描述和分析。它的一个主要分支学科是微观经济学，研究经济活动中单个经济单位的行为，诸如个体农民、商号及商人的经营活动。另一个主要分支学科是宏观经济学，其研究对象是整个经济体系，尤其注重产出和所得的一般水准及不同经济部门之间的相互关系。②政治科学。一般认为是运用科学分析方法，系统研究各种管理程序的科学。狭义和传统而言，这门学科一直被看作是研究国家及其赖以发挥治理效能的各种机构和制度。国际关系是政治学的一个分支学科，研究国家与国家之间的关系及各国的外交政策。③社会学。包括有关人类社会、社会风习和社会关系等科学研究，这门学科也可以明确界定为对人类所有组织的团体之发展、结构、相互影响及集体行为等方面所做的系统研究。与此有关的一门学科是社会心理学，研究有关个人性格、态度、动机和行为所受社会团体影响的方式。④文化科学。研究人类文化，侧重语言、文学、艺术等范畴的探讨。文化人类学对人类行为的种种方式进行归纳，并对社会现象做出总体的描述。⑤比较法学。也可视为社会科学之一部分，这门学科涉及不同国家和不同文化的法学原理、法律体制、法律程序，并对之进行系统的比较研究。

基于以下考虑，我们将科技成果评价的类型分为理工类、农业类、医药类及社科类，共四个大类。

（1）多学科覆盖面考虑

科技成果形式多样，有学术论文、专利、专著、新技术、新工艺、新产品、新方法，也有理论模型、算法，也有社会学科研究的新对策建议等。为尽可能地全覆盖，同时不产生模棱两可的情况，以学科区分界限最为合理。

（2）指标体系通用性考虑

针对某一类别的科技成果评价，评价指标越细致、越全面，越能评价出科技成果的水平。甘肃省科学技术情报研究所对全省甚至省外的科研成果进行评价，其类型众多，分别建立指标体系非常必要，但并不现实。为此，评价指标体系不宜过细，过细难以一一构建指标体系，且相对同类科技成果是不公平的。也不宜过粗，过粗缺乏评价结果的差异性，无法区分科技成果的优劣。

（3）横向公平可比性考虑

科技成果评价目的在于形成比较公平公正的评价结果，在有公信力的基础上区分科技成果的水平高低。按学科分类，形成同一学科的评价指标体系，利于评价出科技成果水平差异，同时又不失公允性。

我们在以上四大类采用同一评价指标体系，又进一步区分了具体的学科技术领域和应用行业。其中学科技术领域具体包括电子信息、先进制造、航空航天、现代交通、生物医药与医疗器械、新材料、新能源与节能、环境保护、地球、空间与海洋、核应用技术、现代农业、其他。应用行业具体包括农、林、牧、渔业；采矿业；制造业；电力、热力、燃气及水生产和供应业；建筑业；批发和零售业；交通运输、仓储和邮政业；住宿和餐饮业；信息传输、软件和信息技术服务业；金融业；房地产业；租赁和商务服务业；科学研究和技术服务业；水利、环境和公共设施管理业；居民服务、修理和其他服务业；教育；卫生和社会工作；文化、体育和娱乐业；公共管理、社会保障和社会组织；国际组织。

1.4 科技成果评价用途

从科技成果评价结果的作用角度，科技成果评价可以：①显著提升科技成果的价值，促进科技成果转化。科技成果评价是行业公认的权威评价，评价委员会成员均为国内顶级专家，经评价委员会专家组严格质询、认真审查得出的专业评价结论公信力强、认可度高，科技成果价值显著提升。②可获得国家科技成果登记管理，促进国家科技成果的信息交流和转化推广。科技成果评价是科技成果登记、科研计划立项、生产许可证审批、科技成果转让交易、科技资产评估、科技成果宣传推广及申报国家级高新技术企业、省级和国家级科技型中小企业技术创新基金等的重要依据。③可获得国家及地方政府科技成果转化政策支持。国家及地方政府会给予财政资金支持、税收优惠、金融支持。④可申报国家或省级科技成果转化项目认定及高新技术成果转化项目认定。尤其是通过高新技术成果转化项目认定的企业，可获得更多有关科技成果转化政策支持，包括税收优惠等。⑤帮助企业掌握国家重点发展方向。国家级行业专家都是国家各部委领导、行业内的企业总工、国内顶级研究机构专家，有些专家参与国家的经济发展规划制订，对行业发展、国家资助行业发展方向都很清楚，这些专家通过企业组织的科技成果产品研讨会等形式，来到企业指导，给企业带来明确的发展方向和发展思路。企业的产品优化、创新、提升都会围绕国家的发展规划走，不会盲目投资，避免投资失误等损失，杜绝风险。⑥有机会享受“绿色通道”待遇。通过科技成果评价的企业，可申请参与行业标准或国家标准的起草或修订，并承担行业科技支撑技术及装备的研发推广，列入各部委相关行业领域发展专项规划等。⑦提升企业在市场中的竞争力。通过科技评价，获得国家一级评价机构公正的评价，颁发国家认可的科技水平的证书，在同行业竞争中，更容易获得客户的认可，提升企业的市场竞争力。⑧获得政府资本和社会资本支持的重要依据。目前，各地园区成立了各种政府引导基金、扶持基金，给予高成长性企业提供非常低成本的资金支持。社会资本目前也是钱多好项目少，在通过各种渠道寻找好的投资机会。而科技成果登记中心成为政府资本和社会资本寻找投资的重要途径，通过科技评价的企业得到资本的机会要远远大于没有做过科技评价的企业。

丁向阳（1995）提出了科技成果评价的作用，主要包括两个方面：①在科技成果管理中的地位与作用。科技成果管理的目的一是为实现国家对科技管理的宏观目标服务，二是为发现科技人才、调动科技人员的积极性和保护科技人员的正当权益服务，三是为保证科技成果质量，推动科技成果加速转化为生产力服务。只有对科技成果实行科学、公正、客观和全面的评价，才能达到科技成果管理的目的。②在科技管理中的地位和作用。以促进科技进步为主要目的的科技管理系统可以分为计划政策管理系统、人才条件管理系统及科技成果管理系统这三大类，它们是互相独立又互相联系和制约的子系统。因此，科技成果评价既是科技成果管理的基础，又对计划政策的制定及人才条件的管理有着不可忽视的重要影响。

科技成果评价对企业发展的作用主要有：①为企业申请政策加分提供保障。企业在申报“国家重点研发计划”“国家科技重大专项”“重点产业振兴和技术改造专项”“工业转型升级专项”“工业强基专项”“绿色制造专项”“智能装备发展专项”“工信部重点实验室”等很多的政策中科技成果评价在技术得分中一般要占到 15 ～ 30 分，更能够帮助企业在申请资金支持中占得先机。②得到国内外行业认可。只有通过国家级顶尖的行业专家对企业产品的全面科技认证、研讨、鉴定认可，企业的新产品才能真正得到国家行业领先或者首创、国际先进的称号。③科技成果评价给企业带来很多的合作机会。企业在产品技术攻关、产品销售、项目合作等方面，往往想找某行业领导沟通交朋友，但是又不认识，没法联系，莫名去见对方，对方不接见怎么办？通过科技成果评价，增加企业同行业内沟通的机会。④促成行业专家与企业的长期合作。通过科技成果评价，组织专家来到企业与企业领导交流、沟通，达成共识，交上朋友，企业在产品开发、技术攻关、申报办理各种证书，国家新产品创新基金、国家支撑计划扩大生产、申报办理 863 计划、国家工程科技研究中心、国家重点实验室，国际市场开拓资金等项目报批时，专家的指导会起到关键性作用。⑤专家给企业带来国内外市场份额增长。参加过企业科技评价的专家，在国内行业协会、研讨会、论证会讲课时会拿企业的产品做比喻举例子，就等于为企业的产品在做推销，为企业产品做无形广告。在进行大项目规划设计时，因为通过成果评价的产品是专家认证、专家推荐的，质量肯定可靠，客户用得放心，从而给予企业更多的销售机会。

此外，通过成果评价的企业可以申报政府项目、申报科技进步奖，从而可以获得政府资金的支持；单凭企业自筹资金搞研发，容易走偏方向，通过评价会专家点拨，更能把握技术关键与研发方向，这对中小企业特别重要；对于拥有高水平研发团队的大企业来说，评价更多的时候是一块敲门砖。科技成果评价是科技成果转移转化的重要环节。中小企业服务中心依托于专属的专家库、成果库、企业需求库，融入评价以打通企企、校企合作通道。通过邀请专家，对被评价成果的科学性、创造性、先进性、可行性和应用前景等进行评价，并做出相应结论。同时根据企业需求配套技术路线图分析、行业情报分析等增值服务，帮助企业进行科技成果转化落地并获得政策支持。科技成果登记是科技管理工作的重要组成部分，是掌握我国科技发展状况的重要手段之一。科技成果评价可以加强科技成果管理、推动科技成果信息资源共享利用和促进科技成果转化。

科技成果评价对于个人、科研团队、科研单位、社会科研组织都具有重要意义，其具体的用途我们总结有以下几个方面。

1.4.1 结题验收

结题验收是传统科技成果鉴定模式下的一种科研项目结束形式。包括结题和验收两种方式，结题的实施主体是科技计划的项目组，项目组根据计划书的要求，已经完成了研究的工作，可以申请结题。验收的实施主体是项目的主管单位，项目组申请结题以后，主管单位可以组织验收。结题主要强调项目组，意思是根据合同要求项目组已完成全部研究工作，可以申请结题。验收强调课题主管单位，是主管单位组织验收。两者并没有什么质的区别，一个强调项目组，一个强调课题主管单位。总体而言，结题和验收目的基本一致，即针对已完成的科研项目，通过某种有他人（项目管理机构、专家等）参与的形式画上一个句号，作为公认的科研项目圆满结束的标志。

科技成果评价方式的出现，代替了传统的结题验收方式，采用了第三方形式，更为客观公正科学地评述科研项目的成果情况，并得到社会认可。

1.4.2 成果登记

科技成果登记的目的在于贯彻落实中共中央、国务院《关于加强技术创新，发展高科技，实现产业化的决定》中“对于政府财政资金支持的科技项目，要充分运用知识产权信息资源，选准高起点，避免重复研究”。增强财政科技投入效果的透明度，规范科技成果登记工作，保证及时、准确和完整地统计科技成果，为科技成果转化和宏观科技决策服务。

甘肃省为加强全省科技成果管理，规范科技成果登记程序，加快推动科技成果转化为现实生产力，制定了《甘肃省科技成果登记办法》（甘科成规〔2017〕1号），该办法指出“由企事业单位或其他社会组织自主设立的科研开发项目，有明确的研发内容和科研产出，对本行业或本地区经济和社会发展以及科技进步具有较大促进作用，并取得有效评价证明的，可进行成果登记”。明确经过第三方科技成果评价即为“取得有效评价证明”，且第三方评价机构为《甘肃省科技成果登记办法》发布机构。由此，经过第三方科技成果评价机构评价过的科研项目，符合《甘肃省科技成果登记办法》（甘科成规〔2017〕1号），可以进行成果登记。

1.4.3 奖励申报

科研项目的奖励申报是指，在完成科研项目后对科研机构和科研人员取得的成果所做出的一种积极肯定的社会评价。在理想状态下，科技奖励应该具有增加科研机构和科研人员知名度的作用，使他们为其他科学家树立榜样，也是鼓励科研发展，激励科研人才奋发攀登科技高峰的有利策略。

其中《甘肃省科学技术奖励办法》（甘肃省人民政府令第 104 号）及《甘肃省科学技术奖励办法实施细则》（甘科成规〔2016〕1 号）规定“推荐科技进步奖的候选项目应当是经省科技厅或国内同等机构登记的科技成果，成果登记截止日期为上年十二月三十一日”，即表明经过上年度成果登记的科研项目，可以申报本年度的科技奖励。由此可见，经过第三方科技成果评价的项目，可以进行科技奖励的申报。行业科技奖励、大型企业内部科技奖励等往往无须进行科技成果登记，取得第三方科技成果评价结论即可进行奖励申报。

1.4.4 技术交易

技术交易为技术供需双方关于技术成果所有权、使用权的交易行为。技术交易也称为技术产权交易，技术产权是指科技成果和相关的知识产权、科技企业产权（包括专利权）和科技成果投资、风险投资等形成的产权。技术产权交易是指法人、具有民事行为能力的自然人和其他经济组织，对其拥有的科技成果、专利技术、专有技术和科技成果投资、风险投资等形成的产权及科技企业的股权在不同地区、部门、所有制之间进行的有偿转让。技术产权交易出让方是指拥有技术产权且具有出让、合作意愿的法人、具有民事行为能力的自然人和其他经济组织。技术产权交易受让方是指需要技术产权且具有受让、合作意愿的法人、具有民事行为能力的自然人和其他经济组织。

科技成果经第三方评价后，完成成果登记被认定为科技成果，形成科技成果评价报告即为成果的认定凭证，可作为技术交易的有力证据。技术产权交易的内容包括科技成果转让，科技成果合作开发，科技成果委托开发，科技成果实施许可，科技成果技术入股，企业股权（产权）转让，企业增资扩股，专利技术，专有技术及技术产权的其他合法交易内容。甘肃省科学技术情报研究所完成科技成果评价后，将进行成果结论公示，进一步宣传了科研项目的成果，为其技术交易提供了更多展示平台。

1.4.5 行业认可

行业认可即为技术成果获得同行认可，获得行业认可的方式较多，包括申请专利，发布行业、企业标准，获得重大科研项目政府立项，获得科学技术进步奖励，聚集行业领军人才等。此外，还包括收到第三方专业机构的评分、行业排名等，如某某行业企业竞争力报告、竞争力排名等，均能展示企业的技术水平。

科技成果评价报告属第三方专业评价机构给出的客观凭证，具有较高公信力。如 2020 年度中国煤炭工业协会科学技术奖申报条件明确指出“凡在 2017 年至 2019 年期间完成，通过国家部委（国家局）、省（自治区、直辖市）科技厅或具有国家科学技术奖提名资格的全国性行业协会、学会组织的科技成果鉴定、评价（证书编号年份为 2017—2019）并与煤炭行业有关的科研成果，或在国家部委立项并整体通过立项单位验收的煤炭行业国家重大科研项目，可以申报 2020 年度中国煤炭工业协会科学技术奖”，即表明获得省级第三方科技成果评价机构出具的评价报告可申报 2020 年度中国煤炭工业协会科学技术奖，甘肃省科学技术情报研究所即为甘肃科学技术厅公布的省级第三方科技成果评价机构。

1.4.6 成果转化

科技成果转化是指为提高生产力水平而对科学研究与技术开发所产生的具有实用价值的科技成果所进行的后续试验、开发、应用、推广直至形成新产品、新工艺、新材料，发展新产业等活动。广义的科技成果转化应当包括各类成果的应用，劳动者素质的提高，技能的加强，效率的增加等。因为科学技术是第一生产力，而生产力包括人、生产工具和劳动对象。因此科学技术这种潜在的生产力要转化为直接的生产力，最终是通过提高人的素质、改善生产工具和劳动对象来实现的。从这种意义上讲，广义的科技成果转化是指将科技成果从创造地转移到使用地，使使用地劳动者的素质、技能或知识得到增加，劳动工具得到改善，劳动效率得到提高，经济得到发展。狭义的科技成果转化实际上仅指技术成果的转化，即将具有创新性的技术成果从科研单位转移到生产部门，使新产品增加，工艺改进，效益提高，最终经济得到进步。我们通常所说的科技成果转化大多指这种类型的转化，所讲的科技成果转化率就是指技术成果的应用数与技术成果总数的比。

科技成果的评价工作，最终为提高科技成果转化效率服务。这也是我国科研管理部门开启第三方科技成果评价的初衷之一。科技成果评价工作的开展，为众多优秀科研项目（因名额限制，政府立项难以获得）提供一个认定出路，增加了优秀科研成果进行转化的可能。此外，第三方科技成果评价机构给出评价报告，可以进行登记、奖励申报，完成成果登记，获得奖励，均为成果价值增加了有力背书，大大促进了科技成果转化的可能性。

1.4.7 企业融资

企业融资是指以企业为主体融通资金，使企业及其内部各环节之间资金供求由不平衡到平衡的运动过程。当资金短缺时，以最小的代价筹措到适当期限、适当额度的资金；当资金盈余时，以最低的风险、适当的期限投放出去，以取得最大的收益，从而实现资金供求的平衡。企业融资是以企业的资产、权益和预期收益为基础，筹集项目建设、营运及业务拓展所需资金的行为过程。企业的发展，是一个融资、发展、再融资、再发展的过程。一般企业都要经过产品经营阶段、品牌经营阶段及资本运营阶段。随着现代企业自身的不断发展，企业与社会专业机构协作，解决企业自身问题的现象越来越普遍。会计师事务所、律师事务所、财经公关、融资顾问等专业机构的出现，为企业发展的各个阶段提供专业化服务。随着社会分工的不断细化，企业发展也从此走上了一条规范化的道路。企业的融资来源主要包括内源融资和外源融资两个渠道，其中内源融资主要是指企业的自有资金和在生产经营过程中的资金积累部分；协助企业融资即企业的外部资金来源部分，主要包括直接融资和间接协助企业融资两类方式。直接协助企业融资是指企业进行的首次上市募集资金（IPO）、配股和增发等股权协助企业融资活动，所以也称为股权融资；间接融资是指企业资金来自于银行、非银行金融机构的贷款等债权融资活动，所以也称为债务融资。随着技术的进步和生产规模的扩大，单纯依靠内部协助企业融资已经很难满足企业的资金需求。外部协助企业融资成为企业获取资金的重要方式。外部协助企业融资又可分为债务协助企业融资和股权协助企业融资。

科技成果评价涉及关键技术的核心知识产权鉴别和价值评价，科技成果评价报告公平、公正、客观地对科技成果的核心知识产权给出评价，是技术成果投融资、抵押贷款的重要参考。

1.4.8 其他用途

科技成果评价具体用途较多，上述用途多为科技成果评价的直接用途。此外，科技成果评价还有很多间接用途，如被评价科技成果团队成员的职称晋升，科技成果登记后，即被科研管理机构官方认定科技成果，是科技成果团队成员职称晋升的重要条件之一，如果被评价科技成果进一步获得科技奖励，则再次为科技成果团队成员的职称晋升增加了筹码。再如科技成果评价可为被评价科技成果科研机构资质获得增加重要支撑，完成科技成果评价的后续步骤，获得各种奖励，均是科研机构科研水平的重要体现，为其获得相应资质、资源提供了可能。

1.5 科技成果评价内容

殷起鸣（1984）首次提出了科技成果评价内容包括三个方面：①科学技术方面的要求，如水平；②国家政策法令和社会方面的要求，如环保；③经济效应方面的要求，如实用价值。

袁红业（1991）提出科技成果评价内容包括社会效益、生态环境、技术水平、经济效果。①社会效益评价内容具体有国内外需要程度、社会效益、对国际地位影响、改善生产劳动条件；②生态环境评价内容具体有合理利用资源、改善生态环境、减轻自然灾害能力；③技术水平评价内容具体有首创性、学术价值、技术水平、技术复杂程度、技术工艺可靠性；④经济效果评价内容具体有技术潜在价值、技术推广应用价值、技术经济效益、研制成本、研制周期。

王立双（1993）提出了科技成果评价的内容。①使用价值：体现科技成果能满足人们在应用中的需要。②成果水平：指成果应用的技术所达到的高度。③经济效益：对社会物质生产和再生产带来的经济效果和利益。④社会效果：对人类社会活动经济基础、上层建筑和环境带来的效果和利益。⑤推荐申报奖等级：由成果鉴定委员会推荐申报成果奖励等级。⑥完整性：按规定向评委会提交的有关文件、资料、样机及实验数据的完整齐备。

申向东等（2016）将科技成果评价内容分为技术水平、价值、推广应用三大板块。①技术水平评价板块内容包括先进性、创新性和技术复杂性，具体内容有产品质量性能、信息化水平、生产能力、理论创新性、方法创新性、工艺流程创新性、创新点涉及面、目标实现难度、协作跨度、技术可借鉴度。②价值评价板块内容包括技术经济价值和社会价值，具体评价内容有经济可持续发展、对本行业发展的影响、对其他行业发展的影响，对新兴技术、新兴行业产生的促进作用，资源节约、就业带动、环境影响、人才培养。③推广应用评价板块内容包括成果转化可行性、应用前景、产品竞争力、收益性、成果转化风险性，具体评价内容有技术成熟度、配套条件、生产设备及工艺水平、资源投入、环保要求、行业准入、市场容量、市场迫切度、行业成熟度、推广应用范围、成本比较优势、质量比较优势、可替代产品、产品寿命、投资回收期、投资回报率、市场风险、技术风险、政策风险。

李伟（1994）提出了科技成果评价的内容包括成果水平价值、实用价值、成果效益。①成果水平价值评价具体内容有学术水平、技术水平、技术难度；②实用价值评价具体内容有应用范围、成熟程度、技术资料；③成果效益评价具体内容有经济效益和社会效益。

甘肃省科学技术情报研究所根据国内科技成果评价的情况，充分借鉴成功经验，构建适合甘肃科技发展实际的评价内容，主要内容包括4个层面，8个维度。由于科技成果评价内容将在第4章至第7章详细阐述，本节仅介绍科技成果评价的简要内容。

1.5.1 技术水平

（1）技术成熟度

技术成熟度，20世纪70年代由美国航空航天局（NASA）提出，20世纪90年代趋于成熟，是指技术相对于某个具体系统或项目而言所处的发展状态，反映了技术对于项目预期目标的满足程度。技术成熟度评价，是确定装备研制关键技术，并对其成熟程度进行量化评价的一套系统化标准、方法和工具。

起初技术成熟度分为7级，1995年美国航空航天局起草并发布《TRL白皮书》，将其改为9个等级。2002年被美国国防部纳入武器采办条例中，并在2005年正式确定为9个等级：①基本原理被发现和阐述；②形成技术概念或应用方案阶段；③应用分析与实验室研究，关键功能实验室验证阶段；④实验室原理样机组件或实验板在实验环境中验证；⑤完整的实验室样机，组件或实验板在相关环境中验证；⑥模拟环境下的系统演示；⑦真实环境下的系统演示；⑧定型试验；⑨运行与评估。技术成熟度的9个等级中涉及科学与技术知识成果、实验、模拟与工程化、产品化等问题，一般认为第5个等级以后的成果具备一定的实用性，适合于进一步开发应用与转化，但产品化之后的市场化与产业化问题在技术成熟度等级中并不涉及。

(2) 技术创新度

技术创新度就是新颖性的强度。如果创新很大程度是在别人原有的基础上再做些小的改进或修改就制作出来的新产品或新东西，那么这样的创新的强度或新颖性就不大。而如果新产品或新东西基本上从头到尾都是自己的原创，那么，我们就可以说产品或作品的创新程度或新颖性很大。

按创新的程度可将技术创新分为以下两种：

①渐进性创新。它说明企业的技术创新是从无数的小创新开始的，当大量的小创新不断地改善着企业的技术状态，并达到一定程度时就会产生导致质变的大创新。这种创新具有渐进性、模仿性，创新的周期一般较短，而创新效果较好的特点，如由包装箱发展起来的集装箱、由收音机发展起来的组合音响等。日本企业多采用此方式，如索尼公司每年上市近千种新产品，其中大部分是产品功能的某些微小变化，或者不同功能的组合，如品种繁多的随身听等。②根本性创新。它是基础研究的商业化应用获得重大突破的产物，其特点是伴随着全新技术的产品率先进入市场，往往能够创造出一个全新的产业。欧美企业多采用此创新方式，如美国贝尔公司发明并生产的电话，开辟了机器对讲的新时代，该公司发明的晶体管使人类进入了半导体时代。得克萨斯仪器公司首先推出了集成电路，把人类推向了微电子时代。

(3) 技术先进度

技术先进度顾名思义即为技术的先进程度。主要用于阐明科技成果与一定范围内的同类成果比较，包括其技术、方法、装置等体现出来的技术性能的优越性，这些技术性能需要通过具体指标数值来比较。优越的指标数值主要从技术原理、技术构成和技术效果的进步而来，通过比较数值的优劣区分技术是否先进。

科技成果的技术先进度主要来源于技术的创新，包括设计、材料、工具、工艺、流程、设施等的改变。可以说科技成果的技术先进度提升，一定与创新有关，但创新不一定会导致先进。创新可能导致技术出现三种情况：①技术指标数值大幅倒退，比如汽车将汽油能源改变为天然气能源后，汽车动力指标下降明显。②技术指标数值相对差异不大，甚至未变，比如牦牛主饲料由稻草更换成秸秆，牦牛体重增长差异不大。③技术指标数值大幅上升，如混凝土与钢筋结合形成的构建，明显比单一混凝土抗拉数值高出许多，也明显比单一钢筋的抗压数值高出许多。

1.5.2 应用效益

（1）社会效益

科技成果的社会效益是指科技成果本身及其应用最大限度地利用有限的资源满足社会上人们日益增长的物质文化需求。科技成果的成效只能在必要的条件范围内，在一段比较长的时间后才能发挥出来。它有很多方面，但效益原理要点是社会总体利益出发来衡量的某种效果和收益。有广义和狭义之分。广义的社会效益是相对于经济效益而言的，包括政治效益、思想文化效益、生态环境效益等。狭义的社会效益，亦与经济效益相对称，还与政治效益、生态环境效益等相并列。

（2）经济效益

科技成果的经济效益是指科技成果本身或科技成果应用产生的经济收益。人类社会为了能够满足其一定的物质和文化生活的需要，总要投入一定的物化劳动和活劳动。在社会总劳动量一定的条件下，人们为了获得更多的物质文化享受，在组织社会再生产过程中，投入先进程度较高的科技成果，经济效益将会多产出，或者消耗少，所得多。为此，就要对社会经济活动中的科技投入与产出，经济效益所费与所得进行比较。人们把这种科技投入与产出，所费与所得之间的对比关系称为经济效益。

（3）生态效益

科技成果的生态效益是指科技成果产生过程，或其应用过程中产生的生态变化产生的效果。从狭义角度而言是指科技成果引起生态环境中的诸物质要素，在满足人类社会生产和生活过程中所发挥的作用。从相关因素关系而言，科技成果的生态效益指人类科技研发或应用活动创造的经济价值与消耗的资源及产生的环境影响的比值。生态效益概念隐含着从生态与经济两个维度考虑环境问题，在两者之间做一个最佳的配置。在进行经济和其他活动时，在创造经济价值时，尽量减少资源的消耗和对生态环境的冲击。

1.5.3 研发团队

科技成果研发团队评价是指对科研团队成员总体科研实力，成果转化、推广应用的经验等，以及科技成果团队负责人的科研规划能力、科研协调统筹等能力的评价。科技成果研发团队水平的高低直接影响科技成果深化研究和推广应用，随着信息技术的迅猛发展，研发团队是很多企业，尤其是高科技企业创造绩效的根本动力和源泉，对研发团队的有效管理可以使企业获取更大的竞争优势，而研发团队成员总体能力是创造良好绩效的重要环节之一。客观准确地评价科研团队水平，有利于科研团队及时发现队伍建设不足，调整团队结构，应对后期科技成果的深入研发和转化推广应用。

1.5.4 科研产出

科技成果的科研产出评价主要针对科技项目实施以来，科研团队产出与该科技成果密切相关的各类知识产权，包括承载了科技成果技术内容的科技论文、专著、专利、软件著作权、新产品、新品种、新药、新集成电路设计等。科研产出评价主要出于真伪核查、学术不端查验、侵权风险预测等考虑，核实其知识产权是否明晰。

第2章

科技成果评价发展现状

2.1 科技成果评价国际现状

2.1.1 美国

方尉页（1994）研究了美国的科技成果评价工作。他认为美国是一个科技大国，每年的科技成果在世界上首屈一指，但美国政府中却没有一个部门负责管理全国的科技成果。有些部门的业务工作和科技成果评价有关，因此也做些这方面的工作，但都是局部的、零碎的，而不是全面的、系统的。在美国属全国性的、非专业领域（即不从属于专业部委）的、从事科技成果评价的部门，比较典型的有美国专利与商标局（PTO）、美国科学基金会（NSF）、美国国会技术评价办公室（OTA）和美国国家标准技术局（NIST）。PTO的性质与我国专利局类以，主要是评审对科技发明给予专利保护的资格和范围；NSF主要是对科学成果进行评价；而OTA和NIST主要评价技术成果。①美国科学基金会。美国科学基金会（NSF）1993年、1994年两年的年度预算分别为29.4亿和32亿美元，重点战略目标为：加强科研的基础设施和实验设备配置；加强人才的培养；加强科研的重点领域（制造技术、新材料、生物技术、高性能计算和通信、全球变化五个方面）。实现这些目标，NSF要从全国的大学和企业界选择数万个项目予以支持。选择的过程就是评审的过程。NSF中的项目官员全是科学家、工程师或大学教授。初评是由该项目官员组织3至10名本领域专家背靠背进行的（被评审项目的负责人不知道项目官员以外的评审人）。初评通过后，再由 NSF 组织高层管理人员复审。为了确保在评审中能公平合理地选出最佳的申请项目予以支持，NSF 特制订了 4 条标准：研究能力，包括申请人的水平、研究方法的好坏，以及所在单位的实力；项目在科研上的贡献，是否可能导致新的发现或发明，或对该领域的科研产生重大影响；实用性，是否有助于实现某一具体目标，解决某一具体问题，或有助于技术的进步更新；对科学技术基础设施的贡献，主要是对改进科研的质量、分布和效益的贡献，以及对教育和人才的贡献。评选项目即根据这 4 条标准进行。项目申请一旦通过，评审工作即告终止。项目负责人（即原项目申请人）只需根据 NSF 的要求，递交年度进展报告和项目最终报告，并自行决定论文的发表。NSF 对进展中的项目和已完成的项目不进行评价和验收。据称，美国国会和管理与预算办公室（OMB）已要求 NSF 从 1996 年开始对项目的执行情况进行评价。②美国国会技术评价办公室。美国国会技术评价办公室（OTA）是美国国会的下属机构。它根据国会各专业委员会主席的要求，专门就技术问题提供客观深入的分析意见。对 OTA 的职能，美国有法律条文做了具体规定，大意是：该办公室的基本职能是尽早指出应用某项技术后，可能出现的正、反两方面的后果，并就此向国会提供建议。该办公室在工作中的职能是找出某项技术或项目当前存在的或可能出现的后果，揭示造成这些后果的因果关系，寻找实施项目的替代技术途径，并找寻实现目标的替代项目，对这些替代技术途径和项目进行评价和比较，将分析的最后结论呈报国会中有关的立法部门，指出还需深入研究或需继续收集数据的地方。OTA 的工作，大部分是历时 1 ~ 2 年的综合评价，即不仅重视某一技术的经济效益，也同样重视对环境、社会、国家安全等方面的影响。对重大的技术评价项目，OTA 组织有关方面的专家成立项目顾问小组，提供建议，审阅报告，以确保结论的公正、客观和权威性。有时 OTA 也将某些特殊的项目以合同的形式委托知名的个人或机构进行评价。需要指出，OTA 所评价的技术是广义的、全面的、战略性的、决策性的，它主要是对技术领域，而非对某一狭义的具体技术成果进行评价。而且，OTA 也只根据国会的要求选择项目。项目评价的结论并不等于国会的决策，只是为国会的决策和立法提供技术方面的依据。③美国国家标准技术局。美国国家标准技术局（NIST）中有一个极受美国政府重视、近年来迅速增长的部门先进技术项目（ATP）。ATP的性质与前面介绍过的NSF的性质有些类似。只是NSF以资助科研为主，而ATP纯粹资助技术的开发及其商品化。ATP成立于1988年，其目的是加快技术的开发和商品化过程，以提高美国经济的竞争力。1990年国会财政拨款1000万美元，1993年财政拨款已升至6000多万美元，会继续增加，一直到7.5亿美元左右。欲申请ATP资助的技术必须处于基础研究已经完成，而产品开发尚未开始的阶段，必须具有能对美国经济产生长期效益的潜在力量。ATP项目申请的批准率约为10%。对任一批准的项目，ATP的资助额一般不超过所需总投资的50%（另一半以上需来自申请单位）。审批的过程也是评价的过程，其主要内容为技术评价和商业评价两部分。技术评价主要依靠各政府部门和国家实验室的专家。这些专家从科技的角度，用一系列的指标来衡量申请项目，并给其打分。商业评价主要依靠私营企业的管理专家也是用打分的方法对申请人（或机构）将技术转换成商品的能力和决心，并对该技术型商品的全面效益进行评价。所得总分最高的申请项目被送往NIST的副总裁。由NIST的最高层根据经费的情况和所支持技术领域的分布合理性作最后的抉择。项目在执行过程中也进行评价。ATP规定，项目申请书上应写明从技术开发到进入市场各阶段的期限和所应达到的指标。执行过程中就根据这些指标对项目的进展情况进行评价。对执行不力的项目，ATP有权减少资助甚至中止资助。对完成的项目，ATP除了选择个别的作案例调查外，不再作评价和验收的工作。项目中所产生的知识产权也属公司（申请人）所有。

ATP由NIST管理，于1990年开始实施，2007年结束。其评价的指标体系如表2-1所示。

表 2-1　ATP 评价

评价对象	评价方法	应用举例
投入、产出、成效、影响之间的关系	评估模型构建和计划理论分析	计划活动和潜在应用的概念、模型、矩阵和路径研究
投入、产出、成效、影响	统计和调查方法	面向早期和宽领域的计划效果调查研究 计划商业报告系统 客户满意度和市场问题调查
成效和影响	案例方法	单个项目的经济影响案例 基于多案例关键绩效数据的项目和项目群评价 运用案例解释计划的特征、研究计划的变化
产出和成效	同行评议	项目立项与结题同行评议
产出	文献计量法	项目所产出论文和专利的文献计量分析
影响	经济学方法	计算开发周期缩短带来的经济效益 政府与社会资本合作模式对公司生产率的影响 计划对国家经济的影响估算 调查合资企业的特点和影响
	社会学方法	社会网络分析知识溢出效果 项目的投入—社会收益分析 支出系数法分析项目社会效益
	反事实方法	受资助者与未受自助者的对照组研究

陈宁（2007）研究了美国的科技评价与科研事后评价概况，他认为美国的评价机构主要有两大类：①美国的政府科技评价机构有美国国会技术评价办公室（OTA）、国会预算办公室（CBO）、国会研究服务部（CRS）、美国总审计署（GAO）。上面提到的不同评价部门其评价的侧重点也不尽相同，如美国总审计署注重项目、政策的事中和事后评估，国会技术评价办公室则注重项目、技术的事前、事中评估，国会研究服务部则侧重政策的事前、事中和事后评估，国会预算办公室侧重计划、政策的全过程评估。除了以上国会层面上的评

价机构以外，美国有关政府部门也都设有类似的评价办公室，如卫生与人类服务部计划与评估助理部长办公室、卫生与人类服务部监察长办公室下的评估与监察办公室、环保署监察长办公室下的环境项目独立评估办公室、国立卫生研究院综合分析与战略计划办公室下的评估处，以及疾病预防控制中心评估工作组等。这些联邦政府部门下设立的评估机构分别负责本部门内的宏观科研评价和评估工作。②美国的民间科技评价机构。美国政府出资的科技评估，呈现了政府拿钱，委托科研机构代理评估的格局。美国联邦机构依据相关法律履行评估职责，政府委托一大批高水平、相对稳定的社会咨询评估机构（通常被称作 government contractor），包括企业和非营利机构，承担具体的评估活动。美国政府只是出资，由其他机构、部门负责评估活动。美国科技评估的这种出资人和执行者相分离的制度，在一定程度上能保证评估的公平性和合理性。出资人（政府）和评估执行者之间建立了相互监督的机制，提高了监督的效率，减少了徇私舞弊、暗箱操作的可能性。美国有数量庞大的科技评估机构和能主持科技评估的科研院所，有大量的科技人员、专家、学者，保证了科技评估的硬件条件。其中比较具有代表性的是世界技术评估中心，该中心最早曾是马里兰 Loyola 学院的一个部门，现已成为一个独立的国家水平的非营利性研究组织。主要从事技术领域的宏观评估，为美国政府的政策制定人员、科技管理人员及各类科技项目开发人员提供有关国际技术项目状况分析，也进行国内外科技项目的立项、比较与评价服务。该中心自 1989 年以来发布了 50 余份宏观技术评估报告，项目来源包括 NSF、EPA、NIH、NASA、NIST、FDA 等与科研管理有关的政府部门，评估领域涵盖信息、电子、生物、制药、核能、深海等各个领域。除了像世界技术评估中心这样的非营利评估组织外，美国还有大量高水平的面向市场的科技评价公司。仅以美国评估协会网站上所列能够提供科技评估的公司就有近 300 家。这些公司主要通过市场竞争来体现其评估能力和水平并赢得信誉，从而能够在科技评价市场上站稳脚跟。他认为“鉴定”一词在美国也很难找到意义完全对应的词汇，美国比较接近的词是“evaluate”或“assess”，指“评价”或“评估”。根据以上情况，并结合其实际指代意义，“科技成果鉴定”在美国大概可以用“科研项目的事后评估”来代替。美国在进行科研项目事后评估时，较为普遍的做法是：把开题时的研究预测和课题论证、研究过程的计划执行、进展及阶段性结果的检验，甚至对研究项目最终的验收或评审等过程作为一个整体进行评估。评估大多根据阐述基础理论的论文发表情况及被同行引用情况进行评议。应用性研究则通过专利审查、合同验收或根据在实践中的使用情况给出客观的评价。对于合同制科研项目的评价则相对比较简单，如国防部、国家航空航天局的一些应用课题具有很强的实用性，有具体的研究目标。对这类科研项目，一般采取政府合同的方式，采用招标方式进行，待研究任务完成后，委托方再根据合同验收。在对这种政府委托式的项目进行评估时，以合同中所列出的条款为主要依据。因为研究合同中的各项内容都应有明确规定的标准，便于检查和控制，以利于科研管理和评估。在管理上，采用美国有关政府采购合同的法律和管理细则。科研合同承担者若不能完成任务，则按违反商业合同的有关法律和规章追究其责任。

聂虹等（2017）认为美国政府也会委托一些社会咨询评估机构来承担科技评估工作，这其中有企业也有非营利机构，以 government contractor 来称呼它们，工作模式是由政府拿钱，科研机构代理评估，把实际的出资人和具体的执行者区别开，二者可以实现相互监督，因此，评估的过程中公平、合理得以保证。世界技术评估中心就是其中一家有代表性的非营利评估组织。

2.1.2 德国

何有琴等（2007）认为德国已经建立了比较完整的科技评估组织体系，大致上可分为三个层次：科学委员会，由联邦和州两级政府共同支持和承担费用的咨询机构，作为政府组织开展调查研究和科技评估的执行机构。该机构由高层次的科技界和政府界人士组成，联邦政府任命派遣制。科研教育资助组织，如德意志研究联合会（DFG）、马普学会（MPG）、费朗霍夫学会（FHG）、赫尔姆霍兹协会（HFG）、莱布尼茨协会（WGL）等，它们分别对本组织资助的项目及本系统的研究单位进行评估。然后是大学和研究院所，各大学和研究中心对各自的研究所和课题组进行评估。德国针对不同研究项目采用不同的评估标准。在遵循学术影响的评价原则下，基础研究项目参考发表学术著作与论文的质量和数量，引起同行学者的关注程度，被同行学者研究引用的次数，是否被国际认同的权威性文摘所摘录，被邀参加学术活动的次数，获得多少荣誉称号、奖金（尤其是诺贝尔奖）等标准，并延时验收，通过学术界的评议，获取真实评价判断是否通过验收。应用研究项目和开发研究项目的评估主要遵循市场的价值规律，向专利管理靠拢，与市场经济直接挂钩。同时广泛吸收国外专家的意见。虽未制定一部科技评价的法律，但已经形成了严格的评价制度。德国科研项目的申请门槛较低，凡是有利于科学技术创新的项目，本着“为了科学”的态度，不论申请者的资历声望如何均予以资助，调动了年轻科学家的科学探索精神和动力的同时，也有效地防止了按资排辈的陋习。

肖其师等（2018）认为，德国将引导诚信科研作为评价目的。自 20 世纪 90 年代以来，德国在“科研成果评价程序”上推进公开化，2010 年国家科学委员会在进行程序调查与诊断的基础上推出了《科研成果评价与监督的建议》，对科研诚信进行界定，强调如何利用评估来保障诚信，以及同行评议、数量指标（H 指数、博士生数量）、高校学科排名、地方项目资助偶然性的突出问题，在建议上，提倡科研成果评价立足于“学科与研究者特点的质量信息（新观点、科技转化）”而不是以往的数量与发表频次，实现地方资助信息的公开化与评估表决环节“透明化”改进，科研机构要进行自我审查（科研能力、项目进程与效应、相应改进）与反省。专业机构与政策机构评估分离，对科研机构及高校学科的评价，分为专业评价与政策评价两个部门，专业评价主要是从学术研究视角对评价对象的科研实力与潜力进行客观评价，而政策评价则是从整个国家社会科技的发展需求与态势出发对机构在未来国家科技战略中的位置与重要性作出判断。评价方式上，对于每一个待评科研团队与研究所等机构采用不同的评估指标与权重，通过评价委员会专家组在机构具体运作类型划分（研究、基础设施、科技服务）基础上讨论形成，专家组成员的选择根据评价项目所涉及的专业领域进行跨学科选择。

黄群等（2018）认为德国科学委员会是为德国联邦和州政府提供咨询的独立科学政策委员会，也是德国科研评价的权威机构。在研究评价方面，科学委员会关注的重点是科研工作的质量，在评价时既使用“定性指标”也使用“定量指标”，不允许以简单的方式评判科研成果的质量。

2.1.3 英国

何有琴等（2007）认为英国政府已经将科技评估工作作为科技宏观管理、制定科技计划和实施科技计划过程中不可缺少的内容。其评估主要是对科技计划或项目的效果进行检查和评价，尤其是对国家重大计划、重要学校机构和关系国计民生重点项目的评估。1977 年，英国苏塞克斯大学科学政策研究所（SPRU）就曾对政府资助的 6 个研究机构进行过评估。20 世纪 80 年代以来，英国政府在科技评估方面历经系列变革，大大促进了中央和地方的科技评估。英国的科技评估组织机构的设置已经相当健全，科技评估机构可以分为三类：一类是政府科技评估机构，分为英国中央政府议会、议会委员会和国家审计署、地方政府评估机构的三级系统；第二类是研究机构和非政府基金组织的评估机构，如英国国立研究机构、高校和非营利性研究机构及非政府基金组织；第三类是科技中介机构，主要是一些专业性的科技评估公司，如英国科学政策研究所（SPRU），科技管理研究中心（ETSU），以及英国评估系统有限公司等。英国科技评估是为更经济地划拨经费，以合同为载体，按照评估对象的不同采用不同的评估方法、评估程序和评估指标，评估的重点放在基础性研究项目。英国的科技评估完全交由学会、协会或中介机构完成，它们的中立特性往往能够提供更为客观的评估结果，对评估组人员进行严格的选择，代表来源广泛且任期短，并要求临时聘用的评估人员只参加一次评估，通过在网上公布减少政府干预，保证评估的社会化和公开性。议会积极参与科技评估工作，议会一级参与科技评估的机构主要是议会科学技术办公室（POST）、上议院科学技术专门委员会(PSTSC)、下议院科学技术委员会(HCSTC)，议会与科学委员会(PSC)及国家审计署等。

聂虹等（2017）认为，2014年英国开始实施“研究卓越框架”（REF）科研质量评价新体系。英国科研评价的过程是由中介机构来实施的，英国政府其实是不会直接参与其中的。总的质量评价结果及每份材料的质量评价的发布都需在提交机构领导反馈后才能进行，同时发布的还有评价阶段中专家组的会议记录，以告知公众专家开展工作的过程。主要评价内容有：①人员基本信息；②研究产出，包括发表的出版物及其他可以评价的产出详情；③使成果产生影响的模板和案例研究，描述评价时段内成果产生影响的模板（背景、方法、支持影响的战略和计划），以及这段时间卓越研究产生影响的具体案例；④环境资料，包括从事研究工作的相关工作经费、设备保障、人文环境等资料；⑤研究环境情况，概况、研究战略、研究人员组成、收入、基础设施和设备、合作与对学科的贡献等。REF评估方法：以文献计量和同行评议相结合的方法开展科研质量评估。文献计量评价主要是选用Web of Science和Scopus等数据库，对出版物类科技成果的被引情况进行定量评估。同行评议法则主要用于对成果的影响和价值评价，它是文献计量评价方法的补充，是由熟悉本学科和专业领域特点和规律的子专家组通过民主评议的方式定性地评价成果的绩效。

肖其师等（2018）认为，英国尊重科学规律的质量评价，REF的最大特点是“星级制”，2008年REF不强调对每一所大学学科进行准确的排名，而是就首创性（originality）、重要性（significance）、严谨性（rigour）给出星级打分，按照研究的首创性、重要性和严谨性方面达到“世界领先水平／领导地位”“世界优秀水平”“被国际认可”“被国内认可”分为4、3、2、1四个星级，这就要求各大学学科强化“代表作与高质量研究”努力，而不是单纯以发表论文数量与被引频次作为经费拨付依据。评估方法上，高等教育拨款委员会（HEFCE）使用Web of Science、Scopus、Evidence等数据库进行参评人员成果检索并进行“共生数据”（sym-pleetic data）分析，将其作为同行评议的参照依据而不是最终衡量标准。

2.1.4 日本

何有琴等（2007）认为日本的科技评估最早可追溯到20世纪40年代的科技审议会制度，对科技方面的重大战略和决策问题进行审议，随后逐步建立了技术评估体系和支持系统，直至1995年日本政府颁布了《科学技术基本法》，明确了科技评估的地位，1996年制定的《科学技术基本计划》和1997年8月科学技术会议通过的《国家研究开发实施办法大纲指针》都规定日本科技评估机构不能随意设立和撤销。日本的科技评估机构较多，可分为四个层次：第一层，综合性科技评价机构和由国家直接管理开发的事业评估机构，如附属总理府的综合科学技术会议的专门评价调查会。主要负责评价国家大规模研究开发课题，如国有经费投资在300亿日元以上的研究开发、综合科学技术会议指定的研究开发，等等。第二层，专业性评价机构，往往附属各省厅，如文部科学省的学术审议会和评价促进委员会、经济产业省的科技评价处。第三层，企业性评价机构，由公司主办或单独设立为评价公司。第四层，各个研究机构内部的评价机构。如1993年日本理化研究所设立的由海外诺贝尔奖获得者和国内著名的学者组成的“顾问委员会”，对主任研究员的研究成就、该所的科研课题进行评价。日本科技评估只有课题评价制度，没有科技成果评审制度。《评价指南》将评价划分为机构评价、课题评价和人员评价。在特殊的情况下，评价才有被评价机构和评价委托机构的人员参加，评价过程及评价结果的全部内容和结果公布于众。不同性质的研究开发课题采用不同的评价方式，日本《第二期科学技术基本计划》和《评价指南》都指出要针对研究课题的性质和领域的不同灵活评价。对于国家特大型重要科技计划、重大的研究开发成果或竞争性资金资助课题等的评价，实施具体的人员和时段评价步骤。通常小规模和基础性的研究主要是学术界对研究人员发表论文的评价。评价结果的经济效益反映性，日本政府要求评价委托机构充分利用评价结果，适当地分配研究经费，以此来体现评价质量的效益回报，同时修订研究开发计划、改进研究开发课题的安排和调整对研究机构的管理，实施跟踪调查保证政府在研究经费上的择优分配和有效使用。

聂虹等（2017）认为在日本，各种各样的科技评价机构比较多，包括综合性科技评价机构和由国家直接管理开发的事业评价机构，主要是大规模的由国家研究并开发的相关课题；专业性评价机构，附属各省厅；企业性评价机构，公司主办或单独设立的评价公司；研究机构内设评价机构，主要评价的是政府投资的研究项目。

肖其师等（2018）认为，经过多年执行与学术振兴会评估后进行了两次修正（2002年、2007年）的“卓越研究中心计划”（COE），以第三方评估推进高校公平竞争与尖端科学发展。评价导向的“国家战略”化，日本《指南》凸显“科技项目评价的基本准绳是‘基于技术预测基础上’的国家科技需求”，自1971年以来，日本已经开展了10次“技术预测”，进行“关键技术领域的各国发展态势对比”与“未来十数年日本主要技术发展方向规划”，要求科技项目符合“主要技术发展方向”，为日本国家战略服务，微观项目的“下层评价”指标（理论贡献、经济社会效益、成果新颖性与实用性）必须围绕“上层科技政策需求”（国家利益）来建立。评价维度与主体的多样化，程序公正透明。日本文部科学省执行动态的“PDCA”循环评价机制，注重科研项目效应的多维化，项目整体评价指标不仅包含论文与专利，还包括“项目经费使用是否合理”“在全球科学界的贡献与研究推动效应”“对外科技合作的进展与联合研究开展情况”“人才培养与使用”“有无解决关键性资源稀缺情况”等。通过动态分期评估，反馈信息促使科研机构进行资金、人才、设备使用优化，并依据结果做出研究者奖励、经费支持与分配调整等举措。日本高校相应学科进入COE的审批程序实现了行政与执行分离，由学术振兴会代替文部省制定具体操作方法，并通过听证会制度提升透明性。评审人所涉及的范围也比较广泛，包括研究机构、高校、企业界及其他社会专业人士。经过多方主体对高校申报人的领导能力、高校科研实力与科学计划的合理性进行意见讨论交换，保证评价结果公正性。

2.1.5 韩国

吴春玉等（2011）认为韩国政府自2005年提出以结果为中心的科学技术评价模式以来，经过三年的评价体系的建立，到2008年，对国家研究与开发事业全面实施以结果为中心的评价。以结果为中心的评价是指以组织的发展方向和战略目标为核心制定项目目标，并客观地测评项目目标达成程度的活动。“以结果为中心”是R&D流程（立项研究—结束—应用）中应用阶段的效果和由此带来的组织效益和竞争力为中心之意，如论文被引情况、技术转化并产业化后产品给企业带来的效益及竞争力，等等。韩国科学技术评价体系大体分为面向管理的评价、面向市场的评价和企业内部评价等三大评价体系。韩国的《国家研究开发事业成果评价及成果管理法》为建立以结果为中心的国家研究开发事业成果评价体系，评价结果应用于国家科技计划的调整过程及有效利用产出成果的管理体系提供了充分的法律依据。同时，为了提高国家研究开发事业的监督、管理效率，加强作为国家科学技术政策的最高议事机构——国家科学技术委员会的职能，配备了干事及旗下的委员会，又把国家科学技术委员会干事提升为教育科学文化首席长官，掌管国家R&D事业评价的全部事宜，协调和管理教育科学技术部和企划财政部分担的R&D事业评价工作。原科学技术革新部更名为教育科学技术部，负责研究和企划国家科学技术政策、制订和调整国家R&D分配方案、调查和分析国家R&D事业，R&D预算及评价工作移交给企划财政部负责，包括评价标准的制订等。调整之后的机构设置使管理与评价分离，管理与评价职能分别由教育科学技术部和企划财政部分别负责，机构之间分工明确，但又在教育科学文化首席干事的统一管理下有序地开展工作，确保教育科学技术部与企划财政部和其他中央各部委之间的协调及统一管理。

2011年，韩国国家科学技术委员会（简称国科委）首任委员长金道然在接受媒体采访时说：“由国家科学技术委员会调整的约10万亿韩元规模的全部研究课题，最快将于明年开始公布并接受国民公开评价。”他表示，全部课题将被公开在网络上，任何人都可以用实名在网上发表评价意见。国民公开评价分数将与现存方法即专家委员会评价分数合计，最终决定研究经费的增减、继续或中止。这种方法在韩国是首次实行。计划2011年七八月间将能源、生物等9个领域的30多项课题（研究费规模约100亿韩元）作为示范公开，2012年开始将国科委评价的所有研究课题逐步扩大公开。

肖其师等（2018）认为，韩国科学技术信息通信部对既定申请额度（总投入5000万美元、财政投入3000万美元）以上的科研项目，进行强制性事前评估——必要性与可行性，中期与项目完成评估上，将“研究机构自评（R&D经费使用、成果使用推广情况）+主管部门审核”作为主要评价模式。此外，韩国科技评价注重“后期持续评估”，“研发事业完成5年后针对技术转移、产业化等研究成果的管理和扩散程度开展调查评估”，形成了持续追踪的评级模式，推进成果转化运用。韩国关注“成本－效益”效率评价，科学技术评价研究院（KISTEP）是创新政策评估研究的主体，所设置的评价指标中“成本效益”“预算合理性与风险控制”占据主要位置，采用量化指标评价的同时还关注“创新主体执行意志”“有关部门间的可协调性”“可能遭遇的风险与提前应对策略”，运用广泛的专家打分与德尔菲讨论对项目的轻重缓急、资源（人财物）投入带来的成本效益进行估算。

2.2 科技成果评价国内现状

2.2.1 中科合创模式

2014年7月，中科合创（北京）科技成果评价中心分别被国家科技部列为“科技成果评价试点机构”，被科技部农村中心指定为农村、农业领域（农业、林业、畜牧业、水产养殖业、农药、种子、化肥、农业机械等）科技成果评价机构。2014年9月，与中国技术交易所签署全面战略合作协议，成为中国技术交易所指定的科技成果评价机构。创遇网（协同创新服务平台）是经国家科技部批准（国科发资〔2015〕第379号文件），由中科合创（北京）科技推广中心建设并运营的国家级综合科技服务平台，为用户提供科技成果评价服务。中科合创（北京）科技成果评价中心是我国科技成果评价领域的领军机构，是经科技部有关部门批准成立的全国第一家第三方专业科技成果评价机构，是工信部认定的国家军民融合科技评估机构，也是全国唯一一家与公安部科技信息所联合开展全国公安系统和社会公共安全领域科技成果评价的第三方专业评价机构。截至2021年初，中科合创在全国拥有52个工作站和14个分中心，服务区域以北京为中心覆盖全国。

中科合创始终坚持“专业、权威、客观、公正”的理念，与科技部有关部门、中国标准化研究院等单位共同起草制定了多项有关科技成果评价的国家标准和行业标准，率先在国内实现了评价结论的“可追溯、可查询”，成为我国科技成果评价行业内重大成果评价案例最多、评价结论认可度最高的第三方专业成果评价机构。

中科合创开展科技成果评价工作主要分为以下步骤：①评价材料形式审查；②签订委托评价协议；③遴选评价专家；④召开科技成果评价会；⑤做出成果评价结论；⑥出具成果评价报告。共构建了三套科技成果评价指标体系，分别包括：①技术开发类应用技术成果评价指标，如表2-2所示；②社会公益类应用技术成果评价指标，如表2-3所示；③软科学研究类成果评价指标，如表2-4所示。

表2-2 科学技术成果评价专家打分（技术开发类应用技术成果）

评价指标	评价指标含义	评价等级	评价分数
A1技术创新程度	在技术开发中解决关键技术难题并取得技术突破，掌握核心技术并进行集成创新的程度，自主创新技术在总体技术中的比重	有重大突破或创新，且完全自主创新	90 ～ 100
		有明显突破或创新，多项技术自主创新	60 ～ 89
		创新程度一般，单项技术有创新	<60

续表

评价指标	评价指标含义	评价等级	评价分数
A2技术经济指标的先进程度	与国内外最先进技术相比其总体技术水平、主要技术（性能、性状、工艺参数等）、经济（投入产出比、性能价格比、成本、规模等）、环境、生态等指标所处的位置	达到同类技术领先水平	90 ~ 100
		达到同类技术先进水平	60 ~ 89
		接近同类技术先进水平	<60
A3技术难度和复杂程度	技术实现对理论、模型、算法及其他技术的依赖程度，以及与现有技术相比较的超越程度	在自创的理论、模型等支撑下的技术实现	90 ~ 100
		引入跨领域的技术得以实现	60 ~ 89
		在现有技术基础上的改进	<60
A4技术重现性和成熟度	该技术已经形成生产能力或达到实际应用的程度，包括技术的稳定、可靠性等	已实现规模化生产，成果的转化程度高	90 ~ 100
		已实际生产，成果的转化程度较高	60 ~ 89
		技术基本成熟完备	<60
A5技术创新对推动科技进步和提高市场竞争能力的作用	自主研发的关键技术对解决行业、区域发展的重点、难点和关键问题，推动产业结构调整和优化升级，提高企业和相关行业竞争能力，实现行业技术跨越和技术进步的作用和市场竞争中发挥作用的情况	显著促进行业科技进步，市场需求度高，具有国际市场竞争优势	90 ~ 100
		推动行业科技进步作用明显，市场需求度高，具有国内市场竞争优势	60 ~ 89
		对行业推动作用一般，有一定市场需求与竞争能力	<60
A6经济效益	直接经济效益和间接经济效益，包括主要完成单位已经通过技术转让、增收节支、提高效益、降低成本获得的新增利润、税收的金额及他人由于使用该项技术而产生的经济效益	经济效益显著	90 ~ 100
		经济效益明显	60 ~ 89
		经济效益一般	<60

表 2–3 科学技术成果评价专家打分（社会公益类应用技术成果）

评价指标	评价指标含义	评价等级	评价分数
A1 技术创新程度	在科学研究和技术开发中取得的进展和创新程度，包括建立新技术、新方法、新装置，掌握新规律，及进行系统集成创新等	有重大突破或创新，且完全自主创新	90 ~ 100
		有明显突破或创新，多项技术自主创新	60 ~ 89
		创新程度一般，单项技术有创新	<60
A2 技术指标的先进程度	与国内外同类技术、方法、装置比较，其性能、功能参数及总体技术指标等的水平	达到同类技术领先水平	90 ~ 100
		达到同类技术先进水平	60 ~ 89
		接近同类技术先进水平	<60
A3 技术难度和复杂程度	项目研制开发的技术难度，包括涉及的专业领域范围、项目规模、需要解决的关键问题数量	规模、难度非常大，非常复杂	90 ~ 100
		规模、难度很大，很复杂	60 ~ 89
		规模、难度、复杂程度一般	<60
A4 推广、应用程度	项目的实用性、适用性和已经推广应用的范围	实用性很强，已广泛应用	90 ~ 100
		实用性较强，已在较大范围应用	60 ~ 89
		实用性一般，已经部分应用	<60
A5 对相关领域科技进步的推动作用	技术水平提高的幅度，和对解决行业、区域、学科发展的关键问题，实现技术跨越或技术进步，制定国家、行业(学科)标准，推动行业(学科）或区域科技进步的作用	实现重大技术跨越，对行业科技进步作用显著	90 ~ 100
		技术水平明显提高，对行业科技进步作用明显	60 ~ 89
		技术水平有所提高，对行业科技进步作用一般	<60

续表

评价指标	评价指标含义	评价等级	评价分数
A6 社会效益	对提高科学研究基础建设水平和科学技术普及的贡献，或在环境、生态、资源保护与合理利用，提高人民生活质量和健康水平，防灾、减灾，保障经济、社会有序、持久发展等方面所取得的综合效益	社会效益显著	90 ~ 100
		社会效益明显	60 ~ 89
		社会效益一般	<60

表 2–4　科学技术成果评价专家打分（软科学研究类）

评价指标	评价指标含义	评价等级	评价分数
A1 创新程度	研究项目在理论观点上的创新性，研究方法上的创新程度	有重大突破或有实质性创新	90 ~ 100
		有明显突破或创新	60 ~ 89
		创新程度一般	<60
A2 研究难度与复杂程度	在研究方面的难易程度及研究成果所应用的项目（问题）的复杂程度	规模、难度非常大，非常复杂	90 ~ 100
		规模、难度很大，很复杂	60 ~ 89
		规模、难度、复杂程度一般	<60
A3 科学价值与学术水平	项目提出的观点、理论、方法的科学价值与学术水平	科学价值重大，达到同类研究的领先水平	90 ~ 100
		科学价值明显，达到同类研究的先进水平	60 ~ 89
		科学价值一般，接近同类研究的先进水平	<60

续表

评价指标	评价指标含义	评价等级	评价分数
A4 对决策科学化和管理现代化的影响程度	项目为各级政府部门、各类企事业单位决策提供科学依据、管理现代化发挥作用的影响程度	影响和作用程度重大	90 ～ 100
		影响和作用程度明显	60 ～ 89
		影响和作用程度一般	<60
A5 取得的经济效益和社会效益	应用项目发挥的作用，取得的经济或社会效益	经济和社会效益显著	90 ～ 100
		经济和社会效益明显	60 ～ 89
		经济和社会效益一般	<60
A6 与国民经济、社会、科技发展战略的紧密程度	项目与国民经济、社会、科技发展需求的某一个方面或多个方面的紧密程度	显著紧密	90 ～ 100
		明显紧密	60 ～ 89
		一般紧密	<60

2.2.2 青岛模式

《青岛市科技成果标准化评价机构管理办法（试行）》是青岛市根据国家科学技术奖励工作办公室《关于开展二期科技成果评价试点工作的实施意见》（国科奖字〔2014〕28 号）和青岛市科技局《关于印发青岛市关于开展二期科技成果评价试点工作的实施方案的通知》（青科成字〔2014〕3 号）、《关于加快科技成果评价试点工作的通知》（青科成字〔2015〕2号）有关安排，按照《青岛市科技成果标准化评价试点暂行办法》（青科创字〔2014〕42号）具体规定，结合青岛市实际，制定的地方法律法规。青岛市科技创业服务中心（以下简称创业中心）为青岛市科技成果评价行业服务机构，依据国家试点要求，加快建立科技成果全链条管理，建立科技成果分类评价模式，强化科技成果评估师职业培训，更好地指导服务科技成果评价机构开展工作。创业中心负责建设科学规范、客观公正、职责明确、自律发展的科技成果评价体系，积极引导和支持符合条件的社会专业评价机构开展科技成果评价，并进行资质认定、考核、监督、管理工作及科技成果标准化评价培训、科技评估师的日常管理和考核工作。

2015年青岛市全面开启了科技成果评价工作市场化运作，共培育社会化综合类科技成果标准化评价机构30家，海洋技术转移中心专业领域评价机构7家，科技评估师129名，备案各技术领域专家1500人，完成科技成果标准化评价项目1700余项，服务评价单位近千家。

青岛模式评价基本流程为：①客户委托。由评价委托方向评价机构提出科技评价申请，提交评价申请表，确认评价目的、评价对象等基本信息。②接受委托并签订合同。科技评价机构根据自身评价范围和评价能力确定是否接受委托。一旦接受委托，双方需签订评价合同，约定有关评价的要求、完成时间和费用等。③评价原始材料收集。科技评估师指导委托方准备评价原始材料。④聘请咨询专家。评价机构根据评价技术所在的专业领域聘请符合要求的咨询专家。⑤科技查新。根据委托方提交的创新点和专家对科技创新点的咨询意见，委托查新机构进行查新和情报文献分析。⑥核心指标评价。科技评估师根据项目基本信息、查新报告、第三方检测报告、发票、应用证明、审计报告等材料，按照评价标准、规定和方法对科技成果进行标准化评价，在咨询专家的指导下，确定成熟度、创新度、先进度的等级，确定经济效益的数值及确定团队的重要信息。⑦完成科技成果评价报告初稿。科技评估师根据评价结果撰写科技成果标准化评价报告，并由咨询专家进行审核确认。⑧评价报告备案审核。评价报告确定无误后，科技评估师通过评价系统提交评价咨询专家信息、评价基本信息、评价报告及关键证明材料。备案管理机构负责对提交的材料进行审核。审核不合格的报告退回评价机构修改后重审。⑨完成评价报告终稿。评价报告审核通过后，系统自动生成报告编号，评价机构打印报告，并且由科技评价机构盖章，评估师和咨询专家签字后，到技术市场服务中心备案，加盖青岛市科技成果标准化评价专用章，评价报告生效。

青岛模式评价指标模块有：

①技术成熟度评价。根据证明材料分析被评价科技成果各个工作分解单元的成熟度，并确定该技术的整体成熟度（表 2-5）。

表 2-5　青岛模式技术成熟度评价等级

评价等级	名称	含义
第 13 级	回报级	收回投入稳赚利润
第 12 级	利润级	利润达到投入的 20%
第 11 级	盈亏级	批产达到盈亏平衡点
第 10 级	推广级	第一个销售合同回款
第 9 级	应用级	实际通过任务运行的成功考验
第 8 级	验证级	实际系统完成并通过试验验证
第 7 级	试验级	在实际环境中系统样机试验
第 6 级	模拟级	相关环境中的系统样机演示
第 5 级	仿真级	相关环境中的部件仿真验证
第 4 级	实验级	研究室环境中的部件仿真验证
第 3 级	功能级	关键功能分析和实验结论成立
第 2 级	方案级	形成了技术概念或开发方案
第 1 级	报告级	观察到原理并形成正式报告

②技术创新度评价。总结被评价科技成果各个工作分解单元的创新点，并根据技术创新度评价方法，确定该科技成果的创新度（表 2-6）。

表 2-6　青岛模式技术创新度评价等级

评价等级	含义
第 4 级	该创新点在国际范围内，在所有应用领域中都检索不到
第 3 级	该创新点在国际范围内，在某个应用领域中检索不到
第 2 级	该创新点在国内范围内，在所有应用领域中都检索不到
第 1 级	该创新点在国内范围内，在某个应用领域中检索不到

③技术先进度评价。利用技术先进度的评价方法确定各指标的先进度，并由多个指标的先进度等级确定成果的整体先进度等级（表 2-7）。根据研究类型的区别，该部分的评价模板分为应用研究和理论研究两部分，实际评价时需根据不同的研究类型选择合适的模板。

表 2-7　青岛模式技术先进度评价等级

评价等级	含义
第 7 级	关键技术指标达到国际同领域的领先水平
第 6 级	关键技术指标达到国际同领域的先进水平
第 5 级	关键技术指标达到国内同领域的领先水平
第 4 级	关键技术指标达到国内同领域的先进水平
第 3 级	关键技术指标达到省内同领域的领先水平
第 2 级	关键技术指标达到省内同领域的先进水平
第 1 级	关键技术指标未达到上述级别要求

④效益分析。分析被评价科技成果的前期投入、经济效益情况和社会效益等情况。

⑤项目团队评价。列出成果第一完成人的详细信息，并列出项目团队的基本信息。

2.2.3 巨加值模式

中关村巨加值科技评价研究院是国家标准 GB/T 22900—2009《科学技术研究项目评价通则》（以下简称《科技通则》）的研究、推广与再开发的专业机构（其前身北京加值巨龙管理咨询有限公司是该项国家标准的起草单位），基于该标准自主独创了数字化、可视化的分解模型、计量模型与评价模型，发明了技术与创新的表述、计量与评价工具——“技术报表”，并以此构建了以客观数据分析为主（约 70%）的标准化定量，以专家主观判断为辅（约 30%）的专业化定性的，一体化的独立、客观、完整、公正的第三方标准化评价体系。

巨加值模式的科技成果评价体系主要包括技术成熟度、转化风险、市场效益三个主要评价模块，其中核心内容为技术成熟度的评价。公开资料显示，巨加值模式评价以《科技通则》为依据，并在技术创新水平与技术成熟度（技术就绪水平）量表的基础上开展具体评价工作。他们认为技术创新水平（technology innovation level，TIL），是将“技术创新”从创意到创新的全过程划分为 13 个里程碑（级别）的计量标准，是计量科技项目、科技成果现状与创新成功之间差距的一种计量工具。技术创新水平量表共有 13 级，其中前 9 级与美国的技术成熟度［又称技术就绪水平（technology readiness level，TRL）、技术就绪度］的内容一致，增加的 10 到 13 级与前 9 级共同构成了中关村巨加值科技评价研究院首创的科技与经济对接的计量模型，在技术之外增加了其他要素（经济、人才、管理、市场等）与变量。创新是一个完整的过程：先将钱转化为新技术与新产品，再将新技术与新产品转化为更多的钱。前半段是获得新技术与新产品，是必要条件；后半段是新技术与新产品的应用、产业化与商业化，是充分条件。创新的整个过程充满了不确定性，而创新的成功标志就是将诸多不确定性转化为确定性，将非标准化转化为标准化。创新就要创造增加值，一个没有实现商业成功、没有获得增加值、不能最终形成生产力的项目，是不能够称为技术创新的，只有达到了 13 级才算是完整的创新。技术创新水平量表的 13 级划分是标准化的，但不同类型、不同领域的级别定义是不一样的。

中关村巨加值科技评价研究院给出了不同类型、不同领域的量表定义，具体包括基础研究（表 2-8）、应用研究、开发研究 3 类技术就绪水平量表，包括法规 / 政策类、规划 / 方案类、创新类（表 2-9）、标准类、专利类、硬件类、软件类、工艺方法创新类、化学或生物医药类、医疗技术 / 治疗方法类、医疗器械 / 仪器类、软科学类、软课题类、政策法规类等众多技术创新水平量表。

表 2-8　基础研究项目技术就绪水平量表

TRL 级别	名称	特征描述（国标定义）	主要成果形式
第 9 级	系统级	论文、著作被引用，研究报告被采纳	引用、采纳凭证
第 8 级	产品级	论文发表，报告立卷，著作出版	论文、报告、著作
第 7 级	环境级	试验结果与理论相匹配	鉴定结论
第 6 级	正样级	实验室环境中实物功能性能指标可测试	测试报告
第 5 级	初样级	实验室环境中半实物仿真结论成立	半实物仿真结论
第 4 级	仿真级	实验室环境中仿真结论成立	仿真结论
第 3 级	功能级	被组织确定为一个值得探索的具体目标	方案
第 2 级	方案级	被同行确定为一个值得自由探索的方向	论文
第 1 级	报告级	产生新想法并表述成概念性报告	报告

注：①基础研究是为了获得关于现象和可观察事实的基本原理的新知识（揭示客观事实的本质、运动规律、获得新发展、新学说）而进行的试验性或理论性研究，它不以任何专门或特定的应用或使用为目的，但一般具有广泛的应用前景。

②基础研究项目的主要目标是获取新知识，其技术就绪水平第九级应该为新知识被认可、被接受。

表 2-9　创新类项目评价标准

级别	名称	技术质量	经费预算						计划进度
			企业		市场		政府		
			总额	自筹	贷款	基金	省市	部委	
第 13 级	回报级	项目总收益 - 总投入≥ 0							
第 12 级	利润级	累计净利润≥总投入的 50%							
第 11 级	盈亏级	销售量达到盈亏平衡点，累计净利润≥ 0							
第 10 级	销售级	累计销量≥盈亏平衡点数量的 30%							
第 9 级	系统级	具备大批量商业化生产条件，产品定型							
第 8 级	产品级	小批试产合格、图纸完备、工艺成熟							
第 7 级	环境级	工程样机系统运行、例行环境试验合格							
第 6 级	正样级	功能样机演示测试合格、工艺验证可行							
第 5 级	初样机	功能样品、图纸 + 工艺设计、测试通过							
第 4 级	功能级	在实验室关键功能仿真验证结论成立							
第 3 级	仿真级	关键功能、方法经过论证目前能够做到							
第 2 级	方案级	提出的满足需求或解决问题的技术方案							
第 1 级	报告级	发现新需求或新问题且明确表述出来							

注：该评价标准已在部分部委、企业使用。技术风险指数反映项目技术风险，竞争风险指数反映项目竞争风险，对外依存指数反映项目依存风险，技术创新速度反映高技术密集度行业迭代速度。

自 2016 年国家科技部正式废止了《科学技术鉴定办法》，各级科技行政管理部门全部取消科技成果鉴定和评价工作，所有的科技成果评价与鉴定工作一律交由社会第三方科技服务机构承担以来，国内第三方科技成果评价机构如雨后春笋般发展。除以上三家典型第三方科技成果评价机构外，还有中国技术市场协会科学技术评价中心、安徽省科学家企业家协会旗下的安徽省科技成果评价中心、河南省中创科技评价研究院等。部分省市全面放开评价机构，如江西省 2021 年大范围认定了一批第三方科技成果评价机构，包括南昌市科技成果转化协会、江西省农学会、江西省机械工程学会、江西省科学院科技成果评价中心、江西省建筑材料工业联合会、江西省模具工业协会、江西金轩企业咨询集团有限公司、江西省医学会、南昌大学科技园发展有限公司、宜春市高新技术企业协会。总体而言，我国第三方科技成果评价工作将越来越趋向市场化。

2.3 科技成果评价甘肃现状

2.3.1 甘肃斗转科技咨询有限公司

2018 年，甘肃斗转科技咨询有限公司成立于武威市凉州区，开展农业、林业、牧业、工业、生物、环保、卫生、教育、智能、计算机领域内技术咨询、评价等业务。2020 年分别被陇南市、天水市、嘉峪关市科学技术局等纳入第三方科技成果评价机构。主要采用专家打分制进行评价，从成熟度、创新度、先进度、社会经济效益等方面进行评价。

2.3.2 兰州科技大市场管理有限责任公司

2015 年，甘肃省科技厅、兰州市政府共建公共创新服务平台，即兰州科技大市场管理有限责任公司。甘肃省机构改革后，它被归入甘肃省国有资产监督管理委员会。秉承“创新机制、集聚资源、立足兰州、辐射全省”的理念，通过构建“一厅一网两中心八平台”，集聚全球创新资源，畅通供需渠道，服务兰白试验区和“一带一路”向西开放，激发创新主体活力，助力创新型甘肃建设。2020年兰州科技大市场管理有限责任公司开始从事科技成果评价工作，评价内容涉及技术成熟度、技术创新度、技术先进度、社会经济、团队等维度。

2.3.3 甘肃省科技发展促进中心

2017年，甘肃省科技发展促进中心被确定为省第三方科技成果评价机构，初步形成了“第三方机构 + 科技评估师 + 会议咨询”的评价模式，建立了技术成熟度、技术创新度、技术先进度、经济效益、社会效益、生态效益及成果完成团队等七个评价指标体系，形成了一支能够开展科技成果标准化评价的专业化团队，坚持独立、客观、公正的原则，面向全省高等院校、科研院所、企业等各类创新主体开展科技成果评价工作。其中2018年，面向冶金、自动化、生物医药等行业为兰州市轨道交通有限公司、兰州交通大学、甘肃农业大学、甘肃蓝科石化高新装备股份有限公司等18家科技成果完成单位提供了科技成果评价服务。

2.3.4 甘肃省科学技术情报研究所

甘肃省科学技术情报研究所成立于1958年，是独立的非行政服务型科研院所。1984年成立甘肃省知识产权事务中心，与该所合署办公，专业从事知识产权代理服务、信息服务、法律服务、咨询服务、宣传培训和理论研究工作。1993年成立科技查新中心，面向社会开展查新服务，1997年被国家科委认定为国家一级科技查新咨询单位。2004年建立甘肃科技文献共享平台，实现了专利、标准、成果、期刊、学位、会议等文献资源的跨库检索和“一站式”服务，为知识产权服务提供了有效的资源保障和技术支撑。2014年建立甘肃省科技评价监测重点实验室（全国软科学领域唯一一家省级重点实验室），重点开展“知识产权分析评价、科技活动效率评价、区域科技进步监测、创新政策绩效评价、产业技术路线分析评价”。2017年11月，被省科技厅确认为首批甘肃省第三方科技成果评价机构。从事科技科技成果评价的人员拥有评价师、经济师、知识产权师等资质。采用四个层面八个维度的科技成果评价体系，具体包括技术层面（技术成熟度、技术创新度、技术先进度）、效益层面（社会效益、经济效益、生态效益）、知识产权层面（知识产权）、研发团队层面（团队水平）。

第 3 章

科技成果评价流程

科技成果评价流程因评价机构不同而各有差异，本书以甘肃省科学技术情报研究所的科技成果评价工作流程为例，简要流程如图 3-1 所示，本章将介绍科技成果评价流程细节。

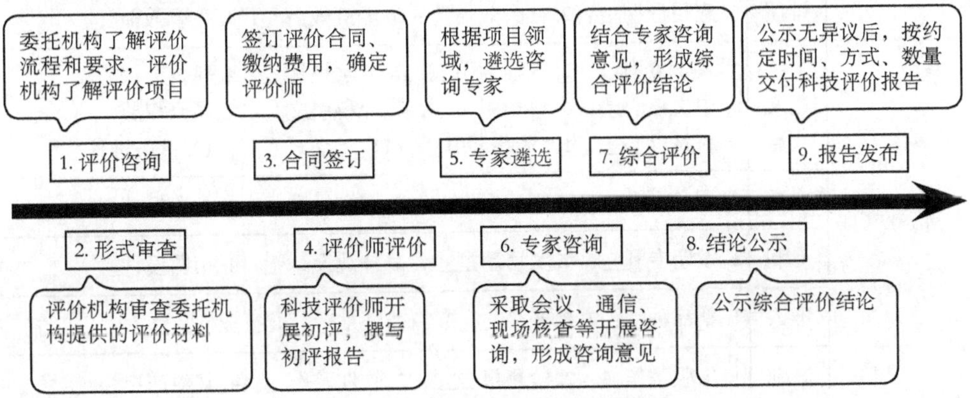

图 3–1　科技成果评价流程

3.1　评价资料受理

3.1.1　资料收集

科技成果评价资料收集阶段主要是收集整理科技成果委托机构提交的所有材料，重点在确定相关资料的有无和具体数量。具体工作如下。

①接受资料。完整接受科技成果委托机构提交的资料，并装袋。

②整理资料。分类整理资料，确认资料类型。

③编写清单。形成材料清单（表 3–1）。

表 3–1　材料清单

评价编号		
委托机构		
成果名称		
申请材料	资料	1. 申请表__；2. 研究报告__；3. 查新报告__
	证明	1. 应用证明__；2. 社会效益__；3. 经济效益__；4. 生态效益__
科研产出	论文	1. 科学索引__；2. 工程索引__；3. 科学指标__；4. 科技会议__ 5. 中文核心__；6. 科学引文__；7. 社科引文__；8. 国家权威__ 9. 科技核心__；10. 清华同方__；11. 北京万方__；12. 重庆维普__
	标准	1. 国家标准__；2. 行业标准__；3. 地方标准__；4. 企业标准__
	专利	1. 发明专利__；2. 实用新型__；3. 外观设计__；4. 布图设计__
	准入	1. 新品种__；2. 新产品__；3. 新药证书__；4. 行业准入__
	其他	1. 出版著作__；2. 检测报告__；3. 软件著作__；4. 其他产出__

3.1.2　资料审核

科技成果评价资料审核阶段主要是核实科技成果委托机构提交的所有材料，确定相关资料的质量，是科技成果评价受理工作的重中之重。具体工作如下。

①核实周期。严格查看项目立项时间，以文件为准。比对所有科研产出，如论文、专利、专著、新品种、新产品、软件著作权等第三方佐证材料的日期是否在科研项目开始日期之后。

②核实机构。严格核实协作机构业务范围，确定其是否从事相关科研工作，排查挂名等不实情况。

③核实人员。严查相关主要研制人员，原则上要求主要研制人员署名出现在相关的论文、专利、专著、软件著作权等佐证材料中。

④核实相关性。重点核实科技成果评价委托机构提交的论文、专利、专著，软件著作权、技术合同、应用证明等第三方佐证材料，是否与科技成果存在密切相关性。

⑤核实第三方材料真实性。

通过数据库检索，严格核查论文、专利、专著、新品种、新产品等的真实性。

通过电话调查等方式，严格验证应用证明、经济效益证明、生态效益证明等的真实性。

通过技术合同乙方调查、税务核查等方式，验证技术合同、发票等的真实性。

通过机构核查、电话调查等方式，核实第三方检测机构和检测报告的真实性。

3.1.3 签订合同

科技成果评价技术服务合同与其他的商业合同类似，必须包括合同条款的标的，即事项为科技成果评价技术服务；科技成果评价报告数量和质量；科技成果评价技术服务价款或者酬金；科技成果评价技术服务履行的期限、科技成果评价报告地点和方式；科技成果评价技术服务违约责任；根据法律规定必须具备的条款；按合同性质必须具备的条款；当事人双方要求必须规定的条款。由于《中华人民共和国民法典》中有明确的条款，不再赘述其具体内容。合同制式包括：

①科技成果评价机构合同。由科技成果评价机构严格依据《中华人民共和

国民法典》合同编制作的经过实践检验的标准合同。将合同嵌入科技成果评价技术服务系统，科技成果评价受理人员审核通过即自动形成科技成果评价技术服务合同，包括合同号、权责双方、科技成果评价技术服务标的、科技成果评价报告数量和质量、科技成果评价技术服务价款和支付方式、科技成果评价技术服务履行的期限、科技成果评价报告地点和方式等内容的标准合同。科技成果评价委托用户下载后签字盖章即可。

②科技成果评价委托方合同。国企、上市企业往往机构建制齐全规范，有关合同协议审查严格，往往有专门的法律部门进行审查。不少科技成果评价委托机构不接受科技成果评价机构的合同样式，并希望采用科技成果评价委托方的合同样式。此时，科技成果评价受理应该仔细阅读科技成果评价委托方提供的合同条款，确定无不平等条款后，可依据一定的规范流程进行签订。

③协商合同。主要针对科技成果评价机构和科技成果评价委托方均对彼此提供的合同制式有意见，且无法达成一致的情况，采取双方重新协商拟定新式科技成果评价技术服务合同。这种较为少见。

3.2 评价工作实施

3.2.1 评价师初评

评价师初评主要围绕甘肃省科学技术情报研究所的科技成果评价指标进行，主要涉及四个层面、八个维度。

①技术成熟度评价。评价师根据佐证材料分析被评价科技成果各个工作分解单元的技术成熟度，结合技术成熟度评价表和技术成熟度评价等级表，确定该技术的整体成熟度。

②技术创新度评价。评价师总结被评价科技成果各项工作分解单元的创新点，主要依据技术查新报告，结合技术创新度评价表和技术创新度评价等级

表，确定该科技成果的创新度。

③技术先进度评价。评价师利用技术先进度的评价方法确定技术创新导致的参数指标优越的数值，将指标数值与国际、国内等范围的类似指标数值进行比较，并参照技术先进度评价等级表，给出具体的科技成果先进度等级。

④社会效益评价。评价师根据科技成果研制过程、科技成果推广应用过程中对社会发展的影响，给出定性的评价结论。

⑤经济效益评价。评价师根据科技成果推广应用后产生的经济价值，并考虑投入科研成本等因素，给出定性的评价结论。

⑥生态效益评价。评价师根据研制过程、科技成果推广应用过程中对生态环境的影响，给出定性的评价结论。

⑦科研团队评价。评价师重点分析研制人员的年龄、性别、职称，研究的科研课题数量、质量（获奖）等内容，判断团队的后续发展潜力，给出定性的评价结论。

⑧知识产权评价。评价师分析各类科技成果评价委托机构提供的密切相关科研产出如论文、专利、标准、专著、软件著作权、新产品、新品种等是否存在学术腐败、产权争议，判断科研产出的知识产权是否明晰。

3.2.2 审核师审核

科技成果评价师完成后，及时提交至科技成果审核师进行审核，审核内容重点涉及四个层面、八个维度的审核判断，相关信息的准确性核实。审核师审核内容绝大多数与评价师一致，且相关章节有相关详尽介绍，故此处不作赘述。

3.2.3 专家遴选

评价师完成初评后，根据学科领域领先相关性筛选科技成果评价咨询专家，给出初步筛选结果。再经由科技成果评价师、审核师商讨后，决定最终科技成果评价咨询专家名单。遴选专家需要遵循以下原则。

（1）回避原则

不得遴选曾在科技成果评价委托单位、成果完成单位、成果使用单位或者科研项目主持单位任职、挂职、兼职，或者离职后未满两年的专家。

不得遴选持有科技成果评价委托单位、成果完成单位、成果使用单位或者科研项目主持单位的股票、债券，或者在这些单位有其他经济利益的专家。

不得遴选与科技成果评价项目有利害关系的其他当事人作为咨询专家。

（2）学科原则

被遴选专家必须与该科技成果相关研究领域密切相关。同时考虑部分产业链条相关学科，如研究内容为产业中游，除了需要遴选产业中游科研专家外，还应考虑上游和下游产业科研专家。此外，极少数科技成果评价还应考虑其他领域专家，如涉及资金投入额巨大的科技成果需要遴选财务专家，涉及环境风险的科技成果还应遴选环评专家。

（3）性别原则

以往科技成果不管是历史鉴定形式还是评价形式，往往忽视了性别对科技成果评价结果的影响。我们通过查阅相关文献资料，发现不同的性别对待一件科技成果的出发点和落脚点有时会出现巨大差异。如针对某一疼痛用药方面的科技成果，女性专家偏向于尽快缓解疼痛，男性专家更加倾向于为后续长远治疗考虑，导致评价结果的差异化。为此，尽可能均衡考虑专家性别，利于多维度给出评判。

（4）一线原则

不少正高级专家为单位领导或临近退休状态，这些专家可能在科研领域处于赋闲或简单指导状态，对相关具体科研工作的了解不深入。为此，我们遴选不唯高职称、不唯高职位，只为更为公平的科技成果评价工作遴选一线科研专家。

（5）保密原则

①对专家保密。遴选专家并通知专家召开咨询会前，原则上不向专家展示

科研项目实施单位，不向专家透露科研项目主要研制人员名单及其联系方式。

②对委托单位保密。召开专家咨询会前，原则上不向科技成果评价委托机构公开咨询专家单位、姓名及联系方式。

③对技术内容保密。遴选专家必须维护查新项目所有者的知识产权，不得非法占有、使用，或者向他人泄露、获利转让查新项目所有者的科技成果。科技成果难免涉及保密科研机构、保密技术等情况，在处理该类查新委托事务时，应该要求遴选专家签订保密协议。涉及国家秘密的科研项目，应依照《中华人民共和国保守国家秘密法》、《科学技术保密规定》（2015年科学技术部、国家保密局第16号令）和科学技术保密的有关规定处理。

3.2.4 专家咨询

第三方科技成果评价完全有别于以前的科技成果鉴定方式，专家咨询会的召开也有别于以往的形式。

（1）会议方式

过去科技成果鉴定制度下，专家鉴定会议往往推选一位鉴定组组长和一位鉴定组副组长。会议过程几乎在鉴定专家组组长的完全掌控下完成，包括过程和结论。第三方科技成果评价会议方式不再推选鉴定组组长和副组长，所有专家地位平等，我们认为这样更有利于形成公平的评价过程和结论。

（2）会议结论

科技成果鉴定由鉴定组组长号召各位专家给出统一的鉴定结论，这导致有些不一样的声音被淹没，不利于科技成果的深入研究和推广应用的优化。同时，不少非组长专家认为跟随组长签字稍有违心之意。为此，第三方科技成果评价会议将不形成统一评价结论，各专家各自形成自己的评价结论，仅对自己的观点负责。

（3）会议类型

会议类型主要包括：会场咨询，第三方科技成果评价机构组织专家和科技成果委托机构，在会场开展专家咨询会议；现场咨询，第三方科技成果评价机构组织专家和科技成果委托机构，在科技成果现场开展专家咨询会议，如机械类成果在车间或应用机构开展评价咨询；远程咨询，针对不便开展会场咨询和现场咨询的情况，采用远程技术，主要为远程视频方式，如在 2019 年以来的新冠肺炎疫情影响下，我们主要通过远程视频会议开展专家咨询。

3.2.5 综合评价

评价师、审核师在专家咨询会议后，根据专家咨询意见，按照少数服从多数机制，均衡评价处理，即评价师、审核师、咨询专家“2+X”给出综合评价结论，其中“$5 \leqslant X \leqslant 9$”且“X”为奇数。

3.2.6 结果公示

科技成果评价机构完成综合评价后，将在相关科技网络平台公示非保密科技成果评价结论，接受社会各界评判。

3.2.7 异议处理

科技成果评价异议一般包括科技成果评价委托方异议和社会异议。异议期内，针对科技成果评价委托方和社会各界提出的有理有据的意见，科技成果评价委托机构应该根据异议流程规范处理，大概有下面几个步骤。

①有异议，但提供不了证据，视为无理取闹，拉入科研诚信黑名单。

②提出有理有据的异议时，科技成果评价机构召集评价师、审核师和咨询专家，再议成果评价结论，形成异议会议结果并公示，并通知异议方。异议方收到评价结果后 1 个工作日内无异议，则重新出具科技成果评价报告。

③异议方收到评价结果后 1 个工作日后，仍有异议，则要求异议方提供更

具说服力的新证据，无新证据视为无理取闹，拉入科研诚信黑名单。

④二次异议，仍由评价机构重新遴选专家，但相关费用（专家咨询费、会务费）由异议方支付，并签订相关协议。咨询专家参考异议方提供的新证据，重新给出评价结论。原则上二次异议评价结果为终评结果，不再接受任何异议。

3.2.8 出具报告

①公示异议期内，无任何机构、社会组织、个人提出异议，根据合同出具规定数量和质量的科技成果评价报告。

②首次异议经专家咨询会再评后，异议方再无异议，根据合同出具规定数量和质量的科技成果评价报告。

③二次异议后，经专家咨询会二次异议评价后，根据合同出具规定数量和质量的科技成果评价报告。

3.3 评价档案管理

科技成果评价资料归档工作是科技成果评价最后的工作流程。以甘肃省科学技术情报研究所为例，详述科技成果评价人员完成的科技查新归档及其管理工作。

3.3.1 归档内容

（1）科技成果文书档案

科技成果文书档案包括上级下发给科技成果机构的各种有关科技成果的办法、规定、规范、细则等，科技成果机构制定的各种有关科技成果的规章制度，科技成果机构的年检材料和科技成果工作总结，科技成果项目登记簿，科技成果机构及科技成果人员的有关技术证明资料等。

（2）科技成果项目档案

科技成果项目档案包括科技成果委托申请表（或科技成果技术服务合同）、科技成果报告、附件、科技成果人员的工作记录等。

电子档案则需要针对相关字段进行提取，如文书档案的年月、文号、主题关键词等，科技成果报告的编号、题名、完成或委托日期、评价师、审核师员、类型等字段。

3.3.2 归档类型

科技评价文件归档类型较多，为尽量做到归档和管理便利，不再进行科技评价报告的工业、农业、医药、社科等分类，主要进行大分类，主要分为纸质文档归档和电子文档归档。

①纸质文档。评价报告的纸质文档包括评价报告原件或复印件、科技评价技术服务合同、附件等材料。

②电子文档。电子文档主要在采用科技评价系统完成科技评价工作后开始出现，包括原有纸质科技评价档案的电子化加工和现有科技评价系统中的科技评价报告及相关信息资料。归档后统一存入专门建立的数据库中，具体字段包括项目名称、项目编号、评价委托机构、评价机构、委托日期、完成日期、负责人、联系人、评价目的、技术要点、评价点、关键词、检索式、评价结果、评价员、审核员等。

3.3.3 归档密级

科技评价归档定密是把关系科技评价委托用户技术安全和利益，在一定时间内只限一定范围的人员知悉的每一具体秘密事项。我国完整的档案归档主要分为“绝密•核心、绝密、机密、秘密”四个等级。科技评价归档定密工作是做好保密工作的前提和基础，是保密工作管理体例结构中的首要工作，是科技评价机构必须履行的法律责任和义务。只有认真地把属于科技评价委托用户秘密的每一具体事项及其密级及时准确地依法确定下来，才能最大限度地保障科技评价委托用户技术安全和利益不受损害。不定密，会混淆密与非密的界线，分不清哪些是科技评价技术秘密，哪些是非科技评价技术秘密，更谈不上贯彻“积极防范，突出重点”的方针，容易造成管理上的混乱，既不能维护科技评价委托用户技术安全和利益，又会不同程度地妨碍科技评价事业的顺利稳健进行，因此，做好定密工作至关重要。

甘肃省科学技术情报研究所根据科技评价档案工作实际需求，将科技评价归档密级分为两大类，秘密级和无密级。

①秘密级。科技评价技术秘密一旦泄露会使科技评价委托用户技术安全和利益受到一定程度的危害和损失。为尽可能杜绝泄密情况，切实维护科技评价委托用户的利益，以抓源头为原则，前述介绍保密技术的科技评价工作仅限于部分人知晓，其归档工作仅限部分摘要内容，具体保密技术内容不得入档。归档信息仅包括如项目名称、科技评价委托机构、评价员、审核员等。

②无密级。绝大多数正常的科技评价报告完成后，进行归档工作，包括所有技术内容和其他相关的资料。

3.3.4 档案编号

2015 年 10 月 25 日，国家档案局发布了档案行业标准《归档文件整理规则》(DA/T 22—2015)，其中规定了档案编号的标准。

科技评价工作的档案应依分类方案和排列顺序编写档号。档号编制应遵循唯一性、合理性、稳定性、扩充性、简单性原则。

档号的结构宜为：全宗号 - 档案门类代码•年度 - 保管期限 - 机构（问题）代码 - 件号。基于上述原则，甘肃省科学技术情报研究所的科技评价工作档案编号规则如下。

①全宗号，档案馆给立档单位编制的代号，用4位数字或者字母与数字的结合标识，按照DA/T 13—1994编制。甘肃省科技成果评价档案的全宗号为“GSPJ”，指代甘肃科技成果评价的档案。

②档案门类代码，根据甘肃省科学技术情报研究所科技评价工作的实际，由文书档案和科技评价工作档案组成，档案门类代码为“1”或“2”，其中“1”为文书档案类别，“2”为评价报告档案类别。

③年度指档案文件形成的具体的年度，以4位阿拉伯数字标注公元纪年，如“2020”指档案文件形成的年份为2020年，与何时归档无关。

④保管期限，多数档案保管期限分为永久、定期30年、定期10年，分别以代码“Y”“D30”“D10”标识。根据甘肃省科技评价工作实际情况，我们将其期限全部定为5年，因此保管期限代码一律为“5”。

⑤机构（问题）代码。国家规范明确了机构（问题）代码采用3位汉语拼音字母或阿拉伯数字标识，如办公室代码为“BGS”等，但也指出归档文件未按照机构（问题）分类的，应省略机构（问题）代码。甘肃省科学技术情报研究所为甘肃省科技厅认定的第一家第三方科技成果评价机构，机构（问题）代码为“01”。

⑥件号是单件归档文件在分类方案最低一级类目内的排列顺序号，由6位阿拉伯数字组成，包括评价报告类别号和流水号，“01”为科技评价文书类别号，“02”为科技评价类别号，“03”为科技论文检索类别号，后四位为流水号，文书流水号不足4位的在前面补充数字“0”即可。

综上所述，科技成果评价档案编号总共由16位字母和数字组成。

3.3.5 归档流程

科技成果评价档案整理归档工作按照规范程序进行，可以使科技成果评价文件归档工作流畅有序，同时可获得事半功倍的效果。

（1）档案文件分类

按照本单位科技成果评价档案的归档范围，首先将档案分门别类归入对应的大类，即区分文书档案和科技成果评价工作档案；再将各个大类内的档案，遵循成套性要求，按照项目（课题、附件等）相对集中的规律，各自成套、成册或成件为一个整体。

（2）逐一甄别

对收集、积累并整理成套的可能的档案文件，逐一对每一类别的文件材料按照归档范围进行甄别，剔除不属于归档范围的文件及重复文件。

（3）文件组卷

组卷即将相对零散的文件材料，依据一定次序，组装成一份档案卷宗。具体内容包括卷内文件材料排列；编写页码；编制卷内目录，主要针对卷内材料类型不同进行；填写案卷封面、封底。

（4）编制目录

科技档案目录依据评价工作文件类别进行编制，每一类科技档案文件编制一个一级目录。例如一个科技成果评价文件包括科技成果评价报告和附录，附录又含附录 1（图纸）和附录 2（测试报告），目录编制为一级目录为报告和附录，一级目录附件含有二级目录，附录 1（图纸）和附录 2（测试报告）。

（5）编制档案号

根据科技成果评价档案分类及编号方案，编制科技成果评价档案号，并填写在封面的“档号”空格处。

（6）案卷装订

按要求装订案卷，旨在使文件组卷整体化，不松散，便于存取，同时使科技成果评价文件不易丢失和污损。一般采用有机纤维材质线绳装订。

（7）档案装盒

案卷装订完毕后，以一盒为一个案卷的（一般为一份科技成果评价档案），需在盒内放入卷内目录，填写档案盒封面及背脊相关内容；一个盒内放入若干案卷的，档案盒起包装作用，可不填写档案盒封面，但需填写背脊相关内容，背脊内容一般包含内部档案的卷号或卷号范围。

（8）盖章入库

完成装盒的科技成果评价档案由专人查验后，归档文件应在首页上端的空白位置加盖归档章并填写相关内容。科技成果评价电子文件可以由系统生成归档章样式的形式在归档文件上进行标识，对其内容信息进行锁定。

3.3.6 档案管理

科技成果评价档案的管理工作优劣影响科技成果评价档案的保存、应用和知识产权情况，因此，制定科技成果评价档案管理制度十分关键，主要涉及以下几个方面。

（1）存取管理

制定存取专人负责制，固定存档案入库时间，明确取阅档案工作时间范围；制定存取记录册，表明接收档案入库数量、时间及接收人员，记录取阅时间、归还时间及取阅人员；规定取阅人员范围，根据知识产权情况，结合多方许可权限限定取阅人员。

（2）变更管理

主要涉及评价机构变更时，应当按照以下情况对科技成果评价档案进行处理：科技成果评价机构分立、合并时，应当对科技成果评价档案加以保护，防止科技成果评价委托机构的知识产权受到侵犯；成果评价机构终止时，应当将科技成果评价档案移交主管机构处理，或给出处理意见，如发文。

（3）档案应用

科技成果评价文件建立档案的主要目的在于留存有价值知识和知识的应用，其中留存有价值知识不存在知识产权风险问题。科技成果评价档案的应用可能存在知识产权侵权情况，为此，科技成果评价档案的共享应用，应该尊重知识产权，获取知识产权所有者许可，方可进行对外借阅应用；如果未获得知识产权所有者许可，仅限内部或知识产权所有者取阅。

（4）档案库管理

档案库应该注意安全管理，纸质文件档案应注意防水、防火、防虫、防电路短路、避光等，应当安装电子安全报警装置，配置防虫药剂、灭火器等防范器材，同时制定管理人员定期巡视检查制度。

电子科技成果评价档案应该注意档案数据库的备份和使用安全，尽量使用内网，防治病毒入侵导致的数据泄露、丢失等情况。

第 4 章

科技成果技术水平评价

甘肃省科学技术情报研究所的科技成果评价体系为四个层面、八个维度，采用定性与定量相结合，其中第一个层面为技术水平，包含三个定量维度，分别为关键技术成熟度、关键技术创新度、关键技术先进度。需要特别注意的是这里指的科技成果技术水平的评价对象为关键技术，即科技成果研究的核心技术问题，非课题研究的技术，如国内外行业领域已使用过的技术，细枝末节等常规技术不在科技成果技术水平评价范围内。

4.1 关键技术成熟度评价

4.1.1 国内外研究现状

20 世纪 70 年代，技术成熟度最早由美国航空航天局（NASA）提出，20 世纪 90 年代 NASA 技术成熟度趋于成熟。它最初是用于确定装备研制关键技术，并对其成熟程度进行量化评价的一套系统化标准、方法和工具。最初技术成熟度分为 7 级，1995 年美国航空航天局起草并发布《TRL 白皮书》，将其改为 9 个等级。2002 年被美国国防部纳入武器采办条例中，并于 2005 年正式确定为 9 个等级：①基本原理被发现和阐述；②形成技术概念或应用方案阶段；③应用分析与实验室研究，关键功能实验室验证阶段；④实验室原理样机组件或实验板在实验环境中验证；⑤完整的实验室样机，组件或实验板在相关环境中验证；⑥模拟环境下的系统演示；⑦真实环境下的系统演示；⑧定型试验；⑨运行与评估。技术成熟度的9个等级中涉及科学与技术知识成果、实验、模拟与工程化、产品化等问题，一般认为第5个等级以后的成果具备一定的实用性。

2014年，德国正式发布"工业4.0战略计划"，破晓了第四次工业革命的晨光。德国莱茵TÜV成熟度4.0模型，依据德国工业4.0的体系、程序和产品三大要素，结合德国莱茵TÜV的人文、技术和环境三大核心，建立了包含9个单元的TÜV莱茵工业4.0成熟度模型（图4-1），其中每个单元涉及了欧洲和国际上的相关标准和法规，很好地细化了德国工业4.0对于企业发展的每个细节，尤其适合于中国企业，企业不但可以通过TÜV莱茵工业4.0成熟度模型进行评估，更重要的是可以明确每一个微观部分与现代企业的差距，从而明确改善的方向。

图4-1　TÜV莱茵工业4.0成熟度模型

莱茵工业4.0成熟度模型的9个单元解释如下。①组织。围绕工业4.0的组织设计和空间方面的背景信息（如何为工业4.0构建组织架构?），有关法律、市场和其他监管要求的信息（安全、安保、合规如何为工业4.0组织结构护航?），实践中的最佳组织架构信息（有关行业中最先进的组织结构是什么?），涉及的标准有ISO 9000系列（ISO 9001，SA 8000，ISO 26000），内容包含战略和目标、总体规划和设计、精益管理、工作组织设计、角色和义务、技能和资质、报酬、权利和津贴等方面。②结构。结构包括ITIL，CMMI，COBIT，PMBOK，PRINCE2，ISO/IEC 20000，ISO 21500，ISO/IEC 38500，TOGAF，ISO 27001，ISO 27002。涉及IT管理系统、系统的可靠性、网络安全、IoT的隐私权、IIoT工业大数据、云计算、智能设计、集成技术、信息及嵌入式等技术和内容。③生态系统。生态系统涉及供应链的管理、自动系统集成、智能化物流管理、可持续性管理、能耗管理等。涉及的标准有ISO 14001，RoHS，ISO 44001，ISO 50001等。④劳动者。减少人为错误，提高生产力、安全性和舒适性，特别关注人与感兴趣的事物之间的相互作用，特别考虑健康与安全和生产力这两大要素。涉及的标准有ISO 45001，EN ISO 26800，EN ISO 6385，EN 614，EN 9241-5等。⑤程序研究。所有的制造程序主要都由机器执行，因此程序的优化和可靠成为一个重要环节。其中需要重点考核的是MES/MOM、CAPP、CAM、智能物流车间、虚拟生产、传感器和ID技术。同时远程操作与维护、生产可视化、程序控制及工业机器人也都是评估的对象。⑥价值链。价值链为一端到另一端的增值活动集合，为客户、利益相关者或最终用户创建一个良好的整体结果。它包括产品生命周期管理和生命周期评估两个方面。前者是指从产品设计到制造，再到维修和退役，对产品的整个生命周期进行的管理过程；后者是指评估从原料提取到材料加工、制造、分销、使用、维修、维护、处理或回收，对产品生命所有阶段的影响。涉及的标准有ISO 14040，ISO 14044等。⑦定制化设计。定制化设计是先分析和设想用户可能喜欢的产品的所有特点，同时验证并修正他们在实际使用中对设计的反馈。它包括两个方面：安全性及高品质（用户满意度）。所谓安全性是确保用户安全的所有因素和特性，而高品质（用户满意度）是指达到用户对产品满意为目标的所有因素和产品特性。⑧技术要求。这一单元是指保证产品技术性能和市场监管要求的所有技术要求。它包括兼容性和性能两个方面。所谓兼容性是在市场上使用的所有规格产品都可以找到配件和便于安装的特性，性能是指与同类产品相比，它有更好的质量的特性。目前考核的是CAD和CAE技术。⑨生态设计。所有设计要求需要避免对产品产生负面的生态影响。是否很好采用了欧洲的3R理论，确保产品的可重复使用，可回收及降解的可能性，同时也具有使用耐久的特点。

Gartner咨询公司采用技术成熟度曲线评价汽车电子技术成熟度，包括触发期、期望膨胀期、幻灭期、复苏期、成熟期（图4-2）。

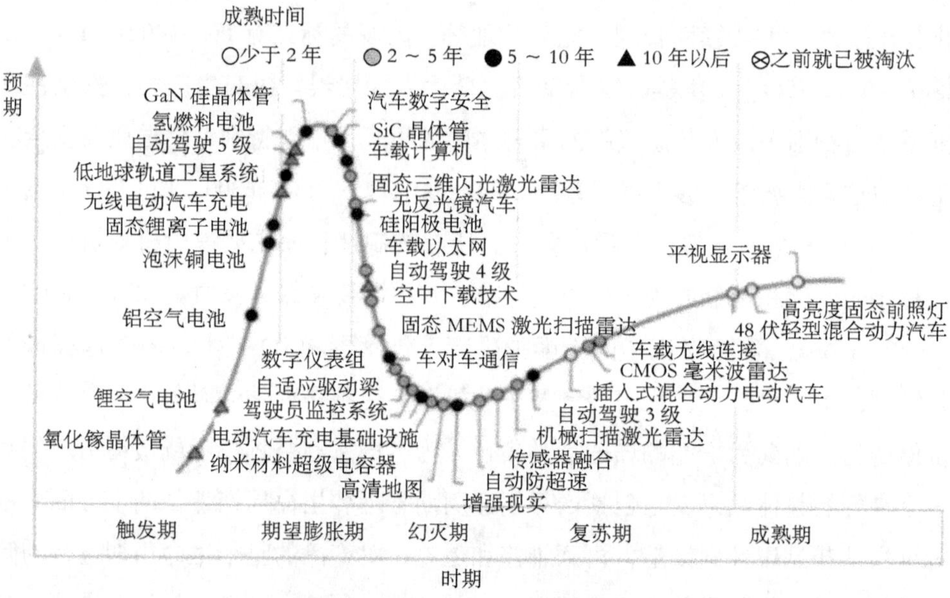

图4-2 汽车电子技术成熟度曲线

2018年工业和信息化部组织起草的《新材料技术成熟度等级划分及定义》（GB/T 37264—2018）已由国家市场监督管理总局、国家标准化管理委员会审核批准并正式发布，2019年7月1日正式实施。该技术成熟度总共分为三个阶段，九个具体等级，如表4-1所示。

表 4-1 新材料技术成熟度等级界定

等级	技术成熟度	阶段
1	材料设计和制备的基本概念、原理形成	实验室阶段
2	将概念、原理实施于材料制备和工艺控制中，并初步得到验证	
3	实验室制备工艺贯通，获得样品，主要性能通过实验室测试验证	
4	试制工艺流程贯通，获得试制品，性能通过实验室测试验证	工业化阶段
5	试制品通过模拟环境验证	
6	试制品通过使用环境验证	
7	产品通过用户测试和认定，生产线完整，形成技术规范	产业化阶段
8	产品能够稳定生产，满足质量一致性要求	
9	产品生产要素得到优化，成为货架产品	

4.1.2 评价内容与等级

国内外有关技术成熟度的研究较多，形成了众多技术成熟度的评价指标体系，但总体来说，多少都有 NASA 技术成熟度的影子。个别国家、社会组织或科研机构建立的技术成熟度各有差异，但均未得到一致认可。鉴于此，我们考虑到 NASA 技术成熟度体系历经历史检验仍被使用的国际地位，结合国内巨加值、青岛模式技术成熟度评价体系的中国特点，形成适合甘肃地区的科技成果技术成熟指标体系。

技术成熟度评价指标体系总体分为 4 个大层级，13 个小等级，从 1 级至 13 级依次升高，以工业类科技成果为例。

①第一层级理论级。包含报告级、方案级、功能级三个小等级。主要表示相关科研还处在理论设想阶段。

②第二层级验证级。包含实验级、仿真级、模拟级三个小等级。主要表示相关科研完成了理论设想，已有下一步研究方案，进入模拟测试阶段。

③第三层级应用级。包含试验级、验证级、应用级三个小等级。主要表示项目研究已形成实质性有形内容，进入实际验证阶段。

④第四层级推广级。包含推广级、盈亏级、利润级、回报级四个小等级。其中第 10 级仅表示在一定范围开展了推广应用，第 11 至第 13 级表示该科技成果的推广应用产生了经济效益，具有加大成果转化的实际必要性。

我们将技术成熟度指标等级分为以下几个类型，如表 4-2 至表 4-5 所示。

表 4-2 技术成熟度评价等级（工业类科技成果）

评价等级			等级含义
推广级	第 13 级	回报级	推广应用效益 - 投入≥投入的 50%
	第 12 级	利润级	推广应用效益 - 投入≥投入的 20%
	第 11 级	盈亏级	推广应用效益 - 投入≥ 0
	第 10 级	推广级	在行业（单位、系统）开展推广应用
应用级	第 9 级	应用级	在实际环境中实现成功应用
	第 8 级	验证级	在实际环境中通过试验验证
	第 7 级	试验级	在实际环境中完成测试试验
验证级	第 6 级	模拟级	在模拟环境中完成测试试验
	第 5 级	仿真级	在模拟环境中通过仿真验证
	第 4 级	实验级	在模拟环境中完成仿真实验
理论级	第 3 级	功能级	完成关键功能分析或关键技术实验
	第 2 级	方案级	确定技术路线或研发方案
	第 1 级	报告级	开展研究，形成正式报告

表 4–3 技术成熟度评价等级（农业类科技成果）

评价等级			等级含义
推广级	第 13 级	回报级	推广应用效益 – 投入≥投入的 50%
	第 12 级	利润级	推广应用效益 – 投入≥投入的 20%
	第 11 级	盈亏级	推广应用效益 – 投入≥ 0
	第 10 级	推广级	在行业（单位、系统）开展推广应用
应用级	第 9 级	应用级	在实际环境中完成大规模应用试验
	第 8 级	中试级	在实际环境中完成较大规模应用试验
	第 7 级	小试级	在实际环境中完成小规模应用试验
验证级	第 6 级	模拟级	在模拟环境中完成样品验证
	第 5 级	初样级	在模拟环境中形成实验样品
	第 4 级	实验级	在模拟环境中完成技术实验
理论级	第 3 级	功能级	完成关键功能分析或关键技术实验
	第 2 级	方案级	确定技术路线或研发方案
	第 1 级	报告级	开展研究，形成正式报告

表 4–4 技术成熟度评价等级（医学类科技成果）

评价等级			等级含义
推广级	第 13 级	回报级	推广应用效益 – 投入≥投入的 50%
	第 12 级	利润级	推广应用效益 – 投入≥投入的 20%
	第 11 级	盈亏级	推广应用效益 – 投入≥ 0
	第 10 级	推广级	在行业（单位、系统）开展推广应用

续表

评价等级			等级含义
应用级	第 9 级	应用级	在实际环境中实现成功应用
	第 8 级	验证级	在实际环境中通过临床试验验证
	第 7 级	试验级	在实际环境中完成首次临床试验
验证级	第 6 级	模拟级	在模拟环境中完成试验验证
	第 5 级	仿真级	在模拟环境中通过仿真验证
	第 4 级	实验级	在模拟环境中完成仿真实验
理论级	第 3 级	功能级	完成关键功能分析或关键技术实验
	第 2 级	方案级	确定技术路线或研发方案
	第 1 级	报告级	开展研究，形成正式报告

表 4–5　技术成熟度评价等级表（社科类科技成果）

评价等级			等级含义
推广级	第 13 级	回报级	推广应用效益 – 投入 ≥ 投入的 50%
	第 12 级	利润级	推广应用效益 – 投入 ≥ 投入的 20%
	第 11 级	盈亏级	推广应用效益 – 投入 ≥ 0
	第 10 级	推广级	在行业（单位、系统）开展推广应用
应用级	第 9 级	应用级	在实际任务（工作）中成功应用
	第 8 级	验证级	在实际任务（工作）中通过验证
	第 7 级	试验级	在实际任务（工作）中完成首次试点
验证级	第 6 级	终审级	根据初审结果确定试点方案
	第 5 级	初审级	根据咨询意见形成初审结果
	第 4 级	咨询级	咨询各方意见获得多数认可
理论级	第 3 级	论证级	通过原理可行性论证
	第 2 级	方案级	确定研究路线或实施方案
	第 1 级	报告级	开展研究，形成正式报告

4.1.3 评价形式

由评价师、审核师、咨询专家组成评价人员队伍，一般为单数。参考科技成果评价委托机构提供的相关佐证材料，如应用凭证、技术服务合同、票据等。采用均衡、定量（给出具体等级）评价形式，即三方完全平等的方式给出定量评价等级，再进行平均，等级采用四舍五入形成最终技术成熟度等级。如表 4-6 所示。

表 4-6　技术成熟度等级

序号	评价队伍	技术成熟度等级
1	评价师	
2	审核师	
3	咨询专家 1	
4	咨询专家 2	
5	咨询专家 3	
6	咨询专家 4	
7	咨询专家 5	
最终等级		

4.1.4 评价结论

科技成果技术成熟度最终评价结论将在完成专家咨询会后第一次出现，并公示。异议期内存在异议情况，在二次专家咨询会议后出现第二次科技成果技术成熟度最终评价结论。若仍存在异议，重新遴选专家，召开专家咨询会后将出现第三次科技成果技术成熟度最终评价结论。

不管出现几次或几个版本的科技成果技术成熟度最终评价结论，都将以具体等级加解释的方式出现，如“综合关键技术成熟度分级、应用证明及专家咨询意见，该科技成果整体的技术成熟度达到 10 级（推广级：在行业、单位、系统开展推广应用）”等。

4.2 关键技术创新度评价

4.2.1 国内外研究现状

英国苏塞克斯大学的科学政策研究所（SPRU）是最早开展创新指标研究的单位之一。它的目标是要确定英国自 1945 年以来所有重要的创新，并追踪产生和应用这些创新的部门。它的方法是首先请一些工业部门的专家确定在其本部门中最有意义的创新或提出实现创新的企业及能对创新发展提供更多信息的人的名单；然后将调查表寄给企业，以获得能够评价创新的性质、水平和有关创新用户的信息。对每一项创新，要求调查对象提供如下信息：①引进创新的日期；②创新单位实现该项创新时的规模，主要指雇员的数量；③创新单位的性质，是独立的公司还是子公司，是自治的部门或与母公司有其他关系；④母公司的规模，仍是指雇员数量；⑤创新是世界首创还是从其他国家首次引进英国；⑥创新类型，包括产品创新、工艺创新、材料创新或其他；⑦创新的信息或知识来源；⑧创新是本公司的发明还是来自其他公司或国家；⑨创新首先用于哪个部门。

意大利国家研究中心（NRC）和国家统计局（STAT）将其他多数国家采用的方法——以公司为对象的研究放大，并将问卷与访谈结合，目标是获得创新的类型与数量、妨碍创新的因素，以及进一步创新计划的数据。研究分两轮进行。第一轮对全国制造业中雇员超过 20 人的所有企业进行调查，约有 3.5 万家企业接受了调查。问卷简单明确，仅了解以下四方面的信息：①过去 5 年中引进的创新。按产品、工艺与组织创新分类。②促进创新的因素。如 R&D、专利、公共资助、来自外界的知识等。③妨碍创新的因素。如资金缺乏、成本高、风险大、劳动力短缺等。④今后5年内公司引进创新的计划。仍按产品、工艺、组织创新分类。

联邦德国的弗朗霍夫学会系统分析与创新研究所（IFG），是第一个从企业着手研究创新指标的，其最初的思想源于“头脑风暴”式的会议。他们将每一轮研究的结果反馈给调查对象。IFG的目标是研究技术、经济、社会间互相关系，它主要评价参与政府鼓励技术创新计划的中小企业（雇员少于1000人）的创新水平，着重测量产出。由于政府对这些企业的R&D给以资助，并组织这项调查，不少企业认为这项调查与下一步的资助有关，故乐意回答问卷，因而应答率很高。随着政府计划的扩展，1990年的调查样本将覆盖全国中小企业。

美国国家科学基金会从1981年开始资助发展创新指标的研究，该研究主要从发展创新理论的需要及企业愿意并能够提供数据这两方面设计指标，并于1984年和1986年分别对600家和2000家企业进行了调查。第一轮研究结果见1987年美国《科学与工程指标》。

上述四国采用调查手段获得创新指标，但各国有关科技创新的指标体系差异较大，总体有以下几个方面。①创新来源。即形成创新的知识或观点的来源，按公司内部和公司外部分类。外部来源包括顾客、竞争对手、政府、大学、研究机构。②创新数目。按产品创新、工艺创新、产品与工艺联合创新、组织创新等进行分类。在此基础上，可对行业和企业规模作分析。③过去几年（多为5年）内引进的新产品的销售额占上一年销售额的百分比。可以给出确切的百分比数字，也可在不同档次选择。④创新过程中各阶段的经费支出。美国分为三个阶段：R&D，建立生产线，进入市场。意大利分五个阶段：R&D，技术开发，模型，生产准备，进入市场。法国分六个阶段：R&D，专利与许可证，工程开发，生产投资，生产组织，进入市场。⑤创新的目标。包括投资多样化，取代原有产品，改进工作条件，柔性生产等。可要求应答者选择答案，但从分析角度，以排出各目标的相对重要性为好。⑥创新的障碍。包括经费紧缺、技术人力的不适应、缺乏技术信息、风险等。同样以排出各因素的相对重要性为好。⑦研究组织。主要评价从事 R&D 的人员和 R&D 经费占总销售额的百分比。⑧新技术的用户。这一指标主要适用于以项目为基础的调查，选择用户的行业代码。⑨创新的意义。指在“何种意义”上谓之“新”，一般包括企业、国家、世界三个层次。⑩创新所需的时间长度。指一次创新从开始立项到商业化所需的时间周期。可以给出时间段由应答者选择，也可填写平均周期，但应注意小企业创新商品化时间一般比大企业短，故应根据调查对象设计时间段。

沈律（2003）提出了评价科技创新的两大重要指标，即科技成果重复率和科技成果引用率，创新率与重复率成反比，与引用率成正比，并提出了科技创新的一般均衡曲线。

张兴等（2011）对研究项目 / 成果创新度的评价方法进行了研究，他们提出要判断某个研究项目成果创新程度，光靠分类是不够的，还要看该项目成果创新的层次，第一层次是指在某个具体问题上的创新，第二层次是指在某个研究方向上的创新，第三层次（最高层次）则是指在某个研究领域上的创新。此外，还需要区分创新的性质是改进型创新，是填空型创新还是颠覆型创新。因此，建议通过建立一个半定量的三维评价方法，来判断研究项目成果的创新程度。每维有 3 个档次，对应的创新分为 1、2、3 分，某个项目 / 成果的综合创新程度可由 3 个坐标所处档次创新分的乘积确定。

4.2.2 评价内容与等级

发达国家针对科技创新的指标研究覆盖面较广，横向上从资金投入、人员、周期、目标、新技术用户、创新的意义等，纵向上几乎涉及技术、产业全链条。同时其创新指的创造性和新颖性。而国内有关技术创新指标则面较窄，集中度较高，往往针对理论、技术或产品本身制定指标。

在中国特色社会主义制度下，科技创新评判制度也与国外差异较大，主要以科技查新判断科技成果是否具有新颖性。科技查新是国家科技部为避免科研课题重复立项和客观正确地判别科研成果的新颖性而设立的一项工作，由具有科技查新资质的查新机构承担完成。

我们充分参考国内外有关科技创新的评判标准，但更应该考虑国情，适应中国科技事业的发展。为此我们借鉴青岛科技成果创新度评价指标体系，同时也考虑甘肃省具体科技发展水平，创造性地将科技成果创新度指标等级进行了扩充，如表4-7所示。从第1级至第7级依次升高，判断主要以科技查新报告为参考依据。

表4-7　技术创新度评价等级（各类科技成果通用）

评价等级	等级含义
第7级	关键技术创新点在国际范围内未见相同文献报道
第6级	关键技术创新点在国际范围内未见完全相同文献报道
第5级	关键技术创新点在国内未见相同文献报道
第4级	关键技术创新点在国内未见完全相同文献报道
第3级	关键技术创新点在省内未见相同文献报道
第2级	关键技术创新点在省内未见完全相同文献报道
第1级	关键技术创新点在省内已有相同文献报道

4.2.3　评价形式

由评价师、审核师、咨询专家组成评价人员队伍，人员一般为单数。参考科技成果评价委托机构提供的第三方科技查新报告，再结合咨询专家对该科研领域的认识给出各自的评判等级。采用均衡、定量（给出具体等级）评价形式，即三方完全平等的方式给出定量评价等级，再进行平均，等级采用四舍五入形成最终技术创新度等级，如表4-8所示。

表 4-8　技术创新度等级

序号	评价队伍	技术创新度等级
1	评价师	
2	审核师	
3	咨询专家 1	
4	咨询专家 2	
5	咨询专家 3	
6	咨询专家 4	
7	咨询专家 5	
最终等级		

4.2.4　评价结论

科技成果技术创新度评价结论的形成与科技成果技术成熟度评价结论的形成类似，在此不再赘述。科技成果技术创新度评价结论采用定量等级加等级解释的方式呈现，如“综合关键技术创新度分级、文献分析及专家咨询意见，该科技成果整体的技术创新度达到 5 级（关键技术创新点在国内未见相同文献报道）”等。

4.3　关键技术先进度评价

4.3.1　国内外研究现状

李勇刚等（2020）认为可靠性和能效是农用离心泵先进性评价的两个重要参数，采用具体优越性能指标参数判断设备的先进程度。

刘海勇（2018）从提高效率、降低成本、节能减排、改善性能、提升品质等方面提出了涂料的技术先进性指标。①高效。通过 UV 固化可以在数秒之内实现完全的固化，生产效率更高。②节能。常温快速固化，其能耗一般只有普通涂料、面漆热固化的 1/10 ~ 1/5。③友好。涂料中不含或只含少量溶剂，同时其固化所用能源为电能，不用燃油或燃气，无 CO_2 产生，环境友好，故被誉为“绿色涂料”。④经济。固化装置紧凑，流水线生产，加工速度快，因而节省场地空间，劳动生产率高，固化工艺保证膜层更薄，并有优良的性能从而减少原材料消耗，有利于降低经济成本。⑤广泛。可适应于多种家装基材，如纸张、木材、塑料、金属、皮革、石材、玻璃、陶瓷等几乎所有的硬质材料和软质材料。⑥生态。可产生高浓度生态离子和发射能量波。生态离子浓度达到 6000 个每立方厘米每秒以上。这种生态化的功能对环境修复、人体微环境修复具有极其深远的意义。

高艳红等（2013）构建了技术先进性评估指标体系及评估方法，认为国外有关技术先进性的研究较少，他们构建了一个较为复杂的技术先进性评价指标体系，如图 4-3 所示。

刘佳等（2016）提出采用液化㶲效率的具体指标值高低来评判天然气液化工艺技术先进性。

通过文献检索发现国外单一研究某一技术的先进度极为少见，多数以成熟度、创造性等进行整体研究，其中涉及技术先进性的指标。国内涉及技术先进性的研究也不是特别多，究其原因在于技术创新（发明专利视角的创造性和新颖性，而非简单的新颖性）必定导致参数指标的先进性，故国内外多研究技术的创造性。

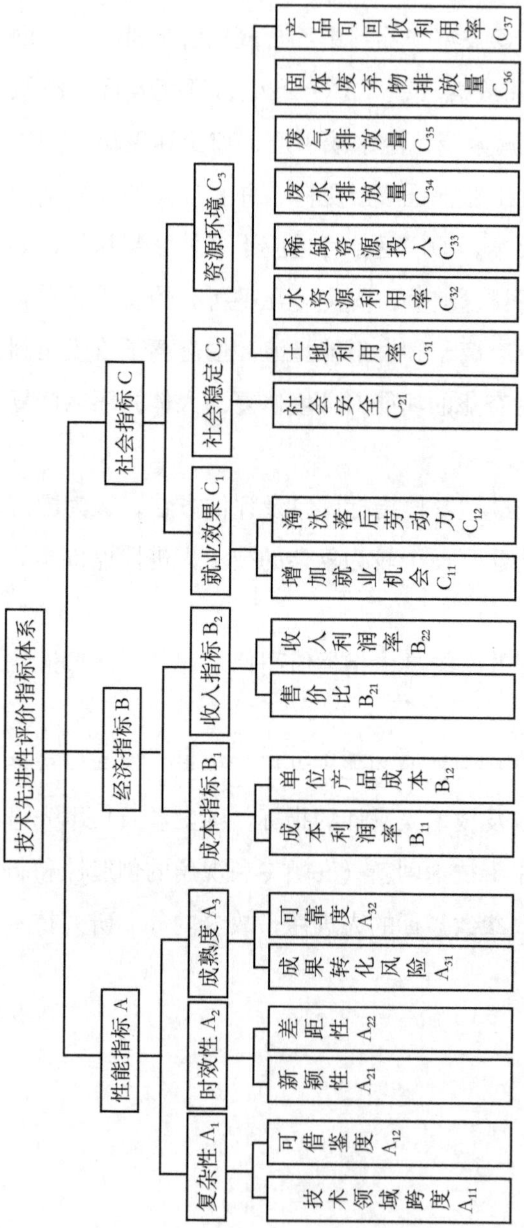

图 4-3　技术先进性评价指标体系

4.3.2 评价内容与等级

科技成果技术的先进度评价方式方法较多，总体来看，定量评价优于定性评价，其中尤以指标数值评价为甚。多数学者认为采用指标数值反映技术的先进程度较为合理，如青岛农业大学的肖克峰老师认为，科技成果的技术先进度是一项技术应用所产生的作用或效果所处的水平。其中“作用或效果所处的水平”是通过与其他技术的对比来实现的。可见，青岛模式的科技成果水平指标体系以具体的作用效果数值为基准，再通过比较判断其高低。

我们在青岛模式的基础上，进行了继承性创新，并结合甘肃科技发展水平的实际情况，创造性地形成了甘肃科技成果评价指标等级，如表4-9所示。从第1级至第7级依次升高，判断主要以技术指标数值为参考依据。

表4-9 技术先进度评价等级（各类科技成果通用）

评价等级	等级含义
第7级	关键技术指标达到国际同领域的领先水平
第6级	关键技术指标达到国际同领域的先进水平
第5级	关键技术指标达到国内同领域的领先水平
第4级	关键技术指标达到国内同领域的先进水平
第3级	关键技术指标达到省内同领域的领先水平
第2级	关键技术指标达到省内同领域的先进水平
第1级	关键技术指标未达到上述级别要求

值得注意的是我们评价的技术指标：①技术先进度指标必须与技术创新有关，即技术的先进是技术创新导致的。部分技术先进性指标可能不是技术创新引起的，如管理的创新引起产品的合格率上升等，我们不认为是技术先进度指标。②技术先进性指标的比较不局限于类似技术手段，而在于技术实现的最终效果。如某一中药制剂组方的创新，导致治疗胆囊疼痛疾病的效果大幅提升，

治愈率超过95%。在寻找比较指标切勿陷入中医药范围内，而是需要以最终效果为基点。治疗胆囊疼痛疾病，西医采用微创手术，可根治胆囊疼痛。在不考虑治疗后期饮食等问题情况下，西医治疗方式明显优于中药制剂。

4.3.3 评价形式

与科技成果的技术成熟度、创新度评价形式类似，技术先进度评价也由评价师、审核师、咨询专家组成评价人员队伍，人员一般为单数。参考科技成果评价委托机构或评价机构提供的相同或类似效果、作业技术产生的技术优越指标数值，再结合咨询专家对该科研领域的认识给出各自的评判等级。采用均衡、定量（给出具体等级）评价形式，即三方完全平等的方式给出定量评价等级，再进行平均，等级采用四舍五入形成最终技术先进度等级，如表4-10所示。

表 4-10 技术先进度等级

序号	评价队伍	技术先进度等级
1	评价师	
2	审核师	
3	咨询专家 1	
4	咨询专家 2	
5	咨询专家 3	
6	咨询专家 4	
7	咨询专家 5	
最终等级		

4.3.4 评价结论

科技成果技术先进度最终评价不管是否出现异议情况，科技成果技术先进度最终评价结论都将以具体等级加解释的方式出现，如“综合关键技术先进度分级、应用证明及专家咨询意见，该科技成果整体的技术先进度达到 6 级（关键技术指标达到国际同领域的先进水平）”等。

部分科技成果由于处在国际或国内领先地位，或无类似应用领域，都将出现无相关的比较指标数值。在这种情况下，评价机构初评一般难以判断，最终评价结论将以咨询专家给出的结论为主。例如，“该科技成果团队未提供兰州市道路地下安全预警地理信息系统 V1.0 的先进性指标，同时，经评价机构检索，国内也未见相同应用领域的地理信息系统，故暂不对该科技成果的技术先进度做出评价。仅结合专家咨询意见，该成果的整体技术先进度达到 4 级（关键技术指标达到国内同领域的先进水平）。”

第5章

科技成果应用效益评价

邓小平同志指出的科学技术是第一生产力，最深刻地揭示了科技成果应用效益的本质问题。提高科技成果应用效益，就是提高科学技术成果转化为生产力的比率、速度和效果等。科技成果效益有多种展示形式，如重大科研发现公之于众后，科技界为之欢呼雀跃，产生轰动，随之而来可形成一定社会影响力，这就是科技成果本身产生的效益之一。可见，科技成果不进行应用也能产生效益。如果将科技成果进行应用将产生更大、更深、更广的效益，如发现电磁感应效应到发电机、电动机的研制应用等，极大地推动了人类社会、科技、经济、人文等各层面发展，深入应用如利用水力发电还减少了原始的燃烧照明，节约能源，改善生态环境。科技成果产业化应用是实现科技经济一体化的直接的、根本的途径。科技成果产业化应用概念存在着狭义和广义的区分，前者是指已经形成的科技成果向现实产品的产业化应用，就像《中华人民共和国促进科技成果转化化法》所明确的那样，是指"为提高生产力水平而对科学研究与技术开发所产生的具有实用价值的科技成果所进行的后续试验、开发、应用、推广直至形成新产品、新工艺、新材料，发展新产业等活动"；后者除上述内容外还包括科技成果的产生阶段即研制（即通常所说的"小试"）。由于科技成果产业化应用的各个阶段都存在着一些影响制约因素，所以目前研究的对象和范围是后者。总之科技成果因应用而产生的效益远大于其自身仅仅在科技理论中的影响力。基于此我们评价分析科技成果效益，一般来讲主要集中于其全面的应用效益。

20世纪50年代以来，我国高度重视科技的引领力量，从原子弹、氢弹、人造卫星，到当今高铁、5G 等，无不展示科技应用产生的效益。几十年来，我国科研管理机构、科研机构、科研人员，总结出科技成果包括科学理论成果、应用技术成果、软科学成果三类。狭义科技成果效益一般指使用科技成果所取得的效果与为了取得效果而付出的代价的差值或比值，这些代价通常可用科技经费投资、科技固定资产消耗和科技人员投入等可计量数据来表示，但这种狭义的科技成果效益已不能适应当今对科技成果产生影响的评价的需要。我们认为科技成果效益可计量面较窄，其潜在的影响力远远超过其诞生时的效益，因此通过简单计量来比较科技成果效益是片面的，也是无法公允体现其价值的。

5.1 社会效益评价

一般认为社会效益是指最大限度地利用有限的资源满足社会上人们日益增长的物质文化需求。对于科技成果产生的效益，主要指科技成果本身及其应用产生的社会总体利益或影响。当然科技成果社会效益也有广义和狭义之分。广义的科技成果社会效益是相对于科技成果经济效益而言的，包括科技成果政治效益、科技成果思想文化效益、科技成果生态环境效益、科技成果人才队伍建设效益、科技成果知识产权效益等。狭义的科技成果社会效益范围较窄，是与科技成果经济效益、科技成果政治效益、科技成果生态环境效益、科技成果人才队伍建设效益、科技成果知识产权效益等并列而言的。随着社会科技经济的快速发展，学科分类、产业分支等越来越精细和专业，因此广义科技成果社会效益已不能适应当下社会发展，更加具体的科技成果社会效益，即狭义的科技成果社会效益使当前人们更乐于接受和具体感知。

科技成果社会效益具有双刃剑特性。科技成果及其应用的迅猛发展像一把双刃剑，既为造福于人类开辟了广阔的美好前景，又由于人们对科技运用不当给人类社会带来负面影响，其最突出的表现是带来了危及地球生命和人类社会的“全球性问题”。科技成果及其应用的突飞猛进，生产力的蓬勃发展，持续不断地吹响人类向自然进军的号角，充分展示了人类改造自然世界的巨大潜能。人类陶醉于自己的辉煌成就的同时，也逐渐发现自己正陷入某种困境，如人口增长过快、粮食短缺、能源和资源枯竭、环境污染、生态破坏等全球问题日益突出，严重困扰甚至威胁着人们。“全球性问题”的出现，从某种意义上说，是由于科技成果广泛应用于自然而又失去控制所引发的。科技成果产生的社会进步和生产力的发展赋予人类改造自然的新手段、新形式，使人对自然界的影响在广度和深度上都急剧地提升了。例如，人类科技成果对地球表面的改造作用在不断增长，并形成全球规模。新的科技成果应用已成为一种新的地质作用力，造成一种新的地质作用过程，并急剧地改变地球表面。同时，人类科技成果正在影响全部化学元素，生成新的化合物，把新的物质引入地壳，改变了地球的化学形成过程。当人们在自然身上滥用科技成果的威力时，全球环境恶化就不为怪了。全球气候变暖，土壤过分流失、土地沙漠化、盐碱化扩展，原始森林资源日益减少，臭氧层的耗损或破坏不断加速，野生物种加速灭绝，动植物资源急剧减少，可用淡水供给不足，空气污染等，都是人类不合理地利用科技成果并使人类与自然发生冲突的结果。科技成果不断应用既有同人的需要和发展相和谐的一面，也有同人的需要和发展相冲突的一面。在现代科技成果应用发展基础上形成各种医疗、卫生、保健及日常生活的优良条件下，人口以前所未有的速度增长。狭小的地球空间承载着有着旺盛生命力和贪婪需求的人类，他们在日益增多地消耗着地球上有限的资源，人类自身的生产与自然物质资料生产之间的比例失衡。二战以来，引起人们焦虑的问题还有科技成果应用导致核武器和核原料民用的出现，带来了世界核战争和核污染的潜在威胁。

科技成果能否造福于人类，关键取决于掌握科技成果的人，取决于人类对科技成果应用的合理控制，科技成果社会效应的两面性，要求我们要充分发挥科技成果的正面作用，在推动社会历史前进方面发挥积极作用，同时克服其对社会发展的消极作用。在全球问题上存在着不同的态度和解决方案，20 世纪 60 年代末至 70 年代初，以罗马俱乐部部分成员为代表的西方未来学者对科技成果与未来社会发展持悲观态度。他们认为，由于科技发展可能导致全球性的巨大灾难，甚至人类文明可能遭到毁灭。他们提出克服即将来临灾难的基本途径就是把社会生产维持在简单再生产的基础上，即实行经济上的零增长，减缓甚至停止科技进步和控制成果的应用。与这种“技术悲观论”相反，“技术乐观论”则认为，科技发展及其产生的科技成果本身就能解决全球问题，随着先进科技发展及其成果的深入应用，就能创造出解决诸如人口、能源、环境等问题的新选择。这两种观点都从不同的方面夸大了科技成果应用的作用，忽视了社会制度、社会关系对科技成果制约的作用。

先进科技发展及其成果应用是社会发展的重要推动力，它对社会发展的积极作用是主要的、基本的方面，不能以阻止科技成果发展的方式来谋求解决全球问题。而且科技发展及其成果的进一步应用，将会为人类控制自己不合理的行为，减少科技成果带来的负面作用提供强有力的技术手段，即科技发展中遇到的问题应该通过更进一步的科技发展来解决。与此同时，全球问题不仅是科技成果应用问题，而且是一个涉及社会制度、社会管理组织、各种社会认识和整体社会实践的复杂综合问题。单纯依靠科技成果手段是不能完全解决问题的。解决全球问题有赖于科技成果社会应用的合理深化，并要求多方面的共同努力和条件。首先，要变革和完善社会制度或社会体制，创造合理利用科技成果的环境，加强国际合作与对话，共同应对。无论是生态、资源问题，还是核威胁问题，都需要依赖国内的社会环境和国际环境的共同作用，大家共同进退、守望相助才能合理解决。其次，要用科学的自然观和社会观指导人们和谐地与自然相处。要树立全球观念和危机意识，克服眼前利益和局部利益的狭隘视野，克制急功近利的行为，做到全球协同。再次，必须大力发展科技研发，推进科技成果深化应用，强化人们认识自然社会的能力，增强人们合理控制各种生产活动和消费活动的能力和手段。只有先进科技成果和生产力的进一步发展，才可能为摆脱人类困境创造新的物质条件。最后，全球统筹实施可持续发展战略，即在经济发展的同时，注意保护资源、改善环境，促使经济发展能持续进行。当前，可持续发展已成为世界许多国家指导经济与社会发展的总体战略，作为发展中国家，我国面临着发展经济和改善生态环境的双重任务。在中国特色社会主义现代化过程中，必须坚定不移地坚持可持续发展战略，合理利用社会资源，切实保护生态环境，选择有利于节约资源、保护生态环境的产业结构和消费方式。

5.1.1 国内外研究现状

科技发展及其成果的社会效益一直以来受到国内外研究学者关注，并对其如何评价开展了广泛的研究。最早的科技成果评价工作始于20世纪20年代的美国，科技成果评价的雏形为与科技相关的研究、分析和评价，随后法国、德国、加拿大、日本、丹麦等国也陆续开展科技成果评价工作。美国的科技成果评价具备较为完善的立法保障，国会通过并颁布的《政府绩效与结果法案》规范了政府部门的绩效评估行为活动，其中针对科技活动，该法案要求所有联邦机构的科技活动使用绩效评估技术并向社会公众通报评价结果。针对不同研究项目的特点，有区别地选择不同评估方法、评估对象、评估时间范围、评估流程和评估专家等。以美国国家科学基金会为例，它主要侧重于基础研究类项目，其科技成果社会效益评估主要关注项目在科研上的贡献，主要考察是否可能产生新的发现或发明，或对该领域的科研产生重大影响；而对科学基础设施的贡献，主要考察科研效益、对教育和人才的贡献等。法国的科技评价具有完善的法律制度：法国第一部科技法《科技方针与规划法》被视为公共研究机构评价科技相关成果效益的根本大法；《科技规划与指导法》从法律上确立了科技成果评估的地位，其中明确规定评估人员必须对其所作评估负法律责任，如若存在违法行为将受到法律的制裁，这就从法律层面保障了科技成果评价的相对客观性和公平性；《技术创新与科研法》中明确规定，所有公共研究机构应与政府签订涉及整个研究活动的多年期合同，该合同确定研究机构的目标和双方相互的承诺，相应的实施活动接受政府监督和评估。法国的科技成果社会效益评估主要委托市场进行，以市场的方式对科技成果本身及其应用效益进行评估。日本在欧美之后也陆续出台了相应的科技本身及其成果评估法律法规：1995年日本政府颁布了《科学技术基本法》，明确了科技及其成果评估的地位；1997年日本科学技术会议审议通过了《国家研究开发评价实施办法大纲指针》，极大地推进了日本科技研究评价体制的建设。以日本学术振兴机构JST为例，通过对科技成果的效益评估，来对基础科技研究项目的执行情况进行评估，通过JST的专家进行遴选，组成科技评估小组进行相应科技成果评估，并以座谈会等形式对评估进行补充，并向公众介绍研究成果。评估小组按照相应的评价指标体系对项目进行评估，评估结论涉及的社会效益主要体现在是否在国际上建立新的研究领域；是否有其他研究机构资助该领域的项目；该项目是否对日本的研究潜力有提升等方面。

我国科技成果评价主要由政府推动，科技成果评估国家层面的政策法规主要为《科学技术评价办法（试行）》《科技成果评价试点暂行办法》《科技成果评价试点工作方案》等，上述法律法规中的指标体系仅列出了一级指标，也未列出指标的具体说明，导致实际使用时易出现解释的差异，且指标权重需要由实际使用者自行定义，故而该指标体系的科学性和可操作性明显不足。科技成果评估地方政府性规章主要为《青岛科技成果标准化评价规范》《广东省科技成果评价办法》《湖北省科技成果评价工作规程》《天津市科技成果评价指标体》等，上述规章中的指标体系都具有地方特色，和地方经济、特色产业等方面有着很强的联系，难以适应全国范围，国家层面从未出台统一规范。2009年由中国国防科技工业成果转化主体管理协会专家委员会和中国电子科技集团公司有关人员，跟踪研究美国科技投入产出效率评价的三个标准——WBS（工作分解结构）、EVM（获得价值管理）、TRL（技术就绪水平）后提出来一套具有中国特色的科研项目评价理论，该评价规范是我国政府之外的行业和以成果转化主体为主形成的科技成果评价规范。

纵观国内外科技成果社会效益评价方法，主要有以下几种：①同行评议法即科研领域专家学者对本专业领域密切相关的学术成果的评价，包括著述的发表出版、评论、评奖、评职称、论文引用、论文鉴定等的行业影响力，以及在某些方面影响社会发展的因素，该方法评价科技成果社会效益简单易用，但难以制定统一的标准，结果误差较大。②德尔菲法也称专家调查法，由美国兰德公司创始实行并得到全球各领域的广泛推广应用，具体方法为成果转化主体组成一个专门的预测机构，其中包括若干专家和成果转化主体预测组织者，按照规定的程序，背靠背地征询专家对未来市场的意见或者判断，然后进行预测的方法。该方法对科技成果社会效益的评价，主要体现在成果应用的后期社会影响。德尔菲法简单易于操作，但毕竟人的因素较大，专家难免受自身偏好的影响，对科技成果的社会效益判断容易产生误差。③综合评价法是指运用多个指标对多个参评科技成果进行评价的方法，其基本思想是将多个指标转化为一个能够反映综合情况的指标来进行评价，现代综合评价方法包括主成分分析法、数据包络分析法、模糊评价法等。该科技成果社会效益评价方法，需要众多较为全面概括科技成果社会效益的指标，同时需要相应数据处理指标，相对来说，因其横向对比突出，小范围内是比较有效的，但也因其需要赋权重，而权重又需要大量的权衡印证，工作量较大。④层次分析法是将与决策总是有关的元素分解成目标、准则、方案等层次，在此基础上进行定性和定量分析的决策方法，该方法总体还是偏重于数据定量分析，采用权重的计算。⑤综合分析法是一种基于模糊数学的综合评价方法。该综合评价法根据模糊数学的隶属度理论把定性评价问题转化为定量数据评价，即用模糊数学对受到多种因素制约的事物或对象做出一个总体的评价。它具有结果清晰、系统性强的特点，相对而言能较好地解决模糊的、难以量化的问题，适合各种非确定性问题的解决，但如何量化，量化是否合理又是其难点问题。

甘肃省具有自身的科技发展和社会经济特点，因此甘肃科技成果社会效益评价既要适应国家科技政策，也要凸显甘肃特色，符合甘肃科技成果评价地域适应性。2016年科技部根据《国务院办公厅关于做好行政法规部门规章和文件清理工作有关事项的通知》（国办函〔2016〕12号）精神，按照依法行政、转变职能、加强监管、优化服务的原则和稳增长、促改革、调结构、惠民生的要求，决定对《科学技术成果鉴定办法》等规章予以废止。《科学技术成果鉴定办法》

被废止后，根据科技部、教育部等五部委发布的《关于改进科学技术评价工作的决定》和科技部发布的《科学技术评价办法（试行）》的有关规定，今后各级科技行政管理部门不得再自行组织科技成果评价工作，科技成果评价工作由委托方委托专业评价机构进行。甘肃科学技术厅科技成果指导部门针对成果评价国内发展趋势，进行了广泛的调研工作，于 2017 年 4 月印发了《甘肃省科技成果登记办法》（甘科成规〔2017〕1 号）。随后于 2017 年 11 月，按照国家科技管理体制机制改革的要求，科技行政管理部门不再组织科技成果评价，为探索面向市场的科技成果评价新机制，推进科技管理“放、管、服”改革，培育形成专业化、规范化和社会化的科技成果评价体系，确定了甘肃省科学技术情报研究所等 2 家科技中介服务机构作为第三方科技成果评价机构。促成第三方科技成果评价，形成甘肃省科技成果效益评价指标显得尤为重要。

以下从科技成果社会效益的评价内容、形式和结论三个方面，论述甘肃科技成果社会效益的评价工作。

5.1.2 评价内容

科技成果为社会发展提供物质工具。科学技术成果本身作为第一生产力，直接参与推动社会经济的发展。在人类的发展历程中，科学技术成果通过创造和使用的生产工具作用于客体，达到认识自然和及其规律的目的，充分显示科学技术成果本身在创造人类文明中的能动作用。人类文明的发展，是以生产工具和手段的变革为起点的，而生产工具和手段的变革，又是科学技术成果应用及其发展的必然结果。科学技术是第一生产力，现代科学技术及其成果应用是先进生产力的集中体现和重要标志，是决定社会生产力发展的第一因素。科学技术成果被广泛地应用于社会生产和社会发展领域，渗透到生产力各个要素中，科学技术及其成果的应用不但极大地提升了社会生产力的总体水平，而且成了衡量社会生产力发展状况和发展水平的重要标志。

科学成果促进生产力结构的变革。现代科学技术及其成果应用已经广泛渗入社会生产力的各个要素之中，引起了生产力的革命性变革。首先，科学技术及其成果应用引起劳动者素质的变革。劳动者技能附加值附身远远超过普通人的能力。如我国20世纪70年代标准带钢热轧厂，采用传统人工操作技术，每周产量为500吨，而掌握了数控技术的当代工人每周产量高达50 000吨，提高了100倍。科学技术及其成果应用的发展，不仅使劳动者自身智能赋值迅速提高，且使劳动力结构呈智能化发展态势，脑力劳动与体力劳动的比值不断上升。其次，科学技术及其成果应用引起生产工具的变革。生产工具既是生产发展程度的重要标志，又是科学技术发展水平的主要载体。生产工具的重大变革，往往带来社会生产力的飞跃，如科学技术成果的合理应用可以实现产业结构的发展和升级。

科学技术及其成果的合理应用可以实现产业结构的发展和升级。产业结构变化和产业发展可由多种因素造就，而科学技术及其成果应用对产业发展具有重要的调控作用，甚至颠覆性变革作用。移动支付技术及其成果的应用已全面普及华夏大地，绝大多数人出行基本不带现金，携带移动终端（手机）即可完成所有财务收支工作。这种科技成果的应用极大冲击甚至颠覆了原有产业结构，如银行体系，没有纸质货币的存取，多数银行营业网点显得没有必要，只需要银行的后台数据服务即可。这可能使各种柜台现金结算服务消失，如银行系统，电话、电、天然气等充值柜台全面消失，导致很多工作岗位不复存在，失业在所难免。然而，在某些行业或岗位消失的同时，又将产生新的工作岗位，如移动支付科技成果的应用不仅方便了消费者的储存、消费，同时也便利了网络诈骗和套取钱财。为了保护新生的移动支付，需要新的技术手段、新的科技成果应用增强移动支付的安全性。这就产生或增长新的产业链，增加了就业机会，当然，这种就业岗位技能要求远远高于柜台收支技能，这就是科技成果应用螺旋式提升了社会发展。

科学技术及其成果应用推动社会政治文明的发展。科学技术及其成果应用为政治文明的发展提供思想武器。随着科学技术的发展，科学技术成果不仅作为生产力的手段在推动着经济的发展和社会的进步，还在政治文明发展中发挥着作用。科技研究及其成果的存在向来不畏权威，不崇拜任何偶像，追求实事求是地反映客观世界的本质和基本规律。基于此，历史上的进步阶级和集团，往往拿起科学的武器与反动统治阶级进行斗争。马克思、恩格斯将科学技术发展的成果用于建立科学社会主义的关键依据，揭露资产阶级社会历史理论的反科学的本质，提醒并教育人民群众，什么样的社会才是正常发展的社会。由此可见，在政治文明推动社会发展中，科学技术及其成果为政治斗争不断提供强有力的思想武器，发挥着极其重大的作用。科学技术及其成果的呈现为政治文明提供了崭新的物质技术手段。科学技术已经成为支撑社会体系最为重要的力量，不可否认，当今世界任何事物都烙下了科学技术发展进步的痕迹，政治文明也不例外。政治文明的进步与科学技术及其成果应用的发展相辅相成，相互促进。政治文明为科学技术发展及其成果应用提供政治方向和制度保障，而政治文明每一个成果的取得、每一次进步都与科学技术成果密切相关。科学技术及其成果应用不仅通过促进生产力的发展从而推动政治文明的进步，为政治文明提供思想引导和精神动力，还渗透到整个社会政治生活的每一个层面，为政治文明发展提供强有力的物质基础和技术支撑。科学技术及其成果应用为政治文明的发展提供精神动力。作为一种物质力量和精神力量，科学技术可以直接作用于上层建筑与生产关系，其成果的应用推动政治文明发展，逐渐地、强有力地和不可抗拒地改变人们的思想意识，改变他们的观点、标准、动机，甚至价值观念的判断。科学成果愈深入到人类社会生活的各个领域，愈深程度影响人类文明，既影响社会的经济活动，又越来越多地制约社会意识形态。科学技术及其成果应用已经渗透到社会生活的各个方面，作为一个没有终点的发展力量，它已然是政治文明发展不竭的精神动力。

科学技术及其成果应用推动社会制度的进步。人类发展科学技术并应用其成果的终极目的是认识自然、改造自然并与自然协调发展，为全人类的共同利益服务。纵观马克思主义经济学内容，科学技术及其成果的应用是推动人类社会发展前进的重要社会生产力。科学技术成果的应用通过影响劳动手段、劳动对象、劳动工具和劳动力等生产力诸要素，推动经济结构这个基础的发展、变化，进而推动社会制度这个上层建筑的进步。起源于西方近现代的三次科技革命，导致了社会生产力的极大发展，促使了资本主义社会制度的确立、巩固和发展。正是科学技术成果的应用引发了工业革命，手工作坊业逐渐发展壮大成为资产阶级，力量积蓄到一定程度则通过革命的方式，夺取落后生产力政权，建立了资本主义国家，和腐朽的封建专制制度相比，它更具活力，更适应时代发展，代表了先进生产力。科技革命推动西方资本主义国家社会演变的路径，可以概括为：科技革命（先进科技成果的应用）引发产业革命，产业革命引起社会结构变革，社会结构变革导致政治结构变革，最终达到社会制度的演变，而社会制度又反向促进科技的发展。科学技术及其成果应用为社会发展提供社会精神理性手段。在现实生活中，普遍存在强调科学技术应用的显性功能价值，而忽视其隐性功能价值的倾向。科学技术成果应用具有多种形象、多种品格、多种价值功能。除了物质生产力价值功能之外，在某种程度上，它还是一种实践活动、一种知识系统、一种文化类型、一种认知方式和一种社会建制。科学技术及成果本质上包括科学技术知识、思想和精神。科学精神作用于社会的形式相对于科技文化有些间接，但作为科学文化的精神和灵魂，具有实事求是、探索求真、求善求美的理论品质，它作用于社会的范围更为全面、影响更为持久。鉴于社会经济发展不平衡，全国人口中受过高等教育者比例偏低，科学文化素质不高的基本国情，普及科学知识、弘扬科学理性，提高公民科学素质，发挥科学技术成果应用的精神动力功能同样是社会发展的重中之重。科学技术及其成果应用在建立有序的社会关系中具有重要的规范和保障作用。科学技术及其成果应用活动建立在一定的经济基础上，当科技成果应用于实际社会生产和生活之中，它在一定程度上影响甚至决定了社会规范的形成和发展。科学技术及其成果应用活动促进人与人关系的协调，从而导致社会规范体系不断变革完善，因此科技成果应用活动产生的后果引发了社会规范的不断更新。在当今这个文明的时代，科学技术成果的应用无孔不入、无处不在、无时不有，它几乎渗透到社会生产和生活的各个领域，对人类社会产生了持续而巨大的影响。科学技术及其成果应用在健全政治法律体系中具有重要的调控作用。科学技术及其成果应用为社会的和谐有序发展提供了保障和条件。例如各种违法犯罪现象的存在是目前影响我国社会有序发展的不利因素，而同这些不利因素的斗争就离不开科学技术成果应用（诸如侦察技术、鉴定技术、信息技术等）的支持。同时，科学技术及其成果应用为社会发展提供良好的信息交流平台。现代社会中，人与人之间的交往不仅有横向的，而且有纵向的，不仅有内部的，而且有外部的。但无论什么交往，都离不开沟通交流的工具。交流工具先进性越强，交往的范围就越大，交往就越及时。而不断更新换代的先进交流工具需要依靠科学技术手段。现代信息技术成果的应用为这种社会交往提供了最有效手段。例如，现在的移动电话通信创造了地球村的神话，可以使相距千里之外的两人之间随时交流思想和沟通感情，全球范围的互联网则更可使众多陌生人之间实时交流信息，增加了解，互通有无。总之，现代信息技术及其成果的广泛应用极大地缩短了人类交往的距离，大大地增加了交往时间，为社会不同种族、不同文明和谐发展创造了有利条件。

5.1.3 评价形式

当前国内外科技成果社会效益的评价主要采用同行评议形式，当然也有大同行和小同行的区别，但都离不开专家评价。近年来国内科技成果社会效益同行评议由政府主导转变第三方主导，从本质上说，同行评议没有改变，只是组织方变化了，将原来政府职能进行了“放、管、服”分解，避免了裁判员运动员身份不清晰的情况。

甘肃科技成果社会效益的第三方评价形式，一方面遵循国家的大政方针，依据“放、管、服”精神，基于“术业有专攻”思想原则，就相关科技成果核心的社会效益，由同行专家根据其对国内外最新相同或类似科研成果的应用情况，开展评价。另一方面第三方评价机构的评价师给出评价机构的科技成果社会效益情况，评价依据为该科技成果本身存在的客观条件，如科技成果形成过程中是否有人才培养，是否解决社会就业，科技成果应用过程是否促进增收致富，社会是否更安定和谐，人们身心是否更加健康等层面。具体佐证材料主要有第三方提供的应用证明、实地调研、官方（非科技成果参与机构）公开渠道报告等。科技成果社会效益评价同行评议与评价师评价各占一半，但工作时间分配差距颠覆原有的专家说了算情况，采取评价师根据客观材料完成科技成果社会效益评价 90% 的工作量，专家完成 10% 的工作量。科技成果社会效益评价具体的内容及形式如表 5-1 所示。

表 5-1　科技成果社会效益评价内容及形式

社会效益评价		评价师	同行专家
近期社会效益	人才培养、解决社会就业、促进身心健康、维护社会安定和谐等	✓	✓
远期社会效益	促进产业结构升级、生产力结构变革、政治文明、社会制度变革等		✓

注：✓表示参与。

5.1.4　评价结论

科技成果社会效益评价结论与评价形式密切相关，采用指标体系进行分级赋权重，进行打分评价，尽管赋权重和制定指标体系具有定性因素，但其结果是具体的分值，又是一个绝对的定量因素。价值科技成果的社会效益本身的影响因素较多，且难以进行类似横向比较，因此采用分值的定量结论往往难以让公众信服。

甘肃科技成果社会效益评价主要指导思想来自《国家科学技术奖励条例》和《甘肃省科学技术奖励办法》。其中 2017 年 12 月发布的《国家科学技术奖励条例》（修订征求意见稿），“第九条　国家最高科学技术奖授予下列科学技术工作者……（二）在科学技术创新、科学技术成果转化和高技术产业化中，创造巨大经济社会效益或者生态环境效益、国防安全效益的”，“第十一条　国家技术发明奖授予运用科学技术知识做出产品、工艺、材料、器件及其系统等重大技术发明的个人……（三）经实施，创造显著经济社会效益或者生态环境效益、国防安全效益，且具有广泛的应用前景”，“第十二条　国家科学技术进步奖授予完成和应用推广创新性科学技术成果，为推动科技进步和经济社会发展做出突出贡献的个人、组织。前款所称创新性科学技术成果，应当具备下列条件……（二）经转化推广应用，经济社会效益或者生态环境效益、国防安全效益显著”。2013 年 9 月发布的《甘肃省科学技术奖励办法》（甘肃省人民政府令第 104 号），“第九条　甘肃省科技进步奖授予在研究开发、应用推广先进科学技术成果，完成重大科学技术工程、项目，科学普及和成果转化主体创新等方面做出突出贡献的公民、组织。（一）在实施技术开发项目中，研发出具有自主知识产权的新技术、新产品、新工艺，经实施应用，明显优于同类技术产品和经济指标的；（二）在转化、推广科学技术成果并使之产业化的项目中，对本省的经济社会发展做出突出贡献的；（三）在实施社会公益项目中，长期从事科学技术基础性工作和社会公益性科学技术事业，做出重要贡献的；（四）在科学技术普及活动中，对提高全民科学素养、营造创新环境、弘扬创新精神产生重要作用，做出突出贡献的；（五）经实施应用三年以上，创造显著经济效益或者社会效益的。”由此可见，不管是国家层面，还是甘肃地方层面，均对科技成果的社会效益没有明确数值区别，仅做了定性程度区分，为此，甘肃科技成果社会效益评价综合评价师和同行专家结论，给出一般、较好、显著、巨大等程度评价等级。科技成果社会效益评价具体等级如表 5-2 所示。

表 5-2　科技成果社会效益评价等级

序号	等级	解释
1	巨大	推动社会政治文明发展，乃至社会制度变革
2	显著	促进生产力结构的变革
3	较好	实现产业结构的发展和升级
4	一般	提供物质工具
5	其他	不利于社会发展

5.2 经济效益评价

科技成果的经济效益是指科研项目研究开发、应用、推广科学技术带来的经济效果。科技成果产生经济效益的主要表现有：①将新科技成果应用于劳动资料的生产制造、升级改进等，可以用于推动劳动资料的进步，提高劳动生产效率；②研究开发新材料新成分可以扩大劳动对象的种类，提高劳动对象的品质，提高有限资源的利用效率；③劳动者学习并掌握了信息科技成果内容，可以提高劳动者的技术素养和熟练技术水平，从而提升劳动生产效率，有效促进产品产量，降低能耗，最终提高产品质量；④管理人员学习和掌握了更加先进的科学管理方法，可以提高管理人员统筹管理的能力，完善经营管理流程，使生产环节更加合理流畅，提升管理效率，最终提高成果转化主体经济效益。总而言之，科技成果产生经济效益，一方面，通过科技成果本身就是产品或服务，相比原有产品或服务附件价值上升，从而使经济价值增加；另一方面，通过科技成果的应用，降低了单位劳动生产成本，即新的科技成果应用，在不降低产品质量的前提下，大大增强产品数量的产出能力。科技成果经济效益具有以下特点：

①加速性。科技进步一般按几何级数发展，据统计分析，当今重要的科学发现相比于历史，大约20年就增加一倍。文献显示，从遥远的牛顿时代到现在约300年间，全球科学技术及其成果规模约扩大了100万倍，20世纪60年代和70年代的自然科学的新发现、新发明就已超过了历史上2000年科技成果的总和。科学技术成果发展的加速性势必带来经济效益提升的加速度。换言之，科学技术成果应用带来的经济效益，本身具有一定加速机制。邓小平同志指出："特别是由于电子计算机、控制论和自动化技术的发展，正在迅速提高生产自动化的程度。同样数量的劳动力，在同样的劳动时间里，可以生产出比过去多几十倍几百倍的产品。"正是因为科技成果的巨大推动加速作用，物质财富也极大丰富起来。以英、美、法、西德、日本五国为例，按1926年的不变价格计算，1950年，他们的人均收入只有235美元，到1950年达到861美元，

到1973年就达到4606美元，到2019年，美国人均收入已达6.5万美元。在不考虑通货膨胀因素的基础上，不到100年间，美国人均收入已增长了270多倍，即使考虑通货膨胀因素，科技成果的应用也带来了数量级增长。托夫勒在《未来的冲击》一书中用生动的例子谈到科学技术成果经济效益的加速性。他认为，先进社会的物质和服务总产量每15年将翻一番，而且翻一番的时间正在不断缩短，以致这些社会里每一个十来岁的孩子身边所有的新产品，比他出生时父母享受的产品要多一倍以上。如果一个人能活到70岁，那么在他一生的时光中，社会产品产量就可能翻五番以上。由于增产是多方面的，当他进入老年时，他周围世界的产品（服务）将是他出生时的32倍。当然，我们在这里需要强调的是，在托夫勒信息社会里这个32倍的产品并不是每一个人都能够实际拥有并享受的，因为那里的分配是按资本来实现的。科学技术及科技成果应用的加速发展，使经济效益加速度增长。反过来，科技成果产生的社会经济效益不断加速增长，又为科学技术本身加速发展提供了基础物质条件，使科学技术得以更迅速地提高，科技成果经济效益的提高又得以实现。在交通工具发展领域中，1825年开始采用蒸汽机车，最高速度每小时不过21公里，还不如马跑得快，且那个速度是经过几千年漫长的岁月才实现的。但之后的交通工具速度出现飞跃式发展。1983年飞机的速度突破了每小时644公里。到20世纪60年代，火箭飞机的时速就达到了7725公里，而乘坐宇航飞船则每小时高达28 968公里。科学技术及其成果应用的加速发展与经济效益发展互相促进，相辅相成，循环螺旋上升。

②周期性。科学技术的发展也与其他事物的发展一样，遵循一定自然规律，有一个由量变到质变的发展过程。在科学技术未出现根本性变革之前，其发展一般表现为对已有的科学技术体系进行相应的改造与完善，未有技术层面根本突破，因而发展速度较慢，从而导致经济发展速度经济效益增长速度均较为缓慢。当科学技术发展有了根本性的、结构性的突破，并将其进行规模应用，经济增长速度也明显增快，科技成果的经济效益也就明显提高。在科学技术革命的潜能（科技成果应用）得到充分发挥之后，科学技术、社会生产力，

和与之相适应的经济效益又重新进入一个相对低速发展时期。苏联经济学家康德拉季耶夫在 1925 年提出的长波理论，以及熊彼特的创新理论，都在一定程度上阐述了由科学技术发展及其应用的周期变化所决定的经济增长周期变化。科学技术发展及其成果应用的周期性和经济增长的周期性，必然导致科技成果应用经济效益提高过程中的周期性。科技成果经济效益的周期性规律特点，要求我们善于及时把握新科学技术的引进和运用，以及在此基础上的创新，以确保科技成果经济效益的大幅度提高。如果我们引进并使用的是已经老化或即将被先进科学技术淘汰或替代的技术，即使其应用可以使经济效益有所提高，但从国际范围来看，应用该项科技成果单位成本反而上升了，经济效益相比之下是不足的。

③扩散性。不可否认，一系列新兴现代产业部门是由科学技术发展及其应用而产生的。某一科学技术成果的出现及其规模应用，不仅直接给本部门带来巨大的经济效应，并会进一步给一系列相关部门带来巨大的经济效益。不同于物质产品经济效益的扩散性，科学技术经济效益的扩散性表现在以下两个方面。一是科学技术经济效益的扩散与本身生产所花费的劳动并没有直接联系。物质产品经济效益的范围，决定于该产品的质量和数量，决定于生产一定质量、数量的物质产品所花费的单位劳动。只有花费更多的劳动，增产更多的合格产品，给其他相关部门带来更大的经济效益，扩散的范围也才越广。科技成果给其他相关部门带来的经济效益与其本身生产所花费的劳动力有直接的关联。新的科技成果一旦进入实用阶段，就可以通过现代通信技术，迅速地无限地传播其影响，不需要重复劳动，再次进行该项产品的生产。二是科技成果的经济效益可以反复使用，不断扩散。科技成果就是知识产品，它可以反反复复通过书籍、报纸、杂志等载体形式，不断被记录、保存及传承下去。科技成果经济效益的连续性与物质产品经济效益的连续性也有所不同。它不需要像物质产品在延续时必须进行重复再生产、重复再投资和重复再劳动，只需要花少量的记载费用和载体的费用就可以不断地延续下去，并经过教育者、宣传者、出版者在更大范围内扩散出去，并且不是一次扩散，而是循环往复地不断扩散，

直到该科技成果完全老化，即被另一种新的比它更先进的科技成果代替为止。但是新的科技成果也是在原有科技成果的基础上发展起来的。木工始祖鲁班在几千年前就发明了弓锯，现代社会弓锯虽在许多国家被圆盘锯、电锯等自动锯取代，但通过锯齿来分割材料的原始发现设计并未因此被淘汰。

④累积性。科技成果作为知识成果可以不断积累，在此基础上更新换代，使科学技术越来越先进。它对生产力的推进作用也越来越大，从而使科技成果的经济效益日益提高。一种科学知识首先是从生产实践中提出的，人们在生产实践中不断改进生产方法（科学技术），积累生产经验，以求极大地提高经济效益。实践中遇到的新问题需要新的方法（科学技术）加以解决，新的科学技术依靠原有的科学知识已经不能完全解决，势必开展新的科学研究，在更深一步的研究中提出的新原理、新设计，通过反复的科学实验，迟早会在不断修正过程中获得成功，得到新的科技成果并进行新的应用。于是新的科学技术会逐步由局部到整体地形成和发展起来，应用到最后势必出现新的技术革命。如此反复进行，就使科技成果在不断淘汰、修正旧的技术过程中积累起来，从而产生新的科学技术及其应用，带来更多经济效益。

5.2.1 国内外研究现状

国外科技成果经济效益评价组织机构的设置一般分为二个层面（政府与非政府）和三个层级（国会或国家级、地方或州级、科研院所级）。例如：美国管理科学开发咨询公司（MSD）、世界技术评估中心（WTEC）、国会服务部（CRS）、美国总审计署（GAO）等；法国国会科技选择评价局、国家研究评价委员会（CNER）等；英国科学政策研究所（SPRU）、科技管理研究中心（ETSU）、英国评估系统有限公司等。在发达国家，整个评估评价行业具有知识密集型的特点，从业人员的知识和技能全面高于其他行业。例如，日本科技评估从业以企业人员为主流，而欧美科技评估机构中学者居多。美国开始科技成果的经济效益评价较早，拥有比较多的中介机构和评估人员，评估工作相对独立，评估结果相对客观与公正。美国官方设有专门的经费评估机构，如美国总审计署、美国国会研究服务部等。同时，美国拥有较为完备的法律保障体系，美国国会在1993年颁布了《政府绩效与结果法案》(GPRA)，该法案制定了从评估小组组建到评估结果报告发布的全流程标准程序。美国常用的科技成果评价方法有以下几种：①文献计量分析，对出版物、论文引用情况及专利等的技术分析；②经济回报率分析，统计科学研究的经济回报率；③同行评议，科学共同体进行自我评价和纠正的一种方法，是很多联邦机构对科学研究进行事前、事中和事后评价的最主要的方法；④案例分析，对重大科学事件和科学应用过程进行分析；⑤回顾性分析，用回顾历史的方式进行评价；⑥指标分析，主要由某领域内的国际或国内的学术界和产业人士在定量数据和定性分析的基础上对科学研究进行客观评价。英国针对科技成果经济效益的评估活动以科技项目的投入、产出量度作为指标，以衡量经费评估的合理性。政府一般不干预科技评估工作，科技项目由研究理事会按确定的方向自行开展，专业的评估机构REA或政府内部的评估机构（隶属科技主管部门的贸易与工业部）对其科技项目的质量（经济效益等）进行评估，以确认最后政府资助的金额。研究理事会的经费每年有15亿英镑左右，约占政府支持研发投入的31%，评估主体先建立一套完善的评估指标体系，整个评估工作按照制定好的标准进行。2001年，日本政府公布《国家研发考评实施方针》，实施项目进展情况的定期检查，设立专门的国家审计员制度，主要监管科技经费的使用、评估其绩效。评估主体主要有综合性评估机构和由国家直接管理开发的事业性、专业性评估机构，一般采取由外部专家组成评审委员会的形式进行评估，分为事前评价（研究课题探索阶段和研究计划决策阶段）、事中评价（课题实施阶段）、事后评价（结题阶段和追踪阶段），评价方法主要采用总体评价法、经济评价法、运筹评价法和综合使用这些方法的复合评价法。

我国科技成果评价主要由政府推动，科技成果评估国家层面的政策法规主要为《科学技术评价办法（试行）》《科技成果评价试点暂行办法》《科技成果评价试点工作方案》等，上述法律法规中的指标体系仅列出了一级指标，也未列出指标的具体说明，导致实际使用时易出现解释的差异，且指标权重需要由实际使用者自行定义，故而该指标体系的科学性和可操作性明显不足。科技成果评估地方政府性规章主要为《青岛科技成果标准化评价规范》《广东省科技成果评价办法》《湖北省科技成果评价工作规程》《天津市科技成果评价指标体》等，上述规章中的指标体系都具有地方特色，和地方经济、特色产业等方面有着很强的联系，难以适应全国范围，国家层面从未出台统一规范。2009 年由中国国防科技工业成果转化主体管理协会专家委员会和中国电子科技集团公司有关人员，跟踪研究美国科技投入产出效率评价的三个标准——WBS（工作分解结构）、EVM（获得价值管理）、TRL（技术就绪水平）后提出来一套具有中国特色的科研项目评价理论，该评价规范是我国政府之外的行业和以成果转化主体为主形成的科技成果评价规范。青岛科技生产力促进中心制定了《科技成果标准化评价规范》，在美国 TRL（技术就绪水平）的基础上，增加了 4 个与成果应用经济效益相关的指标，但也未将经济效果进行单独评价，仅作为技术成熟度的部分指标。

科技成果经济效益是衡量科技成果应用价值的最直接体现，随着国家逐年加大对科研的投入力度，以及“优化科研管理、提升科研绩效”改革的不断深化，经济效益成为各类科技奖励申报，以及分红股权激励中衡量应用推广成效最重要的评判标准之一。国内外开展科技成果效益评价最先就是评价其经济效益，尤其是资本主义国家，以利我为主导方向，经济效益是开展科技研究的第一价值判断。由于欧美资本主义国家近现代科技崛起较早，科技水平较高，科技成果评价手段也相对较多，相关科技成果经济效益的评价方式方法影响并主导了全球科技成果的经济效益评价方法。国内外科技成果经济效益评价方法主要有三类，第一类为定性评价方法，主要因为 20 世纪全球科技成果较少，科技成果应用影响有限，社会经济发展较为缓慢和落后，没有细致的专业分工，因此只能做出一个定性的科技成果经济效益评价。第二类为定量评价方法，随着全球科技、社会、经济等全面发展，专业分工越来细致，要求科技成果经济效益的评价更具体，更有说服力，这就出现了科技成果应用产生的各项经济效益精准评价，全面采用数据展示经济效益。具体包括：①神经网络分析法，尹航等认为科技成果转化绩效可以从经济等4个方面进行概述，在确定评价维度（指标）之后，再借助BP神经网络方法进行实证研究分析，验证该绩效评价指标体系在实践分析中是否可行。刘玮等基于采用模糊逻辑与神经网络结合的模糊神经网络方法对高校科技成果转化（应用）情况进行评价，并提出高校的科技成果转化绩效评价体系，证实了神经网络分析法的良好学习能力，它适用于科技成果的经济效益评价。②主成分分析法，沈菊琴等采用主成分分析方法，分析了影响科技成果应用效益的因素，得出对江苏省县级区域的科技成果转化应用的评价结果，并提出了提高江苏省科技成果转化率的对策及建议。刘威等提出了通过分析高校科技成果转化应用的相关制约因素，以制约因素作为评价维度构建高校科技成果转化应用绩效评价的指标体系，并采用主成分分析法进行指标权重确定，得出的结果与采用因子分析法得出的结果进行比较，发现采用主成分分析法确定的指标权重更具实践可行性。唐敏设计了江苏省科技成果转化评价指标体系，并采用主成分分析法对江苏省科技成果转化（应用）经济效益进行了评价分析，总结了未来江苏省科技成果转化改进的建议。③层次分析法，成玉飞运用AHP方法确定指标权重，将制约高校科技成果应用的因素纳入指标体系，进行了经济绩效评价，发现同样的指标条件下利用AHP方法评价科技成果经济效益，比因子分析法得出的结果更具可靠性。④数据包络分析法，华玉燕等在建立科技金融效率评价指标体系的基础上，采用DEA法对安徽省科技金融结合效率进行评价，研究结果表明单纯依靠扩大金融投入难以提高科技产出。因此，应优化科技金融内部结构，使科技与金融投入产出协调发展。随着科技发展和专业分工进一步的细化，研究学者认为各项经济效益指标之间存在内在关联，经济效益在某些指标间混合存在，定量分析方法无法切割科技成果产生的经济效益，因此又产生了第三类科技成果经济效益评价方法，即定量结合定性分析，两者优势兼而有之，相对更为客观和可信。

甘肃独特的社会经济科技发展形态，决定了甘肃科技成果经济效益评价既要考虑共性事实，又考虑个性问题。我们认为甘肃科技成果经济效益评价应遵循以下原则：①评价“超额”收益，即评价中只计算实施科技成果后，相比于传统技术新增加的经济收益。②整体经济效益叠加，既考虑科技成果本身的经济价值，又考虑科技成果应用的当前价值，还要考虑未来该科技成果的潜在价值，三者应该累计来评价科技成果的经济效益。③不重复计算，即多项科技成果同时用于某一对象，各单项成果的效益之和不能大于总效益。④客观选取数据，即在科技成果的经济效益计算中，尽可能排除市场、供求关系等因素对于产品和价格的影响，仅考虑科技成果及其应用产生的影响。⑤不清楚不评价，即多种因素结合科技成果应用而产生的经济效益，如果产生的经济效益无法明确指向科技成果应用，需要慎重考虑，做到评价不人为掺水分。

以下从科技成果经济效益的评价内容、形式和结论三个方面，论述甘肃科技成果经济效益的评价工作。

5.2.2 评价内容

随着科技在社会各个层面的深入渗透，科技成果产生的经济效益无处不在，因此全面了解科技成果产生经济效益的途径，即可摸清科技成果经济效益评价的内容。陈颖达等以“科学、增效”为目标，以业务财务协同、多维精益为突破口，贯穿研发投入到成果转化应用的全过程，搭建科技成果经济效益指标评价体系，具体指标包括新增销售额、新增利润、新增税收、投资回收期。并提出了关键过程指标为项目投资总额、技术贡献率、形成新增利润的年限。刘亚旭等提出科技成果经济效益评价包括增加收益、节约资金和减少损失三个大类，具体包括新开发产品或技术收益、回收物质增加收益、提高产品或技术的高质量等级率收益、节约设备技术改造资金、降低生产成本、降低三废排放等众多二三级指标。郭奇进行了科技成果转化的经济效益评价研究，将技术服务收入、科技成果转让收入、新产品销售收入、新增的利润、生产成本降低程度、投入产出的变化作为科技成果转化应用产生经济效益的评价指标。苏琳珉进行了石油科技成果经济效益评估方法研究，他考虑了成果的近期效益和长期效益（滞后性），石油科技成果经济效益将综合评价指标分成统计型和预测型 2 大指标体系，统计型指标是根据统计效益设置的石油科技成果经济效益综合评价指标，反映了科技成果在现期实现的经济效益，具体包括新增产值、新增利税、节约资金和出口创汇等 4 项指标；预测型指标体系是为了预测未来效益设计的指标体系，反映了科技成果的未来预期经济效益，包括净现值、投资回收期、投资收益率和效益指数等 4 项指标。石油勘探开发科技成果经济效益评价主要考虑成果现期已取得的直接经济效益，因此在经济效益评价时，应以统计型指标为重点。裴晓红为客观评价畜牧科技成果的效益，从畜牧科技成果评价的目的、作用和畜牧科技成果的实际出发，将畜牧科技的评价指标分成社会效益、经济效益和生态效益 3 个组成部分，其中畜牧科技成果经济效益评价指标有科技成果已获经济效益、科技成果还可能产生的经济效益、科研成果年经济效益、科研投资年均纯收益率。综上所述，国内科技成果经济效益研究学者多数认为，科技成果的经济效益评价应该包括近期和远期，但具体因地域、行业有一定的差异。

甘肃科技成果经济效益的评价指标充分考虑地方社会、经济、科技现实情况，将指标分成三个层面。

第一个层面为科技成果的直接经济效益评价指标。顾名思义即为该科技成果本身产生的经济效益，具体包括科技成果本身的经济效益和科技成果转化应用的经济效益。①科技成果本身的经济效益。如某项科技成果的形成过程中产生了相关的关键专利技术成果，该项专利可作为知识产权进行市场交易直接形成经济价值，又如某项石油勘探课题研发阶段就发现了重大油气资源，即可产生巨大的经济价值等，都是科技成果本身产生的直接经济效益。相对而言，科技成果在未开展应用之前很难产生重大经济效益，其本身形成过程多数情况是经济价值负增长，毕竟科技研究需要大量的社会资金支持，不少科研过程还存在失败的可能。②科技成果应用产生的经济效益。如甘肃高原夏菜技术应用产生的经济效益，据统计，2020 年上半年，甘肃省高原夏菜累计出口 188 批次，出口总额同比增长 320%。主要出口到哈萨克斯坦、越南、孟加拉国三个国家，三国出口额占全省高原夏菜出口额的97%，出口种类主要是辣椒、番茄和洋葱。甘肃省气候类型多样，日照充足，昼夜温差大，是出口蔬菜的重要产区。甘肃省农业农村厅统计显示，2019年，甘肃省蔬菜种植面积达910万亩，其中高原夏菜占七成多，已经成为甘肃省农民脱贫致富的一大主导产业，经济效益巨大。纵观人类科技发展历史，科技成果本身经济效益非常有限。我们将科技成果形成过程产生的可直接交易的知识产权，研发过程高价值自然资源的发现，研发（实验）过程产生高价值材料、科技成果转化产生经济价值等作为科技成果的直接经济效益评价指标。

第二个层面为科技成果的间接经济效益评价。科技成果间接产生的经济效益包含两种形式：①科技成果形成市场刺激经济效益。如华为俄罗斯科学家完成2G到3G的突破，华为在无线电传输技术上立马领先爱立信，然后大规模抢占欧洲市场，为之后的4G、5G技术占领万亿市场份额完成了前期工作，极大地刺激了无线移动传输经济体。此外，当华为科技成果进行应用时，因其技术成果的先进性，吸引了大量的投资资金，刺激股市和实体技术经济加速扩张。②科技成果激发产业结构变革布局（产业链）经济效益。科技成果应用产生的蝴蝶效应，如近两年，移动支付正在全链路升级消费体验。零边际成本，中国移动支付业务规模已经居全球首位，据中国支付清算协会数据，2017年，中国移动支付规模达202.93万亿元，全球排名第一，近五年移动支付规模年复合增速高达117.6%。支付手段的创新、迭代，加速支付在商户经营、管理的渗透，更深层次影响商业逻辑、就业逻辑。近一两年来，以各种生物特征识别技术为基础的支付手段创新，比如刷脸支付，以及虹膜识别、眼纹识别、指纹识别、指静脉识别、声纹识别等，在基于安全和便捷性的基础上，接驳到各大支付系统中，应用于多样化的支付场景，从手机解锁、小区门禁到餐厅吃饭、超市收银，再到高铁进站、机场安检及医院看病等。移动支付的价值延展方向，其一体现为消费场景支付方式和支付渠道的改造、消费场景的拓展和覆盖范围的扩大，其二是基于移动支付在垂直细分领域的打通业务链条的各个环节，包括金融、医疗、教育、交通等。可以说移动支付彻底颠覆人类对社会形态和运作秩序的认识，促使各行业重构商业逻辑，至少是电商行业崛起，带动了如快递、交通行业的蓬勃发展，产生了巨大的经济效益。在评价科技成果应用间接经济价值主要从经济产业链来考量，全面评价科技成果在经济产业链中的地位和可能引起的上下游经济价值。

第三个层面为科技成果的潜在经济效益评价。潜在经济效益涵盖科技成果的应用效果未被展示，未被发现的经济效益，如当前的量子技术计算机被认为是当今最有前景的前沿技术之一，蕴藏着不可限量的经济效益。量子计算机可以比传统计算机处理更多的数据，并有望改变整个世界。在 2019 年的国际消费类电子产品展览会上，IBM 公司研制的最新量子计算机惊艳亮相。超导量子计算机，科学家花了 13 年把超导的相干时间提高了 5 万倍，达到 100 个微秒，这是一个巨大的技术进步。在宏观现实世界里，100 微秒太过短暂，但是在量子世界里，100 微秒是如此的时间充裕，以至于足够完成当今所谓的大数据计算。这种相干性的提高让科学家很兴奋，相干性一旦取得技术突破，量子计算机就有可能比较快地实现生产，潜在经济价值不可估量。为此，各个有实力的国家已开始投入量子计算机的研发。2017 年，美国国会举办听证会，会议议题为如何确保“美国在量子技术领域的领先地位”。2018 年，欧盟投入 10 亿欧元实施“量子旗舰”计划。英国在牛津大学等高校建立量子研究中心，投入约 2.5 亿美元培养人才。荷兰向代尔夫特理工大学投资 1.4 亿美元研究量子计算。日本计划 10 年内在量子计算领域投资 3.6 亿美元。加拿大已投入 2.1 亿美元资助滑铁卢大学的量子研究。澳大利亚政府、银行等出资 8300 万澳元在新南威尔士大学成立量子计算公司。当前，我国也积极投入到这场关乎未来的科技竞赛中。波士顿咨询对量子领域科技成果的潜在经济价值进行了预计，他们认为到 2030 年，量子计算市场规模将达到 500 亿美元。仅以美国制药行业为例，假设现在实现了复杂原子水平的量子模拟，只需要有 10% 的公司愿意为这一技术投资，就意味着量子计算在这一领域拥有 150 亿到 300 亿美元的市场机会。与之相比，目前全球高性能计算市场的总和仅为 100 亿美元。除制药行业外，量子计算还能够用于加速搜索任务和机器学习算法。在数据量指数级增长的今天，以及即将接入数百亿物联网设备的未来，解锁数据的商业价值变得越来越重要。虽然 GPU 使得机器学习与人工智能技术成为现实，如果将量子计算机加以应用，可谓如虎添翼，可以显著加速神经网络的训练，科学家及工程师们正在研发适用于机器学习的量子算法。随着更多的量子机器学习算法被构建，2030 年前量子计算机即可取代传统计算机，可产生高达 200 亿美元的市场价值。总的来说，量子计算这种科技成果的应用存在着巨大市场经济总量，但具体的时间节点可能会因量子技术的实现进度而产生较大的波动。无论是科技评价师，还是同行专家给出科技成果的潜在经济效益评价可谓轻而易举，但是要较为准确地判断科技成果的潜在经济效益却很难，需要具备技术专业知识，更需要经济学专业知识。

5.2.3 评价形式

当前，科技成果经济效益评价主要采用构建评价指标，通过赋权重值或采用计量模型，计算经济效益。如郭奇通过构建二级评价指标体系，平均赋值打分，分值分布在 0 ~ 10，最后将评分结果分为 5 个经济效益等级。黄伟将科技成果的经济效益区分为 11 个指标，通过主成分分析法得出主要指标的权重值，最后通过聚类方法，完成我国 31 个省区市的科技成果经济效益评价，将评价结果划分到 5 个层次。孙仁金采用传统的 DCF（discounted cash flow）法对科技成果进行经济价值评估，研究分析了 R&D 投资可能创造的期权及其价值、特征，着重分析了期权理论的 B-S 模型和二项树模型及其应用于评价科技成果的经济价值。潘苏彦等利用“风险修正型现值收益法”（risk-adjusted net present value，rNPV）模型进行了医院科技成果经济效益评估实证研究。苏琳珉将科技成果的经济效益分成统计型效益和预测型效益，共 8 个指标，采用新增收益、新增利润、新增税收、净现值、投资回报等指标进行了科技成果的经济效益预测。此外，我国各地方科技成果经济效益评价形式也各有不同，如河南采用专家打分方式进行，将指标进行划分并赋权重，专家打分后进行加权平均得到科技成果经济的效益水平。青岛采用收入收益比来测算科技成果的经济效益，收入投入比越高经济效益越好，根据利润超出科技成果投入的比值或差值来评判其经济效益水平。

科技成果经济效益评价内容影响评价形式，如前所述，做好经济效益评价需要专业的技术知识和经济学知识相结合。为此，我们探索性地采用了“评价师 + 技术专家 + 经济财务专家”的评价形式。评价师依据第三方提供的客观材料，全面了解科技成果形成及其应用情况，真实获取科技成果现实经济效益，即评价其经济效益时间节点之前已产生的经济效益。技术专家依据领域内的专业知识，全面把关科技成果可能延伸到的领域，判断间接经济效益，并给出价值判断。经济财务专家结合专业经济学知识，进一步判断评价节点科技成果经济效益，即科技成果的近期经济效益；将专家技术领域延伸，结合未来社会经济发展趋势，预测科技成果的远期经济效益。科技成果经济效益评价具体内容及形式如表 5-3 所示。

表 5-3　科技成果经济效益评价内容及形式

经济效益评价		评价师	技术专家	财务专家
直接经济效益	成果本身、成果应用等	✓	✓	✓
间接经济效益	成果产业链延伸、刺激经济市场等		✓	✓
潜在经济效益	存在未开发的经济价值		✓	✓

注：✓表示参与。

5.2.4　评价结论

科技成果经济效益涉及直接、间接、潜在经济价值，同时远期判断难以准确，这为评判科技成果经济效益增加了难度，准确判断几乎不可能，尤其针对国际前沿新技术，全球市场份额、技术壁垒、政治意识等均是影响判断的重要因素。基于此，科技成果经济效益评价结论以定性评判为主，给出一定范围的趋势判断。郭奇通过构建二级评价指标体系，平均赋值打分，分值分布在 0 ～ 10，最后将评分结果划分为 5 个经济效益等级，从低到高依次为差、一般、中等、良好、优秀。

甘肃科技成果经济效益评价定性结论主要指导思想来源于《国家科学技术奖励条例》和《甘肃省科学技术奖励办法》中有关科技成果经济效益的程度判断。如 2017 年 12 月发布的《国家科学技术奖励条例》（修订征求意见稿），“第九条 国家最高科学技术奖授予下列科学技术工作者……（二）在科学技术创新、科学技术成果转化和高技术产业化中，创造巨大经济社会效益或者生态环境效益、国防安全效益的”，“第十一条 国家技术发明奖授予运用科学技术知识做出产品、工艺、材料、器件及其系统等重大技术发明的个人……（三）经实施，创造显著经济社会效益或者生态环境效益、国防安全效益，且具有广泛的应用前景”，“第十二条 国家科学技术进步奖授予完成和应用推广创新性科学技术成果，为推动科技进步和经济社会发展做出突出贡献的个人、组织。前款所称创新性科学技术成果，应当具备下列条件……（二）经转化推广应用，经济社会效益或者生态环境效益、国防安全效益显著”。2013 年 9 月发布的《甘肃省科学技术奖励办法》（甘肃省人民政府令第 104 号），“第九条 甘肃省科技进步奖授予在研究开发、应用推广先进科学技术成果，完成重大科学技术工程、项目，科学普及和成果转化主体创新等方面做出突出贡献的公民、组织。（一）在实施技术开发项目中，研发出具有自主知识产权的新技术、新产品、新工艺，经实施应用，明显优于同类技术产品和经济指标的；（二）在转化、推广科学技术成果并使之产业化的项目中，对本省的经济社会发展做出突出贡献的；（三）在实施社会公益项目中，长期从事科学技术基础性工作和社会公益性科学技术事业，做出重要贡献的；（四）在科学技术普及活动中，对提高全民科学素养、营造创新环境、弘扬创新精神产生重要作用，做出突出贡献的；（五）经实施应用三年以上，创造显著经济效益或者社会效益的。”由此可见，不管是国家层面，还是甘肃地方层面，均对科技成果的经济效益没有明确数值区别，仅做了定性程度区分，为此，甘肃科技成果经济效益评价综合评价师、同行专家和财务专家意见，给出一般、较好、显著、巨大等程度评价等级。具体科技成果经济效益评价等级如表 5-4 所示。

表 5-4　科技成果经济效益评价等级

序号	等级	解释
1	巨大	利润率≥ 100%
2	显著	50% ≤利润率≤ 100%
3	较好	20% ≤利润率≤ 50%
4	一般	0 ≤利润率≤ 20%
5	其他	对经济可能有负面影响

科技成果在众多层面产生效益，经济效益是其中一个重要的效益，但并不是不可或缺。随着我国社会经济发展不断深化，综合国力不断提高，不少行业或领域已经从追求经济发展回到了原始熟悉。如我国医疗系统，自改革开放以来经历了从公益性到市场性，再从市场性回到公益性。1985 年初，国务院同意并批转原卫生部上报的《关于卫生工作改革若干政策问题的报告》，要求各地结合实际情况贯彻执行。这一报告的核心指导思想是放宽政策，简政放权，多方集资，开阔发展卫生事业的路子，把卫生工作搞好。政府采取“给政策不给钱”“建设靠国家、吃饭靠自己”的改革思路和举措。各级财政对公立医院的补助经费实行定额包干、逐步减少的方式，同时，对公立医院的管理更加宽松。由于医改的基本模式不够清晰，在政府职责与市场机制的作用等根本性问题上存在争议，政策落实程度与期望值形成较大差距。1994 年 12 月，江苏镇江与江西九江率先开展职工医疗制度改革试点（“两江试点”）。1998 年起，城镇职工基本医疗保险制度开始在全国逐步建立。2003 年开始，新型农村合作医疗制度开始试点，到 2010 年基本覆盖全国农村居民。到 2006 年 10 月，党的十六届六中全会通过《中共中央关于构建社会主义和谐社会若干重大问题的决

定》，明确提出“坚持公共医疗卫生的公益性质，深化医疗卫生体制改革”“强化政府责任，严格监督管理，建设覆盖城乡居民的基本卫生保健制度，为群众提供安全、有效、方便、价廉的公共卫生和基本医疗服务”。2007 年 10 月，党的十七大报告中明确提出“人人享有基本医疗卫生服务”“要坚持公共医疗卫生的公益性质”。十八大以来，习近平总书记指出，在推进健康中国建设的过程中，我们要坚持中国特色卫生与健康发展道路，把握好一些重大问题。要坚持正确的卫生与健康工作方针，以基层为重点，以改革创新为动力，预防为主，中西医并重，将健康融入所有政策，人民共建共享。要坚持基本医疗卫生事业的公益性，不断完善制度、扩展服务、提高质量，让广大人民群众享有公平可及、系统连续的预防、治疗、康复、健康促进等健康服务。要坚持提高医疗卫生服务质量和水平，让全体人民公平获得。李克强总理强调，要以公平可及和群众受益为目标把医改推向纵深。完善全民基本医保制度，逐步实现医保省级统筹。改革医保支付方式，减少“大处方”“大检查”等过度医疗现象。用两年时间实现异地就医直接结算，减少群众“跑腿”“垫资”。加快推进公立医院改革，破除“以药补医”机制，坚持基本医疗卫生事业公益性。由此可见，某些领域科技成果是否产生经济效益还跟政策有密切关系。

5.3 生态效益评价

2013 年，在哈萨克斯坦纳扎尔巴耶夫大学，习近平总书记提出：“不以牺牲生态环境为代价换取经济的一时发展。我们提出来就是，既要金山银山，又要绿水青山。宁可要绿水青山，不要金山银山，因为绿水青山就是金山银山。”将生态问题上升到历史重要地位。明确科技成果应用的生态效益之前，需要知道生态效益含义。从狭义角度而言，生态效益是指生态环境中的诸物质要素，在满足人类社会生产、生活过程中所发挥的作用。基于从属相关关系，生态效益指人类各项活动创造的经济价值与消耗的资源及产生的环境影响的比值。生态效益概念隐含着从生态与经济两个维度考虑环境问题，在两者之间做一个最佳的选择配置；因此在进行经济和其他活动创造社会经济等价值时，应尽量减少资源的消耗和对生态环境的冲击破坏。如农业生产中讲究持续生态效益，就是要使农业生态系统各组成部分在物质与能量输出输入的数量、结构上，经常处于相互适应、相互协调的相对平衡状态，使农业自然资源得到合理的开发、利用和保护，促进农业和农村经济尽可能地持续、稳定发展。在人与自然的物质交换过程中，合理地进行人为的调控，避免人为过度影响，充分发挥自然系统的自我调控作用，从而维护生态系统平衡，以求得生态效益与经济效益的统一，已成为当前世界各国包括社会主义国家经济发展中的迫切任务。基于上述问题的考虑，基本可以清楚科技成果的生态效益至少包括两个方面，一方面是科技成果形成过程中对生态系统的影响，如有毒、有害物质的实验室研究是否有泄漏可能，实验研究固液废弃物处理是否有污染土壤、水体、空气的可能，核试验是否考虑除人之外（动物、微生物、土壤、水体、空气等）的长远影响，甚至颠覆性改变。另一方面是科技成果本身及其应用对生态系统的冲击。典型案例为核武器，核武器自其研制成功并以实物科技成果呈现时，它本身有没有辐射，有没有非主观起爆可能，这些都可能存在巨大的生态威胁。此外，核武器的应用和核设施泄漏绝对是一个无法挽回的毁灭性生态破坏。二战尾声时期，日本政府对要求其投降的《波兹坦公告》置之不理，为了迫使日本迅速投降，1945年8月，美军向广岛市和长崎市内分别投下一颗代号为“小男孩”和“胖子”的铀弹。原子弹爆炸的强烈光波，瞬间使成千上万人双目失明；6000多度的高温，把一切都化为灰烬；放射雨使一些人在以后20年中缓慢地走向死亡；冲击波形成的狂风，又把所有的建筑物摧毁殆尽。广岛和长崎因原子弹轰炸造成的伤害遗留至今，幸存者饱受癌症、白血病和皮肤灼伤等辐射后遗症的折磨。据日本有关部门统计，迄今，广岛、长崎因受原子弹爆炸伤害而死亡的人数已分别超过25万和14万。相比于切尔诺贝利核电站泄漏事故，日本是幸运，当时由于核当量较小、空中爆炸、台风等客观因素，核残留较小，现在的广岛、长崎灯红酒绿，生机盎然，繁华一片。切尔诺贝利核电站泄漏事故是一起典型的核技术成果应用产生的极其恶劣生态效益的案例。1986 年 4 月 26 日凌晨，乌克兰境内的切尔诺贝利核电站第四号反应堆发生了爆炸，连续的爆炸引发了大火并散发出大量高能辐射物质，这些辐射尘覆盖了大面积区域，这次灾难所释放出的辐射线剂量是二战时期爆炸于广岛的原子弹的 400 倍以上。事故导致 31 人当场死亡，上万人由于放射性物质远期影响而死亡或重伤，至今仍有被放射线影响而导致畸形胎儿的出生的情况。这是有史以来最严重的核事故。外泄的辐射尘随着大气飘散到苏联的西部地区、东欧地区、北欧的斯堪的纳维亚半岛。乌克兰、白俄罗斯、俄罗斯受污染最为严重，由于风向的关系，据估计约有 60% 的放射性物质落在白俄罗斯的土地。后续生态问题更为严峻，在德国、奥地利、意大利、瑞典、芬兰、立陶宛和波兰的某些地区，野味（包括野猪、鹿等）、野生蘑菇、浆果及从湖里打捞的食肉鱼类的铯 -137 含量达到每千克几千贝克。在德国一些野生蘑菇的铯 -137 含量甚至达到了 40 000 贝克 / 千克。按照 2006 年 TORCH 报告，这些地区的平均水平约为 6800 贝克 / 千克，是欧盟规定的 600 贝克 / 千克的 10 倍以上。由此可见，核科技成果应用生态效益各环节评价极具重要性。

5.3.1 国内外研究现状

1957 年，德国的科学顾问委员会成立，该委员会是联邦政府与州政府主要评估机构和独立的科学咨询与科研政策机构，所有咨询评价费用由联邦政府和州政府共同支持和承担。由于德国的科技计划项目均根据政府的发展战略和经济、社会发展需求来确定，为此，在科研项目的安排上具有鲜明的针对性和明确的目标，即必须有助于增强经济竞争力，能保证创造未来的就业岗位，对生态环境有保护作用，能保持在国际上本领域的领先水平。可见，德国科技成果评价中生态环境评价是必需的。法国从 19 世纪 50 年代起就开展科技评估活动，当前已形成了比较完整的科技评估体系。法国政府把科技评估活动作为政府科技管理的重要环节，并做出了法律规定，1985 年法国政府颁布法令（第

85-1376号)，从法律上确立了科技评估的重要地位。为了独立地评价政府对科技政策的重大方针，20世纪80年代，法国国民议会决定成立一个属于自己的评价机构，于是在1983年创立了议会科技选择评价局，主要服务于国家总的科技发展方向，并为政府选择科技发展方向提供论证。法国科技评估活动范围较窄，仅限能源、环境、新材料和生命科学四大领域，由此可见，法国对科研生产生态环境问题的重视。早在20世纪70年代，英国政府就成立了由专家学者组成的中央政策监督委员会，该委员会兼具中央政府科技评估的职能，并包括协助内阁部长研究科研发展战略，制定科研发展规划、政策。英国此前的科技评价采用“科研评估机制”（research assessment exercise，RAE），随着文献计量的不断发展与广泛应用，2014年开始实施“研究卓越框架”（research excellence framework，REF）的科研质量评价新体系，主要以数据分析为基础，评价内容侧重于科研成果的质量和影响力，并更强调科研活动对经济、社会和知识传播的贡献，使得评价体系更客观科学。REF评价体系考察科研质量、科研影响及科研环境活力，即设立成果的产出、影响和环境三个类别的评价指标，其中，“产出”指标在总评价中所占权重最大，高达65%，考察研究是否原创、原创程度及研究成果的重要程度、表现的严谨性；“影响”指标在总评价中所占权重为20%，考察被评对象科学研究对经济、社会、文化的影响程度和重要性；“环境”所占权重为15%，考察的是科研成果的活力和可持续性。同为欧洲国家，英国科技评价之所以没有涉及生态问题，主要是英国工业革命后，大量工厂雾霾污染，致使英国意识到生态环境问题，1821年关于蒸汽机和水车头的法律就包含了防治大气污染的规定。1847年的自来水厂供水法也有关于保护水质的规定。1848年制定了《公共卫生法》，1863年制定了《制碱法》，1876年颁布了《河流污染防治法》。英国是全球有关环境污染治理法律法规最完善的国家。因此，在英国的科技成果必须符合生态环境法律条款才可能立项，故而科技成果绝无生态环境负面影响。美国、日本也很少强调科技成果的生态环境评价问题，与英国类似，主要还是因为环境保护法律体系相对完善，涉及生态环境负面的科技成果在事前就已经处理掉了，不可能完成立项。综上所述，发达国家科技成果的生态环境问题要么是必须评价的关键版块，要么是政策法律红线。

我国科技成果评价主要由政府推动，科技成果评估国家层面的政策法规主要为《科学技术评价办法（试行）》《科技成果评价试点暂行办法》《科技成果评价试点工作方案》等，上述法律法规中的指标体系仅列出了一级指标，且未列出指标的具体说明，导致实际使用时易出现解释的差异，且指标权重需要由实际使用者自行定义，故而该指标体系的科学性和可操作性明显不足。科技成果评估地方政府性规章主要为《青岛科技成果标准化评价规范》《广东省科技成果评价办法》《湖北省科技成果评价工作规程》《天津市科技成果评价指标体》等，上述规章中的指标体系都具有地方特色，和地方经济、特色产业等方面有着很强的联系，难以适应全国范围，国家层面从未出台统一规范。2009 年由中国国防科技工业成果转化主体管理协会专家委员会和中国电子科技集团公司有关人员，跟踪研究美国科技投入产出效率评价的三个标准——WBS（工作分解结构）、EVM（获得价值管理）、TRL（技术就绪水平）后提出一套具有中国特色的科研项目评价理论，该评价规范是我国政府之外的行业和以成果转化主体为主形成的科技成果评价规范。国内上述相关的科技成果评价，几乎没有将生态效益作为一个评价主体指标，可见我国还未大面积地进行科技成果生态环境评估。国内科技成果仅在个别领域开展生态环境评估工作，如部分涉及环境污染的科技成果转化前，需要做环境评估，算是一种科技成果转化的事前评价。另外在建筑领域，国家也出台了相关政策法规，如《建设项目环境影响评价技术导则总纲》《环境影响评价法》等都明确了相关生态环境问题，但未具体指出如何评价科技成果的生态环境效益。

随着社会经济的快速发展，科技成果生态效益越来越得到社会各界的重视。某些特殊科技成果生态效益评价显得尤为重要，如我国 20 世纪开始建设的三峡水利工程，社会经济价值突出，为我国经济高速发展提供了能源保障，经济效益不可估量，并持续保障经济发展，但也可能带来一系列的生态问题，如长江流域的物种影响问题、气候影响问题等，这些问题都是三峡水利工程生态效益评价必须考虑的。当前国内有关科技成果生态效益评价主要有两种方法。第一种为专家论证法。生态效益影响因素众多，无法具体精准计算，如我国三峡大坝的生态效益等评价，据悉采取了多轮次的专家表决。专家论证法主要针对重大科技成果应用或科技成果应用。第二种为定量计算法。如李强等提出科技成果生态效益主要指对环境的保护与改善作用，集中在绿色植物覆盖率、减少水土流失、防治土壤退化、改善环境质量等指标上，采用分值计算，将科技成果的生态效益评价分成四个等级。刘希宋构建了以新产品、新工艺通过国际ISO 14001环境系列标准情况、单位GDP耗能状况、“三废”及其他污染品的处理率为指标的科技成果生态效益经济体系，并采用人工神经网络模型进行了具体评价。徐晨进行了我国科技成果转化生态评价研究，提出了生态环境指标为综合能源消耗、资源利用、项目环境影响三个指标维度，借助DEA分析进行了科技成果生态效益的横向比较研究。邓佳军基于绿色增长视角进行了中国工业成果转化主体科技成果转化效率评价，将科技成果转化对生态环境的正外部性影响纳入了研究框架，构建了工业成果转化主体科技成果转化效率评价指标体系，并对现阶段中国工业成果转化主体科技成果转化效率进行了评价与分析，他认为中国工业成果转化主体的发展还没有实现经济效益与生态环境效益的和谐统一，有一定的提升空间，工业成果转化主体科技成果转化对生态环境的正外部性影响将有助于其效率值的提升，这要求中国工业成果转化主体在发展过程中，切实注重生态环境保护，积极改进技术，追求绿色增长。裴晓红认为畜牧科技成果的效益评价是一个综合性的体系，需要把社会效益、经济效益和生态效益进行有机的结合，提出生态效益的评价内容主要包括：畜牧科技成果应用后在生态环境治理和促进生态平衡中的作用效果，动物保健与畜禽健康养殖效益，动物防疫与畜产品安全性，生态畜牧业的发展，相关畜牧产业的可持续发展等。生态效益的评价指标包括对种植业和加工业的影响、安全性影响评价、自然生态环境影响评价。其中畜牧科技成果经济效益评价指标有科技成果已获经济效益、科技成果还可能产生的经济效益、科研成果年经济效益、科研投资年均纯收益率。相比而言，定量计算法适用于科技成果应用效益相对比较明朗，相关生态指标比较明确且显而易见，生态数据获取便捷的科技成果评价，当然此类科技成果往往不是颠覆技术创新成果，其应用效益相对易于把握。如 2011 年，农业科技成果转化资金实施了“青海省海南生态畜牧业产业化关键技术示范”重大项目。该项目重点转化现代草地高效生产技术和高原畜牧业高效养殖技术，以草地建设和草场改良为基础，将优质高寒牧草品种繁育、草产品加工、舍饲育肥饲草料搭配、谷物饲料蒸熟压片等技术进行系统集成、组装和完善，逐步形成了“饲草料生产—优良牧草产品产业化加工—饲草资源高值利用—规模化牦牛和藏系绵羊舍饲育肥—特色畜产品加工—有机肥生产还田”为一体的生态产业化链条。该项目实施以来，繁育国审牧草品种 5 个，建成优良饲草料生产实验基地一个，面积 4 万亩，年产草籽 550 吨、优质牧草 15 000 吨；草产品加工生产线一条，年加工草产品 1 万吨，年育肥羊 9000 只、牛 1000 头；年加工配方饲料 1000 吨，建立了放牧 + 舍饲和羔羊全舍饲短期育肥两种饲养模式。通过生产基地建设、优质牧草集成繁育、草饲产品加工、规模化牛羊育肥等技术手段，产草量比天然草场提高 10 倍，带动周边形成了 40 万亩规模的牧草草场，对 400 万亩天然草场起到了有效的保护作用；牲畜实行季节性减畜、草原实行季节性禁牧，避免了“夏壮、秋肥、冬瘦、春乏”的局面，减轻了对冬春季脆弱期草场的压力；饲料成本降低 24%，牛羊育肥综合效率提高 14.1%。为农牧民放牧饲养提供了新途径，带动农牧民增收 1000 万元，同时达到了抑制草地退化、提高草场利用率的目的，实现了生态保护与畜牧业可持续发展的“双赢”。

2013 年 11 月，党的十八届三中全会通过了《中共中央关于全面深化改革若干重大问题的决定》，明确了经济、政治、文化、社会、生态文明等全面深化改革的五大体制改革要点，是未来五到十年我国改革发展的总纲。明确指出，“围绕建设美丽中国深化生态文明体制改革，加快建立生态文明制度，健全国土空间开发、资源节约利用、生态环境保护的体制机制，推动形成人与自然和谐发展现代化建设新格局。建设生态文明，必须建立系统完整的生态文明制度体系，用制度保护生态环境。健全自然资源资产产权制度和用途管制制度，划定生态保护红线，实行资源有偿使用制度和生态补偿制度，改革生态环境保护管理体制。”十八大以来，习近平总书记在不同场合多次提到“绿水青山就是金山银山”，一次次明确生态环境的重要性。此外，十八大以来，因为生态环境问题被查处的党员干部中，既有地方党组织主要负责人，也有环保局、水务局、园林局等职能部门的党员干部；既有负责执法检查，也有负责监管审批的党员干部；既有党政一把手，也有国有成果转化主体相关负责人。被追责的人员中，不仅有直接责任人，还包括直接领导、分管领导，有的甚至调离原岗位后仍被问责。其实这样“重经济效益、轻环境保护的错误政绩观”，不仅在企业事业科研成果转化中存在，甚至还存在于一些地方的主要领导干部身上。曾引发社会广泛关注的甘肃祁连山保护区生态问题整改情况显示，共有92名相关责任人被严肃问责，包括3名省级领导干部。甘肃省委原书记王三运落马，对祁连山环境问题不重视、不作为是他的问题之一。“中央领导同志做出一系列重要批示后，王三运表面上摆了姿态走了形式，但其实并没有真正到问题严重的地区去调查研究，也没有认真督促相关部门抓好整改落实，更没有对相关领导干部进行严肃问责”，专题片《巡视利剑》后来披露王三运对祁连山生态破坏负有重大责任。因此，将生态效益作为绝大多数科技成果应用的必评项目之一具有重大理论和现实意义。

以下从评价内容、形式和结论三个方面，论述科技成果生态效益的评价工作。

5.3.2 评价内容

科技成果从酝酿、诞生、应用直到生命周期终结，每个环节过程都有可能涉及生态环境问题。因此，我们进行科技成果生态效益评价需要考虑整个科技成果的生命周期，全方位评价其生态影响问题。

①科技成果形成过程的生态效益评价。科技成果是人类认识自然改造自然的结晶，其初衷是造福人类社会发展，为人类服务，绝不是毁灭人类。然而，

为了防患于未然，更好地保障人类健康安全，不少科技成果形成过程存在巨大风险。如为制造遏制病毒的疫苗，实验过程可能无数次接触病毒，开展毒株分子基因分析、疫苗测试等工作，在确定某种疫苗可靠性之前，一直存在病毒泄漏的生态风险。2003 年 9 月，由于不当的实验程序导致西尼罗病毒样本与 SARS 冠状病毒在实验室里交叉感染，新加坡国立大学一名 27 岁的研究生感染 SARS 病毒。2003 年 9 月底，新加坡环境部长林瑞生就环境卫生研究院实验室发生的 SARS 感染事件，向新加坡人民致歉。林瑞生说："环境卫生研究院必须承担责任，国家环境局也必须承担责任，身为环境部长，我更应该负责。因为调查小组的调查结果显示，我们的实验室的确是不够安全。"病毒、细菌等生物实验科技成果形成过程均存在这种生态风险。又如核科技成果的研究过程也存在这种生态影响，不管是地下还是污染区地上试验，均会影响整个生态系统的发展走向，某些影响是致命的。例如作为世界上最先掌握核武器的国家，美国在这方面的发展上一直走在世界前列，特别是军备竞赛时期，美苏这两个国家当时制造的核武器数量达到了一个恐怖的数字。在核武器的研制上美国也是经过大量实验的，在 20 世纪 50 年代美国特意选择了偏僻的太平洋小岛作为核武器试爆基地。此后美国的核试验可以说相当频繁，这几十次的试验甚至还摧毁了一座岛礁，大大小小的几十个深坑及其附近核污染非常严重，半个多世纪后仍然不适合人类居住，尽管当时的生态已然重建，但生物受核辐射的变异不可否认。

②科技成果本身的生态效益评价。科技成果一旦形成可能就是一个潜在的生态威胁，这种例子比比皆是。其中最著名是阿斯旺大坝对生态和环境的破坏。阿斯旺大坝对生态和环境确有一些正面作用。比如，大坝建成前，随着每年干湿季节的交替，尼罗河沿河两岸的植被呈周期性的枯荣，水库建成后，水库周围 5300 ～ 7800 km 的沙漠沿湖带出现了常年覆盖繁盛植被的情况，这不仅吸引了重大野生动物，而且有利于稳固湖岸、保持水土，对这个沙漠环绕的水库起了一定的保护作用。然而，大坝建成 20 多年后，该科技成果的负面生态作用就逐渐显现出来，随着时间的推移，大坝对生态和环境的破坏也日益严

重。这些当初未能预见到的后果，不仅使尼罗河沿岸流域的生态和环境持续恶化，还给全国的社会经济发展带来了极大的负面影响。一是阿斯旺大坝工程造成了沿河流域可耕地的土质肥力持续下降。大坝建成前，尼罗河下游地区的农业得益于尼罗河河水的季节性涨落，每年雨季来临时泛滥的河水带来大量的有机物质，在耕地上覆盖了大量肥沃的泥沙，周期性地为土壤补充肥力和水分。在阿斯旺大坝建成后，虽然通过引水灌溉可以保证农作物不受干旱威胁，但由于富含肥力的泥沙被阻于库区上游，下游灌区的土地得不到营养补充，所以土地肥力不断下降。二是修建阿斯旺大坝后沿尼罗河两岸出现了土壤盐碱化。不再有雨季，缺乏河水涨落，尼罗河沿岸土壤中的盐分无法带走，而不断的灌溉又使地下水位上升，把深层土壤内的盐分带到地表，以及灌溉水中的盐分和各种化学残留物的高富含，导致了阿斯旺大坝下游土壤盐碱化。三是阿斯旺大坝库区及水库下游的水质恶化，居民的健康受到危害。阿斯旺大坝完工后水库的水质及物理性质与原来的尼罗河水相比明显变差了。库区水的大量蒸发是水质变化的一个重要原因。另一个原因是土地肥力下降迫使农民不得不大量使用化肥，而化肥的残留随灌溉水又回流到尼罗河的下游中，促使河水的氮、磷含量剧增，导致尼罗河下游河水富营养化，以致河水中植物性浮游生物的平均密度由 160 mg/L 上升到 250 mg/L。此外，土壤盐碱化导致土壤中的盐分及化学残留物大大增加，使地下水受到污染，同时也提高了尼罗河下游水的含盐量。这些生态变化不仅对河水中生物生存和流域耕地灌溉有明显的影响，而且毒化了尼罗河下游居民的饮用水。四是尼罗河水性质的改变使水生植物及藻类到处蔓延，不仅加大了尼罗河水分蒸发量，还堵塞了河道灌渠等。由于河水流量受到调节，河水混浊度降低，水质发生变化，导致水生植物大量繁衍。这些水生植物不仅遍布灌溉渠道，还侵入了主河道，阻碍着灌渠水流的有效运行，需要经常性地采用机械或化学方法清理，导致进一步增加了灌溉系统的维护开支。同时，水生植物还大量蒸腾水分，据埃及灌溉部估计，每年由于水生杂草的蒸腾所损失的水量就达到可灌溉用水的 40%。五是尼罗河下游的河床遭受严重侵蚀，尼罗河出海口处海岸线内退。大坝建成后，尼罗河下游河水含沙量骤减，水中固态悬浮物由1600 ppm降至50 ppm，混浊度由30 ~ 300 mg/L下降为15 ~ 40 mg/L。河水中泥沙量减少，导致了尼罗河下游河床侵蚀无法得到补偿。大坝建成后的12年中，从阿斯旺到开罗，河床每年平均被侵蚀掉2 cm，预计尼罗河河道还会继续变化。大概要再经过一个多世纪才能形成一个新的稳定的河道。河水下游泥沙含量减少，再加上地中海环流把河口沉积的泥沙冲走，导致尼罗河三角洲的海岸线不断后退。一位原埃及士兵说，他曾站过岗的灯塔现在已陷入海中，距离目前的海岸竟然有1 ~ 2 km之遥。

③科技成果应用的生态效益评价。科技成果应用是为了展示其推进社会经济发展的作用，但不少科技成果的应用随之而来的也有负面的生态问题。改革开放以来，山西作为煤炭大省累计生产原煤100亿吨左右，为国家的社会经济发展提供了重要的能源保障，功不可没。然而，规模化煤矿开采却为生态环境本就脆弱的山西省留下了大面积的煤矿采空塌陷区，出现数千村庄房屋受损、耕地毁坏以及饮水困难等问题。山空地陷，灾害损失不断上升，山西省发改委2008年进行摸底调查结果显示，改革开放以来，随着煤炭开采科技成果不断改进升级，山西累计生产原煤近百亿吨，造成63亿立方米的采空区，采空区面积5115平方公里，引发的地表沉陷面积达2978平方公里，引起矿山地面塌陷、地裂缝、滑坡、崩塌2146处，3309个村庄、66万人受到严重影响，1082平方公里的耕地、42.6平方公里的林地遭到严重破坏。然而，这一数据随着煤炭开采还在不断上升。长期研究这一系列问题的山西省社科院研究员李连济说："只要有煤炭开采行为，就会形成采空区，而且是采多少煤就会形成多少立方米的采空区。山西近几年每年的煤炭产量在6亿吨以上。因采矿造成的采空区及由此引发的地质沉陷灾害，在面积上肯定呈扩大趋势，受灾人口也是逐年增加的。"山西省发改委地区处副处长张元璧介绍说，煤矿采空造成的灾害是一个逐步显现的过程，主要表现在以下几个方面：首先，煤矸石大量堆积，环境污染加重。据统计，山西煤矸石堆积量已超过10亿吨，且以每年5000万吨的速度增加。矸石中的有害成分通过径流、淋溶和大气飘尘，严重破坏了周围的土地、水域和大气原有形态。其次，水资源流失量大，人畜饮水困难。采煤造

成的水资源破坏面积2万余平方公里，导致1678个村庄的80万人口、10万头大牲畜饮用水困难。年排放矿井水5亿吨，全省受污染的河流长达3753公里，致使太原、大同、阳泉、长治、晋城、临汾等城市水质含盐量较原先有不同程度升高。最后，水土流失面积大，植被破坏严重。采煤造成土地裂缝、土壤退化、粮食减产，甚至颗粒无收。

④科技成果应用终止的生态效益评价。科技成果生态效益并不一定是科技成果进行了应用才会有生态问题，有些科技成果停止应用，废弃也会有严重的生态问题。2010年12月，阿联酋和韩国签署了价值400亿美元的合同，准备建造4个核反应堆，每座核反应堆的功率是1400兆瓦，预计2020年前竣工，这遭到很多民众反对，主要原因是核废料污染的潜在问题。专家们认为，长期存放核废料至今仍是个全球性问题，这个问题在日本发生核泄漏事故后变得尤为迫切，俄罗斯早就萌生了靠保存核废料来挣钱的想法。1992年，俄罗斯科学院的几名专家建议在俄建立国际核废料库。他们提议把位于巴伦支海新地岛上已经关闭的靶场、乌拉尔的“灯塔”联合企业或塔吉斯坦废弃的矿坑用于存放核废料。在这个名单中还有千岛群岛的一个岛，从日本地震和海啸带来的灾难性后果看，在那里建核废料基地实在是匪夷所思。最终，临时核废料储存库选在了克拉斯诺亚尔斯克边疆区。据生态学家计算，近些年共有70多万吨核废料运进了俄罗斯。俄原子能署的官员正在游说政府采取相关决定，证明该计划在经济上是合理的。根据他们的计算，存放2万吨外国核废料就能收入160亿美元。如果生态学家和官员的估算都准确的话，那么俄罗斯这些年从“核废料”生意中已经赚到了大笔美元。绿色和平组织俄罗斯分部的反核计划领导人丘普罗夫则认为，目前世界上仅有4个国家能够处理放射性核废料——除俄法外还有英国和日本。但日本怎么也不会斥资200亿美元来建核废料厂，而在发生众多事故和泄漏事件后英国关闭了这类工厂。这位生态学家认为：“所有核废料储存库迟早会泄漏，关闭它们只是时间问题。从经济上来说，维持这些成果转化主体无利可图，清理事故后果的费用过于高昂。”由此可见，核能科技成果应用终止仍然存在或必然存在巨大的生态安全隐患。

5.3.3 评价形式

近年来，生态问题越来越受到各界关注和重视，相关科技成果应用的生态效益研究越来越多，学者提出了不少科技成果生态效益的评估评价形式。如李强等通过建立包括绿色植物覆盖率、减少水土流失、防治土壤退化、改善环境质量等评价指标的生态效益评价体系，采用打分形式，完成科技成果的生态效益评价。李勃运用德尔菲法确立每一级科技成果评价的具体指标，再运用层次分析法确定农业科研项目绩效评价指标权重，采用 Matlab 软件，从指标评价层开始逐级量化，进而得到生态效益等 4 个一级指标、14 个二级指标的绩效评价体系的权重。徐晨构建了基于 DEA 模型的科技成果转化效果评价的指标体系，对全国 30 个省区市科技成果转化的生态效益进行比较。第三方科技成果评价机构，如中关村巨加值科技评价研究院、中国有色金属工业协会等极少涉及科技成果的生态效益评价工作。综上所述，科技成果的生态效益评价有采用构建指标，赋权重后专家打分或客观数据软件打分形式，也有 DEA 非参数法进行同类多科技成果横向生态相对比较评价形式。总体来说，现有形式都是在科技成果经济效益评价的基础上发展而来，作为科技成果效益评价的辅助或评价完整性补充，没有对生态效益这一个独特的科技成果效益开展有针对性的评价。

科技成果生态效益评价形式主要结合国内评价态势和甘肃地域特色，尽可能地优化评价形式。重视生态就要重视科技成果的生态影响，为此，我们将生态效益的重要性进行提升，不再作为科技成果经济效益的补充，而是将其纳入科技成果评价效益一级指标，与社会、经济效益同等重要，探索性地采用了“评价师 + 技术专家 + 环评专家”的评价形式。评价师依据第三方提供的客观材料（生态应用证明、环境评估报告、现场调查报告等），全面了解科技成果形成及其应用情况，真实获取科技成果现实生态效益，即评价其生态效益评价时间节点之前已产生的生态影响。技术专家依据领域内的专业知识，全面把关科技成果可能延伸到的领域，判断现实和可能的生态效益，并给出价值评判。环评专家依据评价师客观评价结果结合专业环境生态学知识，进一步判断评价时间节点前科技成果生态效益，即科技成果的近期生态效益。环评专家结合技术专家技术对科技成果未来应用和成果终止生态发展趋势，预测科技成果的远期生态效益。具体科技成果生态效益评价内容及形式如表 5-5 所示。

表 5-5　科技成果生态效益评价内容及形式

生态效益评价		评价师	技术专家	环评专家
近期生态效益	成果形成	√	√	√
	成果本身	√	√	√
远期生态效益	成果应用		√	√
	成果终止		√	√

注：√表示参与。

5.3.4　评价结论

甘肃科技成果生态效益评价定性结论主要指导思想来源于《国家科学技术奖励条例》和《甘肃省科学技术奖励办法》中有关科技成果生态效益的程度判断。2017 年 12 月发布的《国家科学技术奖励条例》（修订征求意见稿），“第九条 国家最高科学技术奖授予下列科学技术工作者……（二）在科学技术创新、科学技术成果转化和高技术产业化中，创造巨大经济社会效益或者生态环境效益、国防安全效益的”，“第十一条　国家技术发明奖授予运用科学技术知识做出产品、工艺、材料、器件及其系统等重大技术发明的个人……（三）经实施，创造显著经济社会效益或者生态环境效益、国防安全效益，且具有广泛的应用前景”，“第十二条　国家科学技术进步奖授予完成和应用推广创新性科学技术成果，为推动科技进步和经济社会发展做出突出贡献的个人、组织。前款所称创新性科学技术成果，应当具备下列条件……（二）经转化推广应用，经济社会效益或者生态环境效益、国防安全效益显著”。2013年9月发布的《甘肃省科学技术奖励办法》(甘肃省人民政府令第104号)，“第九条 甘肃省科技进步奖授予在研究开发、应用推广先进科学技术成果，完成重大科学技术工程、项目，科学普及和成果转化主体创新等方面做出突出贡献的公民、组织。(一) 在实施技术开发项目中，研发出具有自主知识产权的新技术、新产品、新工艺，经实施应用，明显优于同类技术产品和经济指标的；(二) 在转化、推广科学技术成果并使之产业化的项目中，对本省的经济社会发展做出突出贡献的；(三) 在实施社会公益项目中，长期从事科学技术基础性工作和社会公益性科学技术事业，做出重要贡献的；(四) 在科学技术普及活动中，对提高全民科学素养、营造创新环境、弘扬创新精神产生重要作用，做出突出贡献的；(五) 经实施应用三年以上，创造显著经济效益或者社会效益的。”由此可见，不管是国家层面，还是甘肃地方层面，均对科技成果的生态效益没有明确数值区别，仅做了定性程度区分，为此，甘肃科技成果生态效益评价综合评价师、同行专家和环评专家意见，给出一般、较好、显著、巨大等程度评价等级，其他等级为一般、较好、显著、巨大之外科技成果生态效益评价结果，通过其他文字描述。科技成果生态效益评价具体等级如表5-6所示。

表5-6 科技成果生态效益评价等级

序号	等级	解释
1	巨大	直接修复生态环境
2	显著	促进生态修复
3	较好	生态友好，有生态维护作用
4	一般	不产生生态破坏
5	其他	对生态可能有负面影响

生态效益评价主要针对具有生态效益或存在生态危害可能的科技成果，不

是所有科技成果及其应用都需要生态效益评价。如理论研究、医疗方法研究、计算机开发等领域多数不会涉及生态问题，因此在不少科技成果的效益评价中需要依据实际情况开展生态效益评价，不作为必评项。

第6章

科技成果研发团队评价

管理学家斯蒂芬·P. 罗宾斯认为团队就是为了特定目标而按照一定规则结合在一起的两个或两个以上的组织，团队内部相互作用，相互依赖。基于此，我们认为科技成果研发团队是指由科研分工不同的人组成的一个共同体，个体愿意共同承担责任，共享荣辱，在研发团队发展过程中，经过长期的学习、磨合、调整和创新，形成主动、高效、合作且有创意的团体，解决问题，达到共同的目标。

科技成果研发团队重要的构成要素，总结为5P。①目标（purpose），科技成果研发团队一旦形成，应该有一个设定的既定科研目标，成为团队成员行动航向标导航，知道要向何处去，突出科技成果研发团队存在的价值。自然界中有一种很喜欢吃三叶草（也叫鸡公叶）的昆虫，它在吃食物的时候总是成群结队进行，第一个趴在第二个的身上，第二个趴在第三个的身上，由一只昆虫带队去寻找食物，这些昆虫连接起来就像一列列的火车车厢。管理学家做了这样一个实验，把这些昆虫连接起来组成一个圆圈，然后在圆圈中放了它们喜欢吃的三叶草。结果它们爬得精疲力竭也吃不到这些草。这个实际事例告诉我们在团队失去目标后，团队成员就不知道上何处去，最后的结果可能是团队一事无成（团队生命终结）。团队的目标必须跟组织的目标一致，此外还可以把大目标分成小目标，具体分到各个团队个体身上，大家齐心协力实现这个共同的目标。同时，目标还应该有效地向大众传播，让团队内外的成员都知道这些目标，有时甚至可以把目标贴在团队成员的办公桌上、会议室里，以此激励所有的人为这个目标去工作。②人（people），人是团队构建最核心的因素，2个以上的人就可以构成团队。目标是通过团队人员具体实现的，所以人员的选择是团队中非常重要的一个部分。在一个团队中可能需要有人充当智囊，有人制定方案，有人执行实施，有人协调不同的人一起去工作，还有人去监督跟进团队工作的进展，评价团队最终的贡献。不同的人通过具体分工来共同完成团队的总目标，在人员选择方面要考虑视才善用，人员工作能力如何，技能是否互补，人员的科研经验如何等。③定位（place），科技成果研发团队的定位包含两层意思：团队的定位，科技成果研发团队在学科领域中处于什么位置，由谁选择和决定团队的成员，团队最终应对谁负责，团队采取什么方式激励下属。个体的定位，作为科技成果研发团队的成员在团队中扮演什么角色，是订计划还是具体实施或评估。这些在组建科技成果研发团队时都需要有较为清晰的界限。④权限（power），科技成果研发团队当中领导人的权力大小跟团队的发展阶段相关，一般来说，团队越成熟领导者所拥有的权力相应越小，在团队发展的初期阶段领导权相对比较集中。团队权限关系的两个方面：一是整个团队在组织中拥有什么样的决定权，比方说财务决定权、人事决定权、信息决定权。二是组织的基本特征，比方说组织的规模多大，团队的数量是否足够多，组织对于团队的授权有多大，它的科研是什么类型。⑤计划（plan），计划的两层含义：一是目标最终的实现，需要一系列具体的行动方案，可以把计划理解成目标的具体工作的程序。二是提前按计划进行可以保证团队的进度。只有在计划的操作下团队才会一步一步地贴近目标，从而最终实现目标。

“一个人可以走得很快，但不可能走得很远，只有一群人才能走得更远。”这句非洲谚语告诉了我们团队的重要性。科技成果研发团队不是简单的集合科研人员，而优秀、高效的科技成果研发团队符合且不限于以下几点素质。①具有清晰的科研目标。高效科研团队对所要达到的科研目标有清楚的了解，并坚信这一科研目标包含着重大的意义和价值。这种目标的重要性还激励着科研团队成员把个人目标升华到群体目标中去。在有效的团队中，成员愿意为团队目标做出承诺，清楚地知道希望他们做什么工作，以及他们怎样共同工作最后完成任务。②具有相关的研发技能。高效的研发团队是由一群有能力的成员组成的。他们具备实现理想目标所必需的技术和能力，相互之间具有能够良好合作的个性品质，从而出色完成任务。后者尤其重要，但却常常被人们忽视。在科研方面有精湛技术能力的人并不一定就有处理群体内关系的高超技巧，而高效研发团队的成员则往往兼而有之。③具备相互的信任。成员间相互信任是有效研发团队的显著特征，也就是说，每个团队成员对其他人的品行和能力都深信不疑。我们在日常的人际关系中都能体会到，信任这种东西是相当脆弱的，需要花大量的时间去培养而又很容易被破坏。信任是相辅相成的，只有信任他人才能换来被他人的信任，不信任只能导致不信任。为此，维持研发团队内的相互信任，还需要团队管理层高度重视。组织文化和管理层的行为对形成相互信任的群体内氛围有重要影响。如果科研团队崇尚开放、诚实、协作的办事原则，同时鼓励团队成员的参与和自主性，就比较容易形成信任的环境。④具备一致的承诺。优秀的团队成员对团队表现出高度的忠诚和承诺，为了能使群体获得成功，他们愿意去做任何事情，包括牺牲自身的利益。我们把这种忠诚和奉献称为一致的承诺。相关研究发现，成功团队成员对他们的集体具有认同感和归属感，他们把自己属于该集体的身份看作是自我荣誉的重要方面。因此，承诺一致的特征表现为对科研目标的奉献精神，愿意为实现这一目标而调动和发挥自己的最大潜能。⑤具备良好的沟通。沟通是人与人之间的润滑油，毫无疑问，良好的沟通能力是科研团队一个必不可少的特质。团队成员通过畅通的渠道交流信息，包括各种言语和非言语信息。此外，管理层与团队成员之间健康的信息反馈也是良好沟通的重要特征，有利于管理者指导团队成员的行动，消除误解。就像一对已经共同生活多年、感情深厚的老夫妇那样，高效优秀团队中的成员能迅速而准确地了解彼此的想法和情感，当然这种理想境界，很少有团队能达到。⑥具备谈判技能。团队成员以个体为基础进行工作设计时，员工的角色由工作说明、工作纪律、工作程序及其他一些正式文件明确规定，即流程管理。但对于优秀的科研团队来说，其成员角色具有灵活多变性，总在不断地进行调整。这就需要成员具备较好的谈判技能。由于团队中的问题和关系时常变换，成员必须能面对和应付这种情况。⑦具备恰当的领导。优秀的领导者能为团队指明前途所在，帮助团队成员阐明事态变化的可能性，鼓舞团队成员的自信心，帮助他们更充分地了解自己的潜力，能够让团队度过最艰难的时期或上升一个层面。优秀高效团队的领导者往往担任的是教练和后盾的角色，他们对团队提供指导和支持，但并不试图去控制它。这不仅适用于自我管理团队，当授权给小组成员时，它也适用于任务小组、交叉职能型的团队。对于那些习惯于传统方式的管理者来说，这种从上司到后盾的角色变换，即从发号施令到为团队服务——实在是一种困难的转变。⑧具有内外部保障支持。科研团队需要有明确的分工，各司其职，这其中就涉及保障工作。从团队内部来看，保障内容包括内部学习培训，工作经验交流，科研资金统筹使用等。从外部条件来看，科研团队管理层应该提供完成工作所必需的各种资源，保障涉外科研开展的各项事宜。

世界古老文明发展至今，华夏文明是从未间断的唯一文明，其中重要的原因是文明得到了团队的传承。科技进步也需要传承，我们经常能听到“传、帮、带”这样的词语，凸显了团队在科研领域的重要性，科技研发团队不仅仅是完成某一项科研成果，而是通过科研的实践，完成传授经验，新老科研碰撞、交融，最终产生带动人才培养、新学科形成、科技新发展等一系列积极效益。基于此，我国开展了大量的鼓励科研团队建设和发展的工作。《国家创新驱动发展战略纲要》提出：“建设世界一流大学和一流学科。加快中国特色现代大学制度建设，深入推进管、办、评分离，扩大学校办学自主权，完善学校内部治理结构。引导大学加强基础研究和追求学术卓越，组建跨学科、综合交叉的科研团队，形成一批优势学科集群和高水平科技创新基地，建立创新能力评估基础上的绩效拨款制度，系统提升人才培养、学科建设、科技研发三位一体创新水平。增强原始创新能力和服务经济社会发展能力，推动一批高水平大学和学科进入世界一流行列或前列。”除国家宏观政策外，地方也有很多鼓励团队的措施，如辽宁省政府印发《辽宁省技术转移体系建设实施方案》，该方案指出“科技成果的所有权、处置权、收益权和分配权不再另行审批或备案，科技成果转化收益分配给研发团队和转化贡献人员的比例不低于70%。对高校、科研院所科研人员以股份或出资比例等股权形式取得的转化职务科技成果的奖励，暂不缴纳个人所得税”。可见不管是国家层面，还是地方政府都十分重视研发团队的建设。因此，针对科技成果研发团队评价不可或缺，团队优劣关系学科领域是否能深入发展，人员结构是否有断代风险等一系列问题。

科技成果研发团队的评价工作国内外研究较多。杰克·D. 奥斯本与琳达·默兰将“积极和消极体验相结合的自我记录”“对行为与技能的自我评定”“简单的活动记录”等纳入团队评价指标体系，用于调整团队活动，其重点在于通过将定性的描述转化为具体的、可行的评价指标，对团队行为和活动进行评价。蒋琳研究了科研项目团队的平衡性评价问题，对科研项目团队思维能力和学习能力的一致平衡性评价、行动能力和人际交互的交互平衡性评价分别进行了度量。美国科学家 Griliches Z 和 Nelson R R 针对公共科研机构（含团队）的绩效评价，采用了投入、产出、基础研究对经济发展的影响等指标。NSF（美国国家科学基金会）对美国科研机构（含团队）的评价主要以经费获取及科研成果为核心指标。英国则是将科研机构（含团队）的投入与产出指标化，在绩效评价中以定量（定性）指标为主。德国评价科研机构（含团队）绩效的指标包括科研能力、科研服务及科学咨询能力、科学政策标准三个一级指标，下设若干项二级指标，并细分为相应的统计指标，其中获得经费的能力、申请专利数量、顾客满意度、提供的技术与成果情况及人员状况是团队评价的关注重点。2003年，联合国西亚经济与社会委员会发布了知识经济社会技术进步与发明创造（STI）评价指标体系，具体指标体系包括科学研究、技术进步与发明创造能力指标，研究与开发人力资源指标，发明创造经济指标，信息、通信与技术指标（ICT）和综合评价指标五个方面，其中开发人力资源等指标下设具体的细分可量化指标。国内学者张体勤等研究了知识团队的绩效评价问题，提出了必须采用结果导向的思维方式和通过建立绩效契约来对知识团队进行绩效管理的观点，并以效率型指标、效益型指标、递延型指标和风险型指标作为知识团队的绩效评价依据，提出了一种不同于加权平均式绩效评价的综合计分评价方法。黎琦等应用模糊综合评价方法评价了研发团队绩效。王鲁捷等采用隶属度赋值法、功效系数法、层次分析法等数学方法建立了团队授权力度的定量评价体系。阎婧祎以大学学术团队作为研究对象，从大学学术团队自身的特点出发，以团队与绩效评价的基础理论为研究依据，建立了包括人才、团队、科研绩效3个一级指标，人才参与贡献情况、人才培养、人才引进、社会效益、经济效益、学术交流、承担并完成科研项目情况、发明专利、论文专著、科研成果获奖10个二级指标，以及26个三级指标的团队绩效评价体系，并采用层次分析法进行了评价。综上所述，国内外针对科技成果研发团队评价内容各有不同，但方法类似，基本都是先通过建立团队评价指标体系，进行赋值，再采用加权法、层次分析法、德尔菲加权法、模糊综合评价法等进行团队评价。

我们试探性地将研发团队从整体科技成果评价中分离出来，作为一个独立重要方面进行评价，论文、专著、专利等科研成果在其他重要指标中具体评价，科技成果研发团队的评价主要从团队结构角度开展。科学研究学科众多，研究场所可以是田间地头，也可以是实验室，甚至完全是天马行空的思索。如爱因斯坦的相对论基本上可以认为是想象出来的，不过中间也有爱因斯坦大量的数学计算，其中广义相对论公式运用了的微积分等复杂的数学运算。可见，爱因斯坦的相对论科研成果需要极高的理论知识基础，几乎完全是脑力劳动。相反，杂交水稻之父袁隆平院士初期研究成果主要来自田间地头和实验室，基因理论研究几乎未涉及。这就需要大量的观测调研，脑力劳动和体力劳动都十分重要。综上所述，研究领域的差异，需要的科研模式有差异，其具体表现为经验（年龄、职称）、学识水平（学历、职称）的差异。为此，我们将侧重点不同的学科分成两大类，以便客观科学评价科技成果团队结构。①基础理论科技成果团队年龄、职称、学历结构评价，更侧重高学历，需要较高深的理论知识；②应用技术成果团队、软科学成果团队年龄、职称、学历结构评价，更侧重应用与实践，需要理论知识与实践经验的结合。

6.1 年龄结构评价

曾几何时“书山有路勤为径，学海无涯苦作舟”成为莘莘学子勤奋好学的座右铭，激励了多少少年成才。而庄子却感悟到“吾生也有涯，而知也无涯，以有涯随无涯，殆已”。这或许就是随着年龄增加，如高中要分文理科，大学等高等教育要更加细分专业的缘由吧！由此可见，从古到今合理分配和安排人生的时间是如此关键而重要。

6.1.1 年龄划分

将年龄分阶段反映一个人的职业生涯工作能力已成为广泛共识。其中成长阶段（0 ~ 14 岁），为职业的幻想期，认同并建立起自我概念，对职业的好奇逐步占据主导地位，有意识地思索职业能力培养与未来职业的结合。探索阶段（15 ~ 24 岁），主要通过学校学习来进行自我考察、角色鉴定和职业探索，完成第一份工作的选择，并实现初步就业。确立阶段（25 ~ 44 岁），获取一个适合自己的工作领域，并谋求发展，这是大多数人职业生涯中的核心阶段，是人适应职业需要逐步走向职业成熟和职业成功的重要阶段。维持阶段（45 ~ 65 岁），维护已获得的成就和社会地位，维持家庭和工作两者之间的和谐关系，开发新的技能，将职业强化或转化为职业理想。退出阶段（65 岁到退休），逐步退出和结束职业生涯，开发更广泛的社会角色，减少权利和责任，做好适应退休后的生活准备。我国的年龄分段为（0 ~ 2.5 岁）幼儿期，（2.5 ~ 6 岁）童年，（7 ~ 17 岁）少年，（18 ~ 40 岁）青年，（41 ~ 48 岁）壮年，（48 ~ 65 岁）中年，（66 岁以后）老年。在 20 世纪末，联合国世界卫生组织提出新的年龄分段：44 岁以下为青年人，45 岁至 59 岁为中年人，60 岁至 74 岁为年轻老年人，75 岁至 89 岁为老年人，90 岁以上为长寿老人。

职业生涯如何划分，各有各的说法，不一而足，这主要有三个原因。①时代发展不同，职业阶段划分差异大。建国初期，我国人口平均寿命只有 35 周岁，随着几十年的各领域飞速发展，社会、经济、科技进步等因素，人类寿命和身体素质全面提升，人口平均寿命已超过75周岁，明显延长了职业生涯。另外，由于科技进步，机器代替量大，现代人相对古代人在重体力工作、高强度体力工作等方面明显下降，这也延长了职业生涯。②行业分工不同，职业阶段划分差异大。体育、污染工业、服务人员等三者之间的职业生涯就差异较大。如足球、篮球黄金期是30岁左右，体能、技能、经验三者均到最佳状态，当职业生涯到40岁基本就是极限。当然体育行业也有巨大差异，体操30岁左右就是职业生涯的极限，而斯诺克运动则比较长，2020年现役斯诺克运动员里面，吉米·怀特已经58岁，历史上斯诺克运动职业生涯最长的运动员为史蒂夫·戴维斯，1957出生，2016年退役，职业运动退休时59岁。总体而言，运动员的平均年龄退休较低。此外，我国相关政策法规规定污染工业如有毒、腐蚀、辐射工业工人的职业生涯也相对较短，正常男职工55岁退休、女职工50岁退休，如有因病或身体残疾，由医院出具证明，男职工50岁可提前退休、女职工45岁可提前退休。而从事第三产业的服务员人员职业生涯相对较长，如公务公职人员，如第45任美国总统唐纳德·特朗普（Donald Trump），他1946年6月出生，2020年74周岁，如果他连任美国第46任总统，退休时将近80岁，远远超过绝大多数职业的退休年龄。③国家或地区综合国力不同，职业阶段划分差异大。21世纪信息技术的应用加速了全球发展，地区之间差异有所减小，但综合国力提升仍需要较长时间，这导致国民身体素质差异巨大，如南非小国斯威士兰，该国国民受艾滋病和结核病的侵袭，2019年平均寿命只有35岁。其实这并不奇怪，因为2019年数据显示整个非洲地区平均寿命也不到50岁。亚洲国家日本是全球最长寿的国家之一，随处可见百岁老人，70岁以上的服务员、的士司机非常常见。可见综合国力会影响居民身体健康，影响居民寿命，从而影响职业阶段的划分。

我们综合国内外职业生涯划分研究，结合甘肃科技研发团队的实际，将科研团队的职业生涯划分为三个阶段，分别为青年阶段为30岁以前，中年阶段为30至59岁，老年阶段为60岁以上。

青年阶段为30岁以前。由于教育制度不同，每个国家或地区受教育和参加科研工作的年龄差异较大，其中30岁以前，平均科技成果产出总体较低。主要原因：①学习阶段时间长。正常情况，从6周岁开始接受正规教育，小学教育6年，中学教育6年，大学教育4年，22岁大学毕业。多数可以走向工作岗位，但是当前我国科研领域现状显示，大学毕业直接从事科研一线的较少。参与到领域的科研中多数要求硕士研究生毕业或博士研究生毕业，这就又将年龄可能推迟到28周岁。②技能需要提升。不管是大学毕业，还是研究生毕业参加科研工作，极少数能进入前沿研究。即便能直接进入一线研究，也需要技能积累，在不断的探索甚至失败之后才有一定的科技成果产生。科研团队成员的青年时期正是打基础的时期，厚积薄发的前期阶段。如华为公司之所以能在全球迅速占领4G、5G市场，成为通信行业的巨头，其核心是打通了2G到3G算法。华为聘请了俄罗斯一位天才级数学家，花费十来年时间，不断探索尝试，最终才突破2G到3G算法，给整个通信业带来了革命。华为于2003年在业界率先提出分布式基站理念，将基站的射频单元部分和基带单元部分分离，射频单元不再受限于机房，可通过抱杆、挂墙等方式灵活安装，实现"零机房"建网，使得网络建设成本降低至少30%，网络部署时间大大缩短。3G时代，欧洲、美洲的设备商还有2G基站那样的基带单元和射频单元在一起的集中式的基站，到了4G，整个通信业则完全是分布式基站的天下了。由此可见，青年天才也需要一定技术积累才能产生巨大的科技成果。③研发团队成员的青年阶段，不仅是知识和技能提升的阶段，更是参加工作后对社会生活的转变适应，科研经验积累，以及心智成熟期。科技成果研发团队青年阶段成员比例越大，说明团队越有活力，未来探索充满无限可能。

中年阶段为30岁至59岁。人才出成果时的最佳年龄是指一个人在某一领域、某一方面或学科，在当时至以后都有重要贡献，产生重要影响的发明创造、发现、科学理论、学术成果及作品或代表作时的年龄。美国专家亚当斯研究了当代4000名学者后得出，他们之中有百分之九是30岁前就出了成果，百分之五十是40岁以后。数学家的创作佳点平均年龄是37岁，化学家平均年龄是38岁，物理学家平均年龄是40岁，工程师平均年龄是43岁，生物学家平均年龄是46岁，人类学家平均年龄是47岁。可以说30至50岁是科研人员的重要产出成果阶段，我们根据这一规律，再结合当前人类身体机能不断提升和寿命的不断延长的情况，将科技成果研发团队黄金期，即中年阶段划定为30至59岁。另外，研究发现到成果出现需要一定的时间。研究显示自1901年以来，至2019年，除去中间有几个年份未颁某项奖或“二战”期间取消了颁奖，总共有616人次获奖。其中，两次获得科学奖共3人，分别是：居里夫人（1903年物理学奖，1911年化学奖）；约翰·巴丁（1956年物理学奖，1972年物理学奖）；弗雷德·桑格尔（1958年医学奖，1980年化学奖），进行了重复计算。1954年的化学奖得主Linus Pauling还于1962年获得了和平奖，因和平奖不属于科研领域范畴，故将其剔除。结果表明，所有科学奖得主取得成果的平均年龄为39.27岁，获得奖项平均需等待18.5年。具体而言，取得诺奖级成果的平均年龄，物理学、化学、生理学或医学分别是37.68岁、40.12岁、40.12岁。当他们取得成果后，需要等待18年多方能最终获得诺奖，平均年龄约为58岁。中年阶段，科研人员家庭、工作、经济状况稳定，科研技能充实，科研经验丰富，已成为科研工作的顶梁柱、中坚力量。科技成果研发团队中年阶段成员比例越大，说明团队现有研发能力越强。

老年阶段为60岁以后。俗语说“家有一老，如有一宝”，科技研发工作者随着科研工作大量历练，科研成就不一定走在世界前沿，但几十年的工作经验十分可贵，可以为年轻科技研发起到“传、帮、带”的作用。发挥老年阶段科研工作的余热，不是让老年科研工作者永不退休，奉献一生，更主要的是科研精神、科技工作经验、爱国情怀等的传承。2020年4月，在第五个“中国航天日”和“东方红一号”卫星成功发射50周年到来之际，中共中央总书记、国家主席、中央军委主席习近平4月23日给参与“东方红一号”任务的老科学家回信，“当年，你们发奋图强、埋头苦干，创造了令全国各族人民自豪的非凡成就，彰显了中华民族自强不息的伟大精神。老一代航天人的功勋已经牢牢铭刻在新中国史册上。不管条件如何变化，自力更生、艰苦奋斗的志气不能丢。新时代的航天工作者要以老一代航天人为榜样，大力弘扬‘两弹一星’精神，敢于战胜一切艰难险阻，勇于攀登航天科技高峰，让中国人探索太空的脚步迈得更稳更远，早日实现建设航天强国的伟大梦想”。科技探索永无止境，而科研工作者生命有穷时。进入老年阶段后，身体机能无法跟上青年研发团队成员，不能以夜以继日保持良好工作状态，强行加入团队的高强度工作，可能出现拖后腿情况。因此，老年阶段的团队成员，更多的是传授工作技术和经验。尽量做到：①纠正青年阶段团队成员的科研工作不足，形成严谨科学态度，尽快让青年阶段的团队成员成长起来；②传递失败经验，指导后辈少走弯路，科技发展需要自由探索，年轻人朝气蓬勃，富有创新精神和动力，老年团队成员可以将失败经验进行介绍，让年轻人走上正确科研道路；③不盲目指导科研方向，清楚长江后浪推前浪的时代发展趋势，科技一路向前发展，要相信年轻一代一定能创造比当下更大的成就，相信新一代充满无限可能，这就需要老年科研团队成员鼓励探索发展，决不能根据自己的经验臆断，而阻止探索；④科技爱国情怀传承，科学无国界，科学家却有国籍，近代百余年的外族入侵，让我们知道落后就会挨打，科技才能强国。要发展科技，关键要有科技人才，因此，留住科技人成了当前重要的课题。据不完全统计，我国 1978 年到 2018 年 12 月，出国留学的人数达到 585.71 万人。而这些留学生在毕业之后，根据美国国家科学基金会下属的科学工程、医学卫生、人文基金等权威机构的调研，显示有 79.4% 的博士生打算留在美国继续发展。可见我国高层次人才流失非常严重。科研领域的爱国教育、爱国情怀需要老一代科研人员进行传承，真实讲述自己的爱国历程，并在年轻一代科研人员中发扬光大。

6.1.2 国内外研究现状

国外学者 Milliken F J 等对于多样化团队结构所带来的多效能影响进行了实证研究，认为适当的多元化团队结构有益于团队效能的提升。Pelled L H 等以实证研究证实了团队结构多样性可能带来的积极影响。麦克沙恩和格里诺认为对于团队结构中的差异问题，同质性团队的相同价值观和专业背景更容易增强团队的高效率合作能力，而异质性团队更容易提出创新性的解决问题方案。Cleveland J N、Mayer R C、Saavedra R 等从心理学的角度，以团队管理层面的人格特征和团队多样性、团队冲突为切入点，深入探讨了团队信任度、团队相互依赖关系及异质性团队的团队创造性绩效等问题。Ancona D G 认为功能多样性尽管会提高技术研发团队某些方面的能力，但对团队有效性却也可能会有负面的影响。国内学者陈久庚通过 2001—2017 年诺贝尔科学奖的物理学、化学、生理学 / 医学 3 个奖项授予 130 人团队成员年龄和学历结构研究，认为科研团队成员年龄以“两头小中间大”的结构为佳。王思卉通过高校科研团队合作程度影响因素研究，认为性别与年龄的异质性并不会对合作造成负面影响，但没有给出最佳年龄组合。肖海论述了互补增值原理在高校科研团队建设中的应用，认为在高校科研团队的组建和培育中，若能形成合理的年龄梯队，老中青恰当结合，则可以大大提高研究的效率和质量，但没有给出具体组合方式。张崴通过研究型大学科研团队结构对团队创造力的影响研究，认为团队成员年龄和受教育水平的异质性结构对团队创造力具有负面影响。由此可见，老年阶段科研团队成员充满智慧，言行稳重，知识积淀深厚，研究经验丰富，且在学术上的感召力强，但精力有限；青年阶段科研团队成员思维灵活、观念方法新颖，干劲十足，有较充裕的时间，却缺少知识积淀和研究经验；中年阶段科研团队成员则兼具了前两者的优点，研究底蕴充实，研究方法较为成熟，对于新的观念、方法亦能较快接受，但人到中年，面临的事务繁多，时间精力不一定能保证。国内外学者主要针对自然科学领域开展年龄结构研究，极少对应用技术研究和软科学研究团队年龄结构开展研究，且未能形成统一的组合配置认同。

6.1.3 评价内容及结论

（1）基础理论科技成果团队年龄结构评价

基础理论研究需要年轻人的活跃思维和冲劲，同时要求精力旺盛。如 2016

年8月，全球首颗量子科学实验卫星“墨子号”升空，开启了全球量子通信网络的征程。一年后，利用“墨子号”量子科学实验卫星，中国率先在千公里级的空间尺度下，验证了爱因斯坦称之为“鬼魅般的远距作用”的量子力学现象。随着量子密钥分发、量子纠缠分发、量子隐形传态三大科学实验任务圆满完成，我国站在了国际量子科技创新制高点，为全球化量子通信、空间量子物理学实验检验奠定了基础，实现了从“寂寂无闻”到“全球领跑”的飞跃。作为“墨子号”卫星载荷分系统的技术中坚力量，中国科学院上海技术物理研究所量子项目组平均年龄仅33岁的青年团队，成功研制量子密钥通信机和量子纠缠发射机两项有效载荷，攻克了建立低损耗、高可靠的星地量子通信光电链路等科学难题。又如42岁的中国科学院上海营养与健康研究院研究员、中国科学院大学博士生导师潘巍峻迎来其科研生涯的“高光”时刻——带领研究团队历时6年，破解了一个公认的世界级科学难题，在国际上首次揭秘新生造血干细胞在活动物体内的归巢全过程。令人惊讶的是，做出这一成果的科研团队，其平均年龄只有27.2岁。可见基础理论研究领域中、青年阶段更具优势。基础理论科技成果团队年龄结构评价如表6-1所示。

表6-1　基础理论科技成果团队老、中、青年龄结构评价

序号	类型	大致比例	评价结果	解释
1	金字塔形	1 : 3 : 6	较好	经验丰富，中坚力量强，利于培养人才
2	腰鼓形	2 : 6 : 2	合理	利于当下开展科研，培养年轻人才不足
3	圆柱形	1 : 1 : 1	一般	能完成后续科研，不利于科研探索
4	倒金字塔形	6 : 3 : 1	有待改进	后续科研难以为继
5	其他	老、中、青三者有缺失情况等		

（2）技术应用、软科学成果团队年龄结构评价

技术应用、软科学成果涉及调研考察，需要丰富的阅历，同时技能娴熟。如三峡大坝的建造，从1919年孙中山先生在建国方略中提出修建三峡水坝，到1944年的国民党政府在抗日战争期间请水利专家来考察三峡的坝子，到新中国成立以后要成立长江水利委员会，1958年要上三峡大坝，但是觉得还不成熟，一直拖到了20世纪80年代国家才要求水利部及400多名专家讨论和论证，到1989年重新做可行性研究。最后根据论证和可行性研究，在1992年经过人民代表大会表决通过了这个项目。我国的所有工程里面没有一个项目是像三峡大坝这样经过几十年的酝酿、探讨、论证和可行性研究的。由此可知，三峡大坝的决策层面全都是各个时期的顶级生态、水利、建筑等领域的专家，且经验十分丰富，20世纪90年代400多位专家绝大多数都是院士，平均年龄60岁左右。再如美国阿波罗登月计划的灵魂人物韦纳·冯·布劳恩（1912—1977），德国工程师。他先后为著名的V-1、V-2火箭的诞生，美国第一颗卫星的发射成功，以及第一艘载人飞船阿波罗11号登上月球做出突出贡献，而美国航天飞机的研制也是自他手发端。载人飞船阿波罗11号宇航员詹姆斯·亚瑟·洛威尔（James ‘Jim’ Arthur Lovell，Jr.），阿波罗13号指令长，美国海军飞行员、试飞员，美国国家航空航天局宇航员，1928年3月25日出生于美国俄亥俄州克利夫兰，时年42岁。约翰·莱昂纳德·斯威格特（Jack Leonard Swigert，Jr.），阿波罗13号指令舱驾驶员，美国空军飞行员、试飞员，美国国家航空航天局宇航员、机械师、航空航天工程师，1930年8月30日出生于美国科罗拉多州丹佛市，时年40岁。弗莱德·华力士·海斯（Fred Wallace Haise，Jr.），阿波罗13号登月舱驾驶员，美国空军飞行员、试飞员，美国国家航空航天局宇航员、航空航天工程师，1933年11月14日出生于密西西比州比洛克西，时年37岁。由此可知，重大的技术应用决策层一般为经验丰富、技术纯熟的老年阶段科研团队成员，执行层为年富力强、技术娴熟的中年科研团队成员。技术应用、软科学成果团队年龄结构评价具体如表6-2所示。

表 6-2　技术应用、软科学成果团队老、中、青年龄结构评价

序号	类型	大致比例	评价结果	解释
1	圆柱形	1 ∶ 1 ∶ 1	较好	经验丰富、技能丰富，利于分工，实地开展调研、探索、实践、推广应用
2	腰鼓形	2 ∶ 6 ∶ 2	合理	经验、技能利于完成当下科研，不利于青年实践锻炼
3	金字塔形	1 ∶ 3 ∶ 6	一般	重大关键问题判断需要外援经验
4	倒金字塔形	6 ∶ 3 ∶ 1	有待改进	经验丰富，不利于新技能接受，缺乏青年展示机会
5	其他	老、中、青三者有缺失情况等		

6.2 职称结构评价

刚出壳不久的小鹰，不可能飞翔，更别提捕猎了，羽翼渐丰，振翅学飞，也难以捕猎，只有体格健壮的老鹰才能展翅高飞，娴熟地捕猎。但每一只小鹰都需要老鹰的带领和教学，才能有朝一日居高临下，满载而归。这正如科技成果研发团队的职称结构，高级职称需要传承学识，中级职称需要锻炼技能，初级职称需要学习本领。从全局看，职称评定是一个往复循环的过程，不断迭代的过程，既培养了一代又一代科技人才，又推进科技发展的不断前进。

6.2.1 职称等级划分

职称制度在落实党的知识分子政策，推动专业技术人才队伍建设等方面发挥了积极的作用，处理好职称与职业资格的关系、评聘关系、考核评价和资格管理，对推动我国未来各领域的发展意义深远。新中国成立以来，我国的职称制度主要经历了 1949—1966 年计划经济体制职称评定阶段，1977—1983 年职称

评定停滞与恢复阶段，1986—1994 年职称评定改革阶段，1994 年至今建设市场经济体制职称评定阶段等四个阶段。

第一阶段：解放初期至 20 世纪 60 年代中期实行的是技术职务任命制度。新中国成立初期，科研机构、高等院校绝大多数沿用了旧中国的职称制度，对原有的学术等级予以保留，对已取得的学术职务进行考核认定。20 世纪 50 年代中期，借鉴苏联对科学技术人员的管理模式，把专业技术人员归为“国家干部”序列，其职务等同于行政级别，实行任命制。同时积极探索“学衔”制度，并把其明确为“国家根据科学研究人员、高等学校教师在工作岗位上所达到的学术水平、工作能力和工作成就予以的学术职务称号”。

第二阶段：1977—1983 年实行的是技术职称评定制度。1977 年《中共中央关于召开全国科学大会的通知》指出“应该恢复技术职称，建立考核制度，实行技术岗位责任制”。邓小平同志强调“大专院校也应该恢复教授、讲师、助教等职称”，“职称”的概念由此被明确提出。随后国家把职称评定作为“尊重知识、尊重人才”的一项重要措施开展实施。1978 年国务院率先恢复了《关于高等学校教师职务名称及其确定与提升办法的暂行规定》，规定指出“原已确定提升的各等级职务一律有效，恢复名称，不须重新办理报批手续”。1979 年国务院批准卫生部颁发了《卫生技术人员职称及晋升条例（试行）》，随后又在保留原有五个学术、技术职称的同时，新增了业务职称。1983 年中央决定暂停职称评定工作、进行全面整改前，正式批准的职称暂行条例共有 22 个。

第三阶段：1986 年开始实行专业技术职务聘任制度。当时我国实行的是有计划的商品经济体制。1986 年中央决定改革职称评定，实行专业技术职务聘任制度。同年 1 月，中共中央、国务院转发了中央职称改革领导小组《关于改革职称评定，实行专业技术职务聘任制度的报告》，同年 2 月，国务院颁布了《关于专业技术职务聘任制度的规定》，至此，以实施专业技术职务聘任制为核心的职称改革工作正式展开。截至 1988 年，经批准下发的专业技术职务试行条例达 29 个。1989 年专业技术职务聘任制工作再次出现停顿，1990 年解冻，随即进入正常化、规范化的轨道。这个阶段职称评定特点是：专业技术职务不同于一次获得后终生拥有的学位、学衔等各种学术、技术称号，它具有明确的岗位职责、任职条件和任期限制，与工资待遇挂钩，所聘职务只在单位内部有效，成为集评价、使用、待遇三位一体的人事管理制度。该项制度通过资格评定给予专业技术人员以专业技术水平和能力水平的认可，同时通过岗位职务聘任，将岗位要求和技术人员的资格、待遇、责任等统一起来，并设置一定的任期保证专业技术人员的整体质量和水平，有力地调动了广大专业技术人员工作的积极性、创造性，提高了广大专业技术人员的整体素质，推动了人事制度改革走向积极方向。专业技术职务聘任制的实施吸引和选拔了大批优秀专业技术人才。

第四阶段：自1994年开始，逐步推行专业技术人员职业资格证书制度。1994年开始我国经济体制由有计划的商品经济向社会主义市场经济转变，职称制度随即开始探索与市场经济相适应的机制。继续实行专业技术职务聘任制度的同时，逐步推行专业技术人员职业资格证书制度。主要分为两类资格制度：一是依照有关法律法规的要求，在关系公共利益和人民生命财产安全的关键领域和岗位，建立实施强制的职业准入资格制度，强化对个人的资质要求；二是职业水平评价制度，在借鉴欧美发达国家做法的基础上，结合经济社会发展实际，对服务领域广阔、社会需求量大的领域，建立职业水平认证制度。职称制度和职业资格制度的建立与发展源于两个决定性文件。一是1986年1月24日，中共中央、国务院联合下发《关于转发〈关于改革职称评定、实行专业技术职务聘任制度的报告〉的通知》（中发〔1986〕3号），该通知明确指出“改革的中心是实行专业技术职务聘任制度，并相应地实行以职务工资为主要内容的结构工资制度”。这标志着我国专业技术职务聘任制度建设的开始。二是党的十四届三中全会1993年11月14日通过《中共中央关于建立社会主义市场经济体制若干问题的决定》，该决定提出“要制定各种职业的资格标准和录用标准，实行学历文凭和职业资格两种证书制度，逐步实行公开招聘，平等竞争，促进人才合理流动”。这标志着我国职业资格制度开始建立。1995年《中华人民共和国劳动法》第八章第六十九条规定：“国家确定职业分类，对规定的职业制定职业技能标准，实行职业资格证书制度，由经过政府批准的考核鉴定机构负责对劳动者实施职业技能考核鉴定。”《中华人民共和国职业教育法》第一章第八条明确指出：“实施职业教育应当根据实际需要，同国家制定的职业分类和职业等级标准相适应，实行学历文凭、培训证书和职业资格证书制度。”这些法规确定了国家推行职业资格证书制度和开展职业技能鉴定的法律依据。近几年，职称改革也在紧锣密鼓地适应新常态趋势，如 2017 年中共中央办公厅、国务院办公厅印发《关于深化职称制度改革的意见》；2019 年 2 月，人社部印发《人力资源社会保障部工业和信息化委员会关于深化工程技术人才职称制度改革的指导意见》；2019 年 7 月，人社部印发《职称评审管理暂行规定》。新常态时期对职称评定提出了一些新的要求。

6.2.2 国内外研究现状

目前，我国最新的职称系列共 30 个，各系列一般分高、中、初三级，部分系列的高级、初级又分为两档（正高级、副高级，助理级、技术员级），大致框架与欧美国家一致。因此，科技成果研发团队的职称划分比较清晰，主要有三个等级、四个层次，包括高级职称、中级职称、初级职称和其他。生延超对高校教学科研团队的结构体系及其优化策略进行了研究，教学科研人员的内在性质描述教学科研团队质的方面，如教学科研人员的学历情况（是学士、硕士还是博士）、职称结构（是初级、中级还是高级）及学缘结构（单个团队成员教学科研方面是否相近）等，这是决定一个教学科研团队能力的主要因素，可以理解为职称越高越有利于教学团队的科研能力提高。林春拓从职称改革论述了高校科研管理队伍结构，提出了刺激高校科研队伍发展的职称评审策略，但未涉及科研队伍职称结构评判问题，高校教学科研团队的结构体系及其优化策略。国内外针对科技成果团队职称结构评价相对较少，多数研究科研成果与职称晋升的关系。如袁云云等揭示了高校教师高级职称晋升难度与科研绩效压力，认为科研成果多寡是影响职称晋升的原因。王先柱等进行了职称晋升对高校教师科研绩效影响分析，认为高学历教师职称晋升级别对科研影响存在差异，高校教师的科研成果与职称级别有着紧密的联系。胡传坤研究了高校教师职称评定中业绩成果量化体系构建与探索。综上所述，国内研究几乎没有科技成果研发团队职称结构评价的相关研究。国外未发现有针对科研团队职称结构的评价文献报告，欧盟、美国、日本等发达国家和地区，从科技成果立项、研发过程到最终结题验收，全流程几乎不涉及职称，完全支持自由探索，并鼓励低职称年轻人从事科研工作。但毫无疑问，职称高者科研经验、科研成果、科研成就均较高，高职称对科研的深入开展促进作用巨大。

6.2.3 评价内容及结论

（1）基础理论科技成果团队职称结构评价

职称与年龄有一定关系，但没有必然联系，毫无疑问，职称越高，专业技术水平越高，越有利于研发成果的产生，且高职称人员水平相当，互相交流几乎无障碍，利于科研顺利进行。当然初级职称不一定代表科研能力不行，如刚参加工作的科研一般试用期或未到评定职称年限是没有职称的，不少博士学位人员科研能力突出，但职称可能未完成评定，因此，科技成果研发团队个别无职称人员不能作为影响职称结构的因素，但一个团队全为高水平人员，且无职称或职称较低可能性极低。基础理论科技成果团队职称结构具体评价如表 6–3 所示。

表 6–3 基础理论科技成果团队职称结构评价

序号	类型	评价结果	解释
1	高级职称	较好	利于工作交流和成果产出
2	高级以下职称	合理	利于工作分工和完成科研
3	中级以下职称	一般	科研及其成果自我把握能力有限
4	初级职称	有待改进	科研成果有待商榷
5	无职称	视具体情况而定	

（2）技术应用、软科学成果团队职称结构评价

与基础理论不同，技术应用、软科学需要实践调研、推广应用等环节，不少工作岗位并不需要太高的技术水平，能够客观准确开展调研、测量、仪器监测、应用软件等即可视为符合工作岗位要求，全部采用高职称反而有点大材小用。技术应用、软科学成果团队职称结构评价如表 6-4 所示。

表 6-4　技术应用、软科学成果团队职称结构评价

序号	类型	评价结果	解释
1	高级以下职称	较好	利于工作分工和完成科研
2	高级职称	合理	顺利完成工作，存在人才资源浪费
3	中级以下职称	一般	缺乏较高水平科研指导，可能需要外援
4	初级职称	有待改进	适合简单推广应用科研
5	无职称	视具体情况而定	

6.3　学历结构评价

学历是学习经历的简称，学历证书是一种锻炼经历、学习过程、经验的凭证。与学位不同，学位指的是学术水平能力的体现，可能不经过常规历练，如学生水平超常，通过考试等形式，达到一定能力水平，出现跳级情况，将获得相应的学位资质，但跳过的学习阶段，属于缺失学习的经历，不应获得相应的学历资质。学历结构是指科研团队或人才团体中具有不同学历层次人员的比例构成情况。

6.3.1　学历等级划分

就现阶段我国的教育体制而言，我国的学历教育类别按阶段可以划分为：

①小学、初中，属义务教育、基础教育阶段，还有高中。②技工学校、职业技术学校、职业中学、职业高中、高等职业学校、技师学院，属于职业教育，对受教育者实施可从事某种职业或生产劳动所必需的职业知识、技能和职业道德的教育。③中等专业学校、中等师范学校、高等专科学校（大学专科）、大学本科，属于专业教育，接受的教育是以教授专业知识为主，入学需统招，毕业办理派遣证（报到证）。④研究生，包括硕士研究生、博士研究生，以科学研究为主要方向。

随着我国教育事业的快速发展，当前，教育全面提升，大学学历各行各业随处可见。此外，科研工作需要相关的专业知识，大学学历以下要独自从事科研工作有一定的困难。因此，我们将学历评价分成三个层次：①研究生学历，包括博士研究生学历和硕士研究生学历。②本科学历。③其他学历，即通常所说的大专、中专等学历。

6.3.2　国内外研究现状

学历是否影响科技成果团队，国内外学者做了相关研究。美国著名经济学家舒尔茨在他的《人力资本论》一书中指出，人才开发假如以学历为标准，那么学历层次与脑力劳动能力的比值将有 25 倍的差距，即大学：中学：小学 =25 ：7 ：1。舒尔茨的这一公式定量论证了学历的能级差异。一般来说，学历层次高的人，才华学识尤其是专业技术要强一些。就人才群体说，高学位的比例大，标志人才群体的业务基础好。陈久庚通过 2001—2017 年诺贝尔科学奖的物理学、化学、生理学 / 医学 3 个奖项授予 130 人学历结构研究，结果认为科研团队可以考虑成员的学历是学士（大学本科）、硕士、博士及研究生，而博士具有高深的知识基础。为了增强科研团队的研究实力，博士（包括博士研究生）宜占多数，人数的比例为 60% ～ 70%。以 West W A 为代表的研究者，从管理学和心理学等角度，发现专业技能、教育背景、经验程度不同所产生的团队异质性增加了研发团队内部的冲突的可能，而这种冲突并没有给团队带来不良后果，反而促进了团队创造性意识和创造性想法的产生，有助于团队创造性地解决问题。Olcay、Kunday等根据创业动机将创业人群区分为两类，分别是机会型创业和生存型创业，相比于生存型创业人群，机会型创业人群在创业过程中会获得更高的幸福感和满足感，也更愿意去主动创业，而通常这部分创业人群都拥有较好的教育背景和高学历，即高学历团队探索新鲜事物能力更强，更有主动意识。陈晓红等（2006）发现高管人员平均学历越高，成果转化主体的成长空间及可能性越大。陈哲等通过创新型科技成果转化主体创业团队素质与公司成长性之间关系的实证研究，认为公司高管平均年龄和公司高管平均学历在一定程度上会影响公司成长性，公司高管平均年龄与公司成长性存在负相关关系，公司高管平均学历与公司成长性存在正相关关系。生延超对高校教学科研团队的结构体系及其优化策略进行了研究，教学科研人员的内在性质描述教学科研团队质的方面，如教学科研人员的学历情况（是学士、硕士还是博士）、职称结构（是初级、中级还是高级）及学缘结构（单个团队成员教学科研方面是否相近）等，这是决定一个教学科研团队能力的主要因素。由此可见，学者学历越高，越有利于团队的创新发展，有利于集体利益的提升。

6.3.3 评价内容及结论

（1）基础理论科技成果团队学历结构评价

基础理论研究主要涉及技术层面内容，学识越渊博，越有利于科研的开展。相反知识储备不足，未曾经历相应的专业知识学习，就参与研究是非常困难的，尤其是高精尖技术的研发，可能还涉及跨学科、跨领域的技术要求，学历低相对要困难得多。当然这并不是说学历低的就搞不了高精尖技术研究，这里表达的意思是学历低的团队可能要付出更大的努力，更多的时间，遇到更多的问题，才能最终完成科研任务，甚至出色地完成科研任务，但其效率相对要低。基础理论科技成果团队学历结构评价如表6-5所示。

表 6-5　基础理论科技成果团队学历结构评价

序号	类型	评价结果	解释
1	博士研究生学历	较好	利于工作交流和成果产出
2	博士研究生以下学历	合理	利于工作分工和完成科研
3	硕士研究生以下学历	一般	科研及其成果自我把握能力有限
4	本科以下学历	有待改进	科研开展可能有困难
5	无学历	视具体情况而定	

(2) 技术应用、软科学成果团队学历结构评价

与基础理论不同，技术应用、软科学需要实践调研、推广应用等环节，不少工作岗位并不需要太高的技术水平，能够客观准确开展调研、测量、仪器监测、应用软件等即可视为符合工作岗位要求，全部采用高职称反而有点大材小用。技术应用、软科学成果团队学历结构评价如表 6-6 所示。

表 6-6　技术应用、软科学成果团队学历结构评价

序号	类型	评价结果	解释
1	博士研究生以下学历	较好	利于工作分工、成果推广应用
2	博士研究生学历	合理	利于顺利科研，但具体实施应用大材小用
3	硕士研究生以下学历	一般	可完成研发，成果指导可能需要外援
4	本科以下学历	有待改进	研发效率可能较低，但有利于推广应用
5	无学历	视具体情况而定	

开展科技成果研发团队结构评价，需要综合考虑基础理论科技成果团队与技术应用、软科学成果团队的差异，同时综合考察年龄、职称、学历结构，最终给出较好、合理、一般、有待改进及其他评价结果的结论。科技成果研发团队结构评价采取年龄、职称、学历单独评价，分别给出评价结论，不再将结构评价结果进行合并。

第7章

科技成果科研产出评价

科技成果科研产出主要指科技成果研发过程及其后续应用等形成的结果。广义的科技成果科研产出是一个十分宽泛的概念，主要包括三个方面。从科研产出形式上分为有形产出和无形产出。有形科研产出包括经济产出，形成研究报告、论文、专利、标准等，新产品如新药、新品种等，培养人才，如博硕士研究生、职称晋升等，获得相关荣誉证书等。无形科研产出包括社会影响，机构声誉，团队成员通过锻炼技能提高，集体荣耀感等。从科研产出介质形式可分为直接产出和间接产出。直接科研产出包括社会、经济影响与价值，学术如报告、论文、专利、标准等，新产品如新药、新品种等，培养人才，职称晋升等。间接科研产出包括导致产业升级，产业链改变，生产力结构调整，社会变革等。从科研产出效果形式可分为积极科研产出和消极科研产出。积极科研产出包括促进社会经济发展，形成正能量的研究报告、论文、专利、标准等，新产品如新药、新品种等，培养造福社会造福人类的科研人才等。消极科研产出包括有生态污染，安全隐患，为违法犯罪提供便利或庇护，反人类等阻碍社会经济发展，或致使其倒退的产出。狭义科技成果科研产出主要为有形、直接、积极科研产出。

国内外开展科技成果产出评价研究较多。21 世纪以来，国外学者开启大学排名研究，其主要是制定科学合理的评价指标体系来评价高校的综合实力和科研产出水平。世界大学学术排名（Academic Ranking of World Universities）、美国新闻与世界报道（U.S. News World Report）大学排名、泰晤士高等教育世界大学排名（THE-World University Rankings）等是国际上具有科学性和权威性的大学排名。其中世界大学学术排名评价高校科研产出的指标有社会科学引文索引（SSCI）收录的论文数量、科学引文索引（SCIE）收录的论文数量、《自然》（*Nature*）和《科学》（*Science*）收录论文的折合数；QS 世界大学排名评价指标有教职的论文引用数量、国际教师数量、国际学生数量等，其中将教职的论文引用数量作为衡量科研产出的指标；泰晤士世界大学排名的科研产出指标有单位教职人员论文数量和被引数量。国内学者陈晓兰等采用多层 Index – DEA 模型，对我国财经类大学科研产出进行了评价，评价内容包括基金项目数、毕业生数量、发表学术论文三个一级指标，和国家自然科学基金项目（项）、国家社会科学基金项目（项）、教育部立项项目（项）、博士生毕业人数（人）、硕士生毕业人数(人)、发表SSCI论文与SCI论文(篇)、发表CSSCI刊论文(篇)、SSCI 与 SCI 论文总被引次数（次）、CSSCI 刊论文总被引次数（次）九项二级指标。潘香岑等将 WOS 论文数、被引频次、CNCI（学科规范化的引文影响力）、引文影响力、论文被引百分比（%）、高被引论文、国际合作论文数、被引论文数作为评价指标，采用均值分析、聚类分析和主成分分析评价高校科研产出。刘春丽等采用 Altmetrics 指标评价科研产出社会影响力。吴婉玲等应用 Malmquist 指数评价某医院科室科研产出效率，主要产出指标有科技项目、论文、专著、奖励、专利、兼职、平台、团队荣誉和标准制定八项指标。杨宁等从 SCI 论文数量、质量和影响力三个维度，进行了科研项目产出评价。李新荣对高校科研项目产出进行了评估，产出指标包括研究刊出论著、成果获奖、人才培养、成果所具有的经济与社会效益等研究成果，采取定性和定量结合的效益评估方法。张帆建立了面向科研机构的科研产出评价指标体系，该指标体系涉及了论文、专利、获奖等一级指标。综上所述，国内外科研项目产出的评价主要指标围绕论文、专利、标准等学术知识，国际培养学生、国内博硕等人才培养，奖励、称号等荣誉、各类科研基金支持等。

针对科技成果科研产出评价过程及结果中可能存在的问题，我们制定如下评价原则。①客观原则，所有科技成果研发产出的评价内容均为第三方提供，可追溯，可核实其真实性。②指导原则，所有科技成果研发产出内容具有正面性，符合科技成果研发团队攀登科研高峰趋势，利于指导科研服务社会经济发展。③密切关联性原则，科技成果研发产出与该科技成果密切相关，不相关或关联不紧密视为非科研产出。④向前看原则，所有科技成果研发产出的时间开始节点为该科技成果实施以来，不念过往，正视未来。前面章节我们对科技成果的社会、经济、生态，以及研发团队等评价内容、形式等进行阐述，在此不再纳入产出重复评价。基于此将有形、直接、积极的科技成果产出纳入主要考虑范围，结合《甘肃省科技成果登记办法》内容要求，形成科技成果科研产出的主要评价内容，具体涉及：①科技成果研发以来知识产权产出，如论文、专著、专利、标准、软件著作权等；②科技成果研发以来产出的新产品，如行业准入证明、新药证书、新品种证书、新产品证书等；③科技成果研发以来产出荣誉，如国家级、省级、大型集团级、行业等奖励、称号；④科技成果研发以来培养人才，如培养博硕士人才、职称晋升等。

7.1 科研产出覆盖面评价

一般认为，科技成果科研过程中产出越多，影响越大，越具备优秀科技成果的可能，充分考虑科技成果科研过程中的产出形式和内容，是客观评价科技成果的重要基点。因此，我们把科研产出的覆盖面作为一个重要评价方面，从团队科研产出的横向宽广度评价科技成果形式多样性。

科研产出形式多种多样，科研机构不同，研究领域不同均可能导致不同科研产出形式。如科研院所、高等院校主要产出是科技论文、人才培养等。高新技术成果转化主体主要产出是专利、软件著作权等。农业育种科研领域可能更注重培养新品种等。此外，科技成果研发团队获得的荣誉作为额外加分项，主要出于以下两点考虑。一是多数科研成果在开展成果评价前尚未结题，可能无法参加各种形式的奖励申报，如将其作为硬性评价项有失公允。二是科研团队及个人获得先进、劳动模范等荣誉，难以明确指向具体科研成果。科研产出覆盖面评价指标及分值具体如表7-1所示，包括知识产权、人才培养、新产品、荣誉 4 个一级指标，论文、专著等 19 个二级指标，其中其他指标为当前未纳入考虑范围，可能在未来出现的指标。采用指标打分，累加计算，并分等级定性给出评价结论。总分 10 分，额外附加分 2 分。

表 7–1　科研产出覆盖面评价指标及分值

一级指标	一级指标分值分布	二级指标	二级指标分值分布
知识产权	4	论文	0.7
		专著	0.7
		专利	0.7
		标准	0.7
		软件著作权	0.7
		其他	0.5
人才培养	3	博士	1
		硕士	0.8
		职称晋升	0.8
		其他	0.4
新产品	3	行业准入证明	0.7
		新药证书	0.7
		新品种证书	0.7
		新产品证书	0.7
		其他	0.2
荣誉	2	国际级	1
		国家级	0.5
		省级、大型集团级、行业级	0.3
		其他	0.2

注：按类型打分，单项不累加，如论文 1 篇与 10 篇均为 0.7 分。

根据指标打分累计，按分值给出科研产出覆盖面评价等级，具体如表 7-2 所示，分值小于 4 分，评价结论为一般；4 ~ 8 分，评价结论为广；不小于 8 分，评价结论为较广。

表 7-2　科研产出覆盖面评价等级

序号	1	2	3
分值	分值≥ 8	4 <分值≤ 8	分值< 4
等级	较广	广	一般

7.2　科研产出影响力评价

科研产出形式越多，覆盖面越广，科研的横向影响范围越大。科研产出成果突出，国内外影响大，则反映出科研纵向研究深度。相对而言，技术应用、软科学成果产出主要侧重在覆盖面上，基础理论科技成果产出主要侧重在影响力上。科研产出影响力涉及社会、经济、生态等层面，因前述章节进了单独阐述，这里主要针对科研产出的知识产权、人才培养、新产品、荣誉等进行影响力评价。

国内外有关科研产出影响的研究较多，主要集中于对科研机构、作者等的科研产出影响力研究。杨宁等开展了科研项目产出绩效评价研究，对 2008—2018 年 NSFC 干细胞领域资助项目产出论文影响力进行对比研究，指标包括论文数（篇）、总被引频次（次）、平均被引频次（次）、总 IF 值、平均 IF 值、学科规范化的引文影响力、前 1% 论文（篇）、前 10% 论文（篇）。李化祥对高校图书馆的科研产出影响力进行了研究，其中将图书馆受基金资助的级别作为一个重要影响力，具体分为国家级、省部级、市厅级、校级。李昊等采用 SciVal 平台研究了高校科研产出及学术影响力，以发文量排名前十占比、科研校外合作作为评价指标。刘春丽采用Altmetrics指标评价科研产出社会影响力，赵蓉英等以国际图书情报学期刊为例，从学术和社会影响力两个维度构建学术期刊影响力评价指标体系，按照象限图分析法，将期刊分为“名望”期刊、“明星”期刊、“普通”期刊和“专家”期刊4类。胡军等研究了贵州省图情学者科研产出力与学术影响力，主要评价指标为作者人数、发文数、被引篇数、被引次数、图情核心论文数。王晓艳基于SCIE评价中医药高校科研产出与学术影响力，评价指标包括年度发文量、研究方向、作者发文量排名、被引频次等。贺艳慧等基于InCites和ESI对我国16所中医药高校科研产出的论文影响力进行了评价，主要评价指标有WOS论文数、总被引频次、论文被引百分比（%）、h指数、高被引论文数等。魏雅慧等对不同身份作者的科研产出力与学术影响力进行分析，主要指标有论文数、基金论文数、被引频次和下载量。刘云等对我国高端科技人才计划资助科研产出影响力进行了评价，主要指标为SCI论文数和被引数。SIAMPI是2011年荷兰皇家艺术与科学学院（KNAW）与Rathenau Institute（荷兰）、CSIC（西班牙）、MSH（法国）和曼彻斯特大学（英国）联合成立的研究项目。SIAMPI联盟制定研究项目、研究方案和研究资助工具的社会影响力评价方法。SIAMPI的案例研究主要在4个研究领域开展，包括信息与交流技术、纳米技术与纳米科学、健康与护理研究、社会科学与人文科学。案例研究结果表明社会影响力产生的关键是科学（科学家）与社会（利益相关者）之间的互动，一旦利益相关者与科学家之间有富有成效的、高度专业化的交互，通常就会产生社会影响力。

基于国内外评价科研产出影响力的主流方向，结合甘肃科技成果项目科研产出趋势，基于评价真实性、便捷性、合理性原则，形成科研产出影响力评价指标体系。一级指标有知识产权、人才培养、新产品、荣誉4项，其中荣誉为额外加分项；二级指标有SCI论文、国内论文，博士研究生、硕士研究生，新产品国际认证、新产品国内认证，荣誉国际级，荣誉国家级，荣誉省级、大型集团级、行业级，荣誉市级及以下，共10项指标。三级、四级指标根据实际需要进行了取舍。其中知识产权具有三、四级指标，三级指标为SCI

论文中科院分区、SCI 论文他引频次、国内论文收录、国内论文他引频次；四级指标为 SCI 论文中科院分区 Q1、Q2、Q3、Q4，SCI 论文他引频次≥10 次、5 次≤他引频次＜10 次、他引频次＜5 次，国内论文 CSCD、北大核心、CSSCI 收录，其他期刊收录，国内论文他引频次≥20 次、10 次≤他引频次＜20 次、他引频次＜10 次。人才培养三级指标为国际博士研究生、国内博士研究生，国际硕士研究生、国内硕士研究生。科研产出影响力评价指标及分值如表 7-3 所示。

表 7-3 科研产出影响力评价指标及分值

一级指标及分值	二级指标及分值	三级指标及分值	四级指标及分值
知识产权，6分	SCI 论文，4分	中科院分区，3分	Q1，3分
			Q2，2.5分
			Q3，2分
			Q4，1.5分
		他引频次，1分	他引频次≥10次，1分
			5次≤他引频次＜10次，0.8分
			他引频次＜5次，0.5分
	国内论文，2分	收录，1分	CSCD、北大核心、CSSCI 收录，1分
			其他期刊收录，0.8分
		他引频次，1分	他引频次≥20次，1分
			10次≤他引频次＜20次，0.8分
			他引频次＜10次，0.5分

续表

一级指标及分值	二级指标及分值	三级指标及分值	四级指标及分值
人才培养，2分	博士研究生，1.2分	国际博士研究生，1.2分	
		国内博士研究生，1分	
	硕士研究生，0.8分	国际硕士研究生，0.8分	
		国内硕士研究生，0.6分	
新产品，2分	新产品国际认证，2分		
	新产品国内认证，1.5分		
荣誉，2分	荣誉国际级，2分		
	荣誉国家级，1.5分		
	荣誉省级、大型集团级、行业级，1分		
	荣誉市级及以下，0.5分		

注：①所有影响力指标取高不取低，如SCI中科院分区，多篇出现不同分区，取高分区；
②他引频次指单篇最高值。

将科研产出影响力分成三个等级，根据表7-3进行一级指标分值累加。累加分值小于4分，评价结论为一般；4～8分，评价结论为大；不小于8分，评价结论为较大。具体科研产出影响力评价等级如表7-4所示。

表7-4 科研产出影响力评价等级

序号	1	2	3
分值	分值≥8	4≤分值＜8	分值＜4
等级	较大	大	一般

7.3 科研产出价值度评价

科研产出包括众多领域，内容繁多，形式多样，价值评价难以一蹴而就，为此前面章节进行了科技成果价值的多层剥离，依次进行了相应的评价，如社会、经济、生态效益的评价，科技论文研究深度的评价等。众所周知，科研产出价值主要集中在最直接、最直观的有形产品中。产品价值是由产品的功能、特性、品质、品种与式样等所产生的价值。它是顾客需要的中心内容，也是顾客选购产品的首要因素，因而在一般情况下，它是决定顾客购买总价值大小的关键和主要因素，因此产品价值是由顾客需要决定的。在市场经济发展的今天，产品能否获得市场份额，能否展现在顾客面前，有一个重要的前置条件，即是否存在专利侵权。因此科研产出价值度评价核心在产品，而产品的核心在专利，当然这里主要针对基础理论研究成果和技术应用研究成果而言，软科学研究成果极少在产品中体现。

基于上述分析，我们将科研产出价值度评价集中在专利价值度评价上。影响专利价值的因素有很多，《专利资产评估指导意见》的第二十一条至第二十三条指出，专利资产评估应当对影响专利资产价值的法律因素、技术因素和经济因素分别进行分析。当前，多数专利价值评估体系正是从法律因素、技术因素和经济因素这三个基本因素考虑，形成评价专利价值的综合指标。如吴蕊等构建了专利价值度指标体系，专利价值度指标体系包括法律价值度、技术价值度和经济价值度三个一级指标，包括定性不可规避性、依赖性、权利要求的保护力度、专利侵权可判定性、有效期、专利许可状况、多国申请、技术先进性、技术发展趋势、适用范围、可替代性、配套技术依存度、技术成熟度、市场应用、市场前景规模、市场占有率、竞争情况、政策适应性18个一级指标，并通过专利价值度指标体系评分表进行打分，总分为100分。白英晨也进行了专利价值评价指标体系研究，具体包括指标权利要求数、IPC分类号宽度、同族专利数量、说明书页数、技术先进性、专利寿命、引证其他专利数量、科学关联性、多国申请情况、许可与转让情况、涉及诉讼情况、被引证次数、家族被引证次数共13个评价指标，根据出现频次及经验确定专利价值评价指标体系中各指标的权重，再结合各项指标数据情况的分数评定，通过计量模型进行综合打分，最终得出专利价值的综合得分。温明等利用模糊数学方法构建立了一种专利价值综合评价模型，构建了专利技术的领先程度、专利技术的产业化能力、专利保护的充分性、专利权的防卫性、专利的稳定性5个一级指标，专利的技术创新度、在同类产品的竞争力、专利第n年的存活率、国际专利数量、专利技术成熟度、专利技术产业化可行度、专利市场开发风险抵御力、预期市场占有率、权利要求数、专利权的宽度、专利的保护期剩余、专利的层次合理性、对技术秘密的控制力、专利产品的市场供求适应性、专利技术的不可替代性共15个二级指标。伊惠芳基于文献分析确定可评价专利价值的计量指标，包括专利同族、专利发明人、专利寿命、权利要求、专利权人、专利IPC、施引专利、引用专利、引用非专利文献等9个指标，引入时间序列，选取熵权法计算各评价对象的指标初始权重，结合指标贡献度修正权重，最后利用多属性决策方法识别出高价值专利。综上所述，有关专利价值度的评价指标大同小异，不少存在关联及可替代关系。

我们依据《专利资产评估指导意见》对影响专利资产价值的法律因素、技术因素和经济因素三个层面进行全面考虑，结合当前国内外专利价值度指标主流，形成以下评价指标体系，如表7-5所示。

表7-5　科研产出价值度评价指标体系

	一级指标及分值	二级指标及分值
科研产出价值度评价指标体系，10分	技术稳定性，10分	是否为发明专利，10分
		是否有过诉讼行为发生，10分
		其他

续表

	一级指标及分值	二级指标及分值
科研产出价值度评价指标体系，10 分	技术先进性，10 分	专利全球被引用次数，10 分
		同族专利在全球被引用次数，10 分
		涉及 IPC 小组数，10 分
		研发人员投入人数，10 分
		是否发生转让，10 分
		其他
	保护范围，10 分	权利要求项数，10 分
		有效期剩余天数，10 分
		申请专利布局国家数，10 分
		其他

上述科研产出价值度评价指标体系中的“其他”为暂未纳入指标体系，未来可能成为重要影响因素的指标。所有指标采用加权平均方式计算，因此增加指标将会降低同组指标权重，但并不影响总体指标分值。通过层层加权平均计算，得到最后的科研产出价值度评价等级，具体如表 7-6 所示，分值小于 5 分，评价结论为一般；5 ～ 8 分，评价结论为高；不小于 8 分，评价结论为较高。

表 7-6　科研产出价值度评价等级

序号	1	2	3
分值	分值≥ 8	5 ≤分值＜ 8	分值＜ 5
等级	较高	高	一般

具体评价某一科技成果团队的科研产出价值度时，需要综合辨析，抓关键核心专利。如当前航空飞行装置，其关键核心技术主要在动力系统、电

子系统、安全性能，即发动机，通信、操控系统等，因此评价类似成果的科研产出价值也要从这个方面着手，而不应纠结飞机的外观、颜色等的专利价值。

7.4 知识产权明晰度评价

有学者考证，知识产权一词最早于17世纪中叶由法国学者卡普佐夫提出，后为比利时著名法学家皮卡第所发展，皮卡第将之定义为“一切来自知识活动的权利”，直到1967年《世界知识产权组织公约》签订及世界知识产权组织成立，该词随之在国际社会流传开来。知识产权主要指“权利人对其智力劳动所创作的成果和经营活动中的标记、信誉所依法享有的专有权利”，也称知识所属权、智力成果权、智慧财产权，该权属一般只在有限时间内有效。知识产权从本质属性上看是一种无形财产权，其客体是智力成果（知识产品），为一种无形财产或者一种没有形体的精神财富，是基于创造性的智力劳动所创造的劳动成果。知识产权与有形财产一样都受到国家法律的保护，甚至比有形财产具有更高的价值和使用价值，如核心专利、商业秘密等多数为非卖品，其价值无法估量。知识产权是在科学技术、文学艺术等领域中，发明者、创造者等对自己的创造性劳动成果享有的专有权。其范围包括专利、商标、著作权及相关权、集成电路布图设计、地理标志、植物新品种、商业秘密、传统知识、遗传资源及民间文艺等。

正因为知识产权与有形资产权属的差异巨大，它表现出一系列与众不同的特性。①专有性。即独占性、垄断性、排他性，除权利人同意或法律另有规定外，权利人以外的任何人不得享有或使用该项权利。这表明权利人独占或垄断的专有权利受严格保护，不容他人侵犯。只有通过专利权管理部门的“强制许可”“征用”等，才能变更权利人的专有特权。知识产权的客体是人的智力成果，既不是人身或人格，也不是外界的有形物，所以知识产权既不属于人格权也不属于泛指的财产权。另外，知识产权是一个完整的权利，只是作为权利内容的利益兼具经济性与非经济性，因此也不能把知识产权说成是两类权利的结合。例如说著作权是著作人身权（或著作人格权、精神权利）与著作财产权的结合，是不对的。知识产权是一种内容较为复杂（多种权能），具经济的和非经济的两方面性质的权利。因而，知识产权应该与人格权、财产权并立而自成一类。②地域性。知识产权的使用只在所确认和保护的地域内有效，除签有国际公约或双边互惠协定外，经一国法律所保护的某项权利只在该国范围内发生法律效力。所以知识产权既具有地域性，在一定条件下又具有国际性。③时间周期性。即在法律规定的时间范围内是受保护的。各地域法律对各项权利的保护，都规定有一定的有效周期，各国法律对保护期限的长短参差不齐，长短不一，只有参加国际协定或进行国际申请时，才对某项权利有统一的保护期限。④绝对权性。在某些方面类似于物权中的所有权，例如是对客体为直接支配的权利，可以使用、收益、处分及为他种支配（但不发生占有问题），具有移转性（包括继承）等。

知识产权所固有的特性均边界清晰，因此在产权保护周期范围内涉及知识产权覆盖、交织等情况，即出现了侵权问题。当前，知识产权侵权行为的构成仍是学者们争议比较多的问题。有学者从一般民事侵权行为构成的四个方面，阐述了知识产权侵权行为的构成：①关于违法性问题。这是知识产权侵权行为一个重要的构成要件，虽然在学术界不少学者在研究违法性是否应独立地成为侵权的构成要件，但至少在知识产权侵权领域，违法性这个要件是必不可少的。②关于损害既定事实问题。在一般民事侵权理论侵权的构成中，无论是三要件说、四要件说还是五要件说，都认为损害既定事实是民事侵权的构成要件之一。然而不少学者认为在知识产权侵权构成中，损害事实（结果）已经不再是必需的构成要件，这也是知识产权侵权行为与一般民事侵权行为的不同点之一。③关于因果关系。这是一般民事侵权理论中，民事侵权行为的必备要件，但由于有些侵犯知识产权的行为并不要求有损害后果，因此只有对造成损害后果的知识产权侵权行为，需要确定侵权人所应承担的责任大小时，因果关系的认定才有意义。④关于主观要件。构成一般民事侵权行为的要件之一是加害人主观上具有过错，但在知识产权侵权行为的构成并不是以主观过错为必备要件。我国的专利法第 63 条第 2 款、商标法第 56 条第 3 款均确立了无过错的侵权责任。从以上的立法例中可以看出，即使行为人是无过错的，也应承担侵权责任，只不过其承担的侵权责任要比有过错的轻，有过错的行为人除承担停止侵权、销毁侵权产品、消除影响等的侵权责任外还要承担损害赔偿责任。

根据科技成果评价经验及科研机构提供的产出内容看，尽管科研产出形式多样，但科研产出知识产权涉及商标、集成电路布图设计、地理标志、植物新品种、商业秘密、传统知识、遗传资源、民间文艺等形式极少。基于此，科技成果研发团队产出可能涉及的知识产权问题主要在专利权和著作权两个方面。科研产出的作品主要指文学、艺术和科学领域内具有独创性并能以某种有形形式复制的智力成果，具体包括文字作品，口述作品，音乐、戏剧、曲艺、舞蹈、杂技艺术作品，美术、建筑作品，摄影作品，电影作品和以类似摄制电影的方法创作的作品，工程设计图、产品设计图、地图、示意图等图形作品和模型作品，计算机软件及法律、行政法规规定的其他作品。我们这里评价的科研产出著作权涉及以论文、专著等为主的文字作品。

基于上述分析，我们得出科研产出知识产权明晰度评价的主要对象为专利、论文和专著，其中专利知识产权问题在科技成果转化风险评价中阐述。论文和专著的知识产权评价，主要从论文的重复率结合刊出时间比较，是否存在排序、学术不端举报等争议两个方面来开展。具体科研产出知识产权明晰度评价指标及结果如表 7-7 所示。

表 7–7　科研产出知识产权明晰度评价指标及结果

一级指标	二级指标	三级指标	评价结果
论文	重复率 + 刊出时间	重复率≤ 5% 或刊出时间先于对比文献	产权明晰
		5% ≤重复率＜ 20% 且刊出时间晚于对比文献	产权明晰度不明
		重复率≥ 20% 且刊出时间晚于对比文献	产权不明晰
	是否有争议	无争议	产权明晰
		排序争议	产权不明晰
		学术不端举报	产权不明晰
专著	重复率 + 出版时间	重复率＜ 5% 或刊出时间先于对比文献	产权明晰
		5% ≤重复率＜ 20% 且刊出时间晚于对比文献	产权明晰度不明
		重复率≥ 20% 且刊出时间晚于对比文献	产权不明晰
	是否有争议	无争议	产权明晰
		排序争议	产权不明晰
		学术不端举报	产权不明晰

注：以上指标为已刊发出版的论文、专著。

将科研产出知识产权明晰度评价结果分为三个等级，为产权明晰、产权明晰度不明、产权不明晰。进行科研产出知识产权明晰度评价时，采用一票否决和短板原则，即出现任何一项产权不明晰或产权明晰度不明，即为知识产权存在问题，评价结果为产权不明晰或产权明晰度不明。科研产出知识产权明晰度评价等级具体如表 7-8 所示。

表 7-8　科研产出知识产权明晰度评价等级

序号	1	2	3
等级	产权明晰	产权明晰度不明	产权不明晰

第 8 章

科技成果转化风险评价

随着科技发展的日新月异，大量科技研发过程中产生的成果需要市场化，即科技成果实现社会经济价值，一方面推动社会经济发展；另一方面体现科技价值，这就是科技成果转化。科技成果转化的概念可分为广义和狭义两种。

广义的科技成果转化涉及各类成果的应用，如促进劳动者素质的提高、技能的加强、效率的增加等。因为科学技术是第一生产力，而生产力包括人、生产工具和劳动对象。因此科学技术这种潜在的生产力要转化为直接的生产力，最终是通过提高人的素质、改善生产工具和劳动对象来实现的。从这种意义上讲，广义的科技成果转化是指将科技成果从创造地转移到使用地，促进使用地劳动者的素质、技能或知识得到增加，劳动工具得到改善，劳动效率得到提高，进而社会经济得到发展。广义的科技成果转化至少包括且不限于以下几个层面。①科技成果潜在价值大。不管是基础研究还是应用技术研究成果能够实现成果转化，其本身必定存在着极大的潜在社会、经济、生态等价值，能够吸引市场、政府等资金融入，具有当下或长远的巨大的理论或现实价值，如暗物质探索、量子探索等基础研究科技成果转化的高能粒子对撞、墨子号升空等需要巨大的投入，其价值绝非眼前利益，未来可期的科技理论突破和潜在经济价值才是成果转化的驱动力。②科技成果具有转化可能。科技成果转化需要技术准备、人才储备、资金投入、管理协调，甚至全球协作等。如当前全球最先进的光刻机，荷兰 ASML 公司极紫外线（EUV）光刻机，可完成 5 nm、7 nm 芯片加工的光刻机。该光刻机没有一个国家能凭借自身科技力量完成制造，即便公布其机械图纸，多数国家都无法复制，因为材料学、光学等领域的基础研究储备不足。极紫外线（EUV）光刻机使用了全世界各领域的尖端技术，如美国的光源设备和技术，德国蔡司的镜头组件，以及日本生产的部分零配件，而这些设备和零配件均为商业秘密。资金投入来自全球芯片加工和使用巨头，有中国台湾台积电、韩国三星、美国英特尔等公司等。③科技成果转化具有市场需求。这里指的市场不仅仅指狭隘的经济市场，还包括社会发展公益需求，人类好奇心需求，人文关怀需求等，如月球、火星等星球深空探索技术成果转化，绝大多数是国家买单，部分还有科技探索公益基金投入。

狭义的科技成果转化实际上仅指技术成果的转化，即将具有创新性的技术成果从科研单位转移到生产部门，促使新产品增加，工艺改进，效益提高，最终集中体现在经济发展。它的主要特征在于科技与经济的结合、科技与社会的一体化，突出强调已有科技成果的首次商业化应用、产业化生产和社会化普及。狭义成果转化主要有两个关键环节，第一个环节是对实验室取得的小试成果进行研究开发，进而完成中间试验，使之变成生产上可以直接采用的成熟技术；第二个环节是将该成熟技术进行规模应用，形成富含科技成果附加值的产品。我们通常所说的科技成果转化大多指这种狭义上的转化。如何婷婷等认为科技成果转化工作是科学技术工作和经济工作的重要内容，也是科技与经济相结合的过程。在当代，经济的竞争愈来愈表现为科学技术的竞争，是科技成果（特别是高技术成果）转化的数量、质量、速度的竞争，归根结底是科技成果商品化、产业化程度及其市场占有率的竞争。加速科技成果转化，增强科技服务于经济的功能，促进经济增长方式的转变，已成为当前科技工作的一项战略任务。

当前，不论是政府、行业、科研院所，还是民间所述科技成果转化均为狭义的科技成果转化。根据狭义科技成果的转化次序，我们将转化过程分为 4 个阶段。①市场预测确定科研目标阶段。这一阶段是科研的基础研究阶段，没有市场的科技成果是没有生命力的，也不可能转化为生产力。可见狭隘的科技成果转化倒逼科研的经济目的性，一切以支持经济发展或获得经济支持的科研限制并改变了科研自由探索的本来面目，而失去自由生长的科研环境可能进一步禁锢科研人员的思维，这可能是一个恶性死循环。②科技成果的产生阶段。这一阶段是研究开发阶段，该阶段是从以市场为目的确立研究开发项目开始，或是从将应用研究成果开发成市场的产品开始，即小试、中试阶段，这是风险最大的阶段，只有形成较为合格的产品雏形，才算基本上完成这一阶段的任务。③科技成果的转移阶段。这一阶段是中间试验和工业化试验阶段。此阶段是从产品的雏形到完成产品小批量生产为止，或者说完成生产工艺的可行性论证。这一阶段是科技成果转化的关键阶段，如能顺利地迈过这一阶段，产业化、规模化生产的前景值得憧憬。④科技成果的使用阶段。这一阶段是规模化生产阶段，也就是最终完成科技成果产业化的阶段。此阶段主要任务是不断地开拓市场，不断地扩大生产，同时还要为产品的技术功能更新换代做准备。

科技成果转化风险来源于转化过程的影响因素，科技成果转化主要受所在转化地影响较大，比如政策法律、风俗习惯等，为此，这里科技成果转化影响因子主要参考国内相关研究情况。石善冲等采用主成分分析筛选了影响科技成果转化的关键因素，并形成了影响科技成果转化因素体系。一级指标为科技成果商品质量因素、动力性因素、政策因素。二级指标包括成果的成熟度实用性、先进性，成果的效益，成果的生命周期，中间试验能力，成果供方的科技能力，资金保障程度，成果的配套度，信息的及时性充分性，技术市场的完善程度，国内外技术发展趋势，本地区的科技水平，科技人员数量及其构成，市场竞争程度，经济环境，管理决策水平，科技政策，金融政策，政策的稳定性、连续性，人才政策。冯锋等运用扎根理论研究方法，分析了高校科技成果转化机会的影响因素，提出影响转化机会的六大因素，阶段性、成果属性、中介、风险（研发失败，市场、知识产权威胁）、各主体投入及关系、环境。杨登才等认为中国高校科技成果转化受三方面因素影响。①主体因素。技术供体——高校。高校中人、财、物等多种因素均会对高校科技成果转化效率产生重要影响。技术受体——成果转化主体。影响高校科技成果转化的因素由多个子系统构成，其中产业需求子系统是非常重要的一方面，成果转化主体的技术创新能力决定了成果转化主体对于所引进技术的吸收消化能力。政府——中央和地方政府。政府在科技成果转化过程中扮演着非常重要的角色，政府既是科技成果转化的领导者，也是科技成果转化的主要参与者。②客体因素，科学技术。科学技术是科技成果转化的客体，也是科技成果转化的核心，一切科技成果转化活动都是围绕着科学技术本身展开。随着科技发展水平的不断攀升，技术作为商品开始逐渐在商业市场上流通和转化。地方的主要经济发展方向不仅对地方生产总值产生重要影响，同时对高校及科研院所的研究方向、成果转化主体发展定位目标及科技成果转换率产生不可忽视的重要作用。尤其高校因与地方经济发展紧密相连，因此能够把握地方经济发展的最新动态及成果转化主体需求，研发并转化具有地方特色的科技成果。③环境因素。区域经济发展水平、高等教育发展水平、信息化程度及社会风气 4 个主要方面的指标反映了社会环境因素对于科技成果转化效率的影响。王佳江等研究了农业科技成果转化的障碍因素，认为农业生产具有地域性强的特点，对于地域的气温、湿度、土壤、光照等客观条件有严重的依赖性，是农业科技成果难以大范围推广的主要原因之一。冬去春来、年复一年的农业生产模式，导致农业必然不会是快速获得收益的产业，因此，对于农业生产来讲，难以快速实现商业化价值，也是农业科技成果向现实生产力转化困难的因素之一。农业科技成果在转化时，也表现出稳定性差的特点，主要还是靠天吃饭，如旱、涝、大病害、虫灾等都是不可抗拒的影响因素，缺乏对生产安全进行保障的有效途径，故而其生产投资中也存在着风险过大的问题。苏建军等研究了西安市科技成果转化中金融支持的制约因素。①政策因素，认为政府是科技创新的主要推动者，而政策的作用就是为科技创新提供适宜的温度与环境，政府的科技政策、产业政策和税收政策等都会对科技创新成果的多寡及转化产生重大影响。②机制因素，科技创新需要良好和完善的机制体系支撑。但西安目前各类促进科技创新的机制还不完善，即促进科技创新的激励机制还不完善和规范。政府在税收优惠、财政补贴、科技成果认定、科技成果利益分配等政策还不够细化，具体操作性不强，难以有效激发高校、科院院所和成果转化主体的科技研发和转化积极性。③市场因素，市场是连接科技创新成果供需双方的通道，也对科技创新起着决定性作用，有市场，科技创新成果才容易被转化，且能取得不俗的经济与社会效益。在西安市场的作用没有得到充分发挥，供需双方对接不畅，服务平台少，科技创新成果得不到快速有效流通和应用。④金融因素，科技金融服务覆盖面有待扩大。证券公司、金融租赁公司、小额贷款公司等融资服务参与不活跃，尚未充分调动各类金融机构的积极性，科技金融服务覆盖程度低，与其他城市相比，多渠道支撑科技成果转化主体创新创业发展的合力不足。储蓉月认为科技成果转化的影响因素主要有科技创新成果转化的主动性、开放性不足，科技创新成果转化的调适机制欠缺，科技创新成果转化的沟通机制不健全，政策和制度层面的引导弱化。汪志波等认为烟草科技成果转化的影响因素包括行业和成果转化主体两个层面，具体有行业科技成果转化政策不够健全，行业缺少科技成果获取、转让和许可的渠道，行业缺乏有效的科技成果转化、推广激励机制，科技成果转化制度不够健全，转化引导力度不够，缺乏对科技成果所涉及技术的进一步改进和研究，对科研人员的绩效评价、考核、激励机制存在不利于成果转化的方面，成果转化主体缺乏科技成果转化的专职科技人才，科技成果的验收评价机制不健全，科技成果涉及的核心技术不够成熟，难以直接进行转化。综上所述，各行业、各领域的科技成果转化的影响因素主要有成果技术、政策法律法规、市场价值前景、转化的激励机制，其中激励机制有政策层面因素，也有成果拥有机构的激励不足层面因素。

科技成果成功转化涉及各方面、各要素，各方形成合力才能促进从实验室雏形到工业化落地，最后到经济效益的产出。为在诸多影响科技成果转化的因素中选择关键风险的主体，准确评判风险等级，我们制定了科技成果转化风险主体的选择原则。①风险真实性。风险已成为现实，客观存在，风险近在眼前，即将发生，只是时间长短问题；存在潜在风险，可能发生，也可能不会发生，这是风险评价的难点和关键点，如煤炭开采一定有塌方、瓦斯爆炸的潜在风险，海洋原油开采也存在原油泄漏的生态风险，这些都是真实存在的可能。②风险可预见性。这里的可预见性指在正常情况下预见，即正常事物发展轨迹下的可能风险。突发性、天灾性等不可抗力因素不作为预见性的范畴，如转化成果遭到违法犯罪的破坏，转化成果遭遇突发地震、火山毁灭等情况，均不作为风险评价指标。③风险可衡量性。成果能否转化与是否有风险无关，往往风险与收益共生，且存在正向关系，即风险越大，往往收益越高。科技成果转化与否与风险等级有关，低风险与100%风险等级会有截然不同的转化选择。因此风险等级可以衡量显得十分关键，无法衡量的风险也不作为风险评价的指标。

根据国内科技成果转化的关键影响要素研究，结合科技成果转化风险主体的选择原则，我们将技术风险、政策风险、法律风险、市场风险作为科技成果转化风险评价的主体。

8.1 技术风险评价

科技成果转化的技术风险来自两个方面。一是科技成果技术本身，是否技术过于超前，太超前技术转化需要开发新的配套技术、设备等，容易造成科技成果转化周期过长，投资过大，不确定性增加，最终导致转化失败。前述章节“科技成果技术成熟度评价”章节已将科技成果自身技术转化风险进行了评价，此处不再赘述。二是科技成果技术之外的技术风险。主要包括技术更新风险和技术替代风险两方面的技术风险。

8.1.1 技术更新风险

随着社会经济的高速发展，大量资金进入科技领域，促进科技研发的加速，这就导致了多数科技成果进入快车道推陈出新，更新速度越快，风险越大。主要原因是科技成果转化需要时间，包括资金准备，办理相关行业准入，工厂规模生产，市场推广等一系列流程。部分事项需要较长时间，如办理行业准入、市场推广，绝不是一天两天能完成的工作。可能出现科技成果转化还没有上市，新技术已经出现，这将导致科技成果转化的失败。如IT行业的移动网络通信技术成果转化。1992 年在杭州开建 2G（GSM）实验测试网络，1994 年首次开通正式运行；2001 年开始推出 2.5G（GPRS）；2004 年推出 2.75G（EDGE）；2007 年推出 3G（TD-SCDMA）测试，2008 年正式放号；2013 年推出 4G 网络；2018 年 2 月在世界移动通信大会召开前夕，沃达丰和华为宣布，两公司在西班牙合作采用非独立的 3GPP 5G 新无线标准和 Sub6 GHz 频段完成了全球首个 5G 通话测试。2019 年 6 月 6 日，我国工信部正式向中国电信、中国移动、中国联通、中国广电发放 5G 商用牌照，中国正式进入 5G 商用元年。我们把 2.5G、2.75G 都归到 2G 网络，2G 到 3G，3G 到 4G，4G 到 5G，几乎每 6 年一个技术革新，实现技术的彻底飞跃。华为第一个实现了 5G 的商用，如完全实现全球自由竞争，无政治因素干扰，其他成果转化主体如 Ericsson、Nokia、Samsung 等进行同样技术的成果转化必将面临巨大风险，很难与华为抢夺全球 5G 市场，同时极有可能成果未完全转化，华为已出现 6G、7G 等新通信技术突破。

8.1.2 技术替代风险

不可替代的技术将形成技术垄断，尤其是高精尖的垄断技术，想加入竞争成本太高，需要大量的人力、物力投入，这种完全垄断技术几乎不存在替代风险。当今全球化趋势越来越明显，绝大多数技术都具有可替代性，尽管技术性能不同。替代技术指的是用不同方法实现同一功能的技术。当替代技术完全能实现同样功能，同时在可靠性、成本等方面又更胜一筹时，科技成果转化的技术风险就会加大。另外，当现有的替代技术还没有达到上述程度时，也要预测替代技术的发展趋势，是否很快就会对该技术构成威胁。如我国的国产自主品牌汽车发动机研发成果，历经几十年的发展，从设计、材料、加工工艺等方面取得了众多科研成果，能够自主生产发动机整机，一直没能实现大规模的研发成果转化，其关键在于市面上可替代且更优秀的发动机大量存在。吉利、长城、长安、奇瑞国产品牌，采用技术合作，挖掘技术人才，对国外成果转化主体收购等方式进行了全方位的发动机研发追赶。即便如此，生产的发动机在最大马力、最大扭矩、峰值扭矩转速区间、油耗等综合关键指标上仍存在较大差距。因此，国产品牌汽车发动机成果技术进行转化，将难以获得相应的市场份额，风险巨大。科技成果转化技术风险评价指标体系及评价结果如表 8-1 所示。

表 8-1　科技成果转化技术风险评价指标体系及评价结果

一级指标及权重	二级指标及分值	评价结果
技术更新风险，1	高速更新，1 分	高风险
	中速更新，0.5 分	中风险
	更新慢，0 分	低风险
技术替代风险，1	有其他相同技术性能并已转化，1 分	高风险
	有其他相同技术性能但未转化，0.5 分	中风险
	其他技术性能较差，0 分	低风险

术业有专攻，尤其是涉及技术领域的知识更应该由专业人士来完成，科技成果同行专家深谙领域技术，了解技术市场发展趋势，因此，同行专家是进行科技成果转化技术风险评价的最佳人选。同行专家依据科技成果转化技术风险评价指标体系，进行风险评价，评价选择取高原则，即技术更新风险、技术替代风险任何一项出现高风险，即认为该科技成果转化具有高技术风险。科技成果转化技术风险评价等级具体如表 8-2 所示，分值小于 0.5 分为转化技术低风险，分值不小于 0.5 分且小于 1 分为转化技术中风险，分值不小于 1 分为转化技术高风险。

表 8-2　科技成果转化技术风险评价等级

序号	1	2	3
分值	分值≥ 1	0.5 ＜分值≤ 1	分值＜ 0.5
等级	高风险	中风险	低风险

8.2 政策风险评价

政策风险是指因某一国家或地区宏观社会经济政策（货币政策、财政政策、行业政策、地区发展政策等）发生变化，导致市场价格波动、投资趋势变化等而产生风险。在市场经济条件下，受制于价值规律和竞争机制，各成果转化主体争夺市场份额，都希望获得更大的社会经济活动自由，因而可能会触犯国家的有关政策红线，而国家政策又对成果转化主体的行为具有强制约束力。另外，国家在不同时期可以根据宏观环境的变化，依据相应的标准适时改变政策，这必然会冲击并改变成果转化主体原有既定发展路线，影响其经济利益。因此，国家与成果转化主体之间由于政策的存在和调整，在经济利益上会产生矛盾，从而产生政策风险。

科技成果转化政策风险主要是指社会经济政策变化，导致科技成果被迫禁止转化、停止转化、转化成本大增等的风险。因此，科技成果转化与国家或地区的社会经济发展态势密切相关。2013 年 11 月党的十八届三中全会提出全面深化改革，时至今日，我国仍然处在各领域不断深化改革的时期。2019 年以来，中美经济贸易摩擦越来越严重。此外，2020 年初以来，新冠病毒已引发全球大感染，截至 2020 年 7 月 31 日，已导致全球 1740 多万人出现发烧、呼吸困难，超过 67 万人死亡。除了出现大量的家破人亡外，还导致全球大量人员失业，经济发展倒退。2020 年 4 月 14 日，国际货币基金组织（IMF）发布的最新《世界经济展望报告》中预测，由于新冠肺炎全球大暴发，2020 年全球经济将萎缩 3%，衰退程度将远超 2008—2009 年全球金融危机期间的经济下滑。国际货币基金组织在报告中估计，以购买力平均值计算，占全球 GDP 约 70% 的国家中，很大一部分将陷入衰退。发达经济体 2020 年的产出预计将萎缩 6.1%；较贫穷国家的产出预计将下降 1%。欧洲央行调查数据显示，2020 年上半年全球经济史无前例的收缩已经触底，而谨慎的消费者行为表明，未来增长势头疲弱。据法新社 2020 年 7 月 31 日报道，欧洲统计局当天宣布，欧元区第二季度国内生产总值（GDP）出现有记录以来最大降幅，达 12.1%。德国政府的经济专家委员会当天公布几种预测，由于新冠病毒危机，2020 年德国国民生产总值将大幅收缩 2.8% 至 5.4%。2020 年 7 月 29 日，美国商务部发布的数据显示，美国 2020 年第二季度国内生产总值（GDP）下滑 32.9%，是过去两个世纪以来美国所遭遇的最严重的经济衰退。基于这种国际社会经济发展的大环境，我国社会经济政策变化可能一直在路上，这为科技成果转化政策风险的评价增加了难度。

科技成果转化成功与否，最突出地表现在经济价值的获取，经济政策如产业发展政策、财政政策、货币政策的变化将是科技成果转化的主体风险。

8.2.1 产业政策风险

产业政策是国家或地区针对某一产业发展的指导意见，其变化对科技成果转化影响巨大。如甘肃清洁能源科技成果近几年的转化问题就是一个经典案例。2006 年 9 月 4 日，建设部、财政部颁布《可再生能源应用专项资金管理暂行办法》。2007 年 9 月，国家发改委颁布《可再生能源中长期发展规划》。2009 年 3 月，财政部发布《太阳能光电建筑应用财政补助资金管理暂行办法》。2012 年 1 月，财政部、科技部、国家能源局联合发布《关于做好 2012 年金太阳示范工作的通知》。所有政策文件均支持光伏太阳能清洁能源的大力发展。于是，甘肃大力上马光伏太阳能，其中 2012 年还新增了华电新能源公司民乐县 9 兆瓦光伏发电项目，民勤红沙岗 9 兆瓦并网光伏发电项目，武威市凉州区丰乐镇 9 兆瓦并网光伏发电项目，酒泉阿克塞正泰 10 兆瓦光伏并网发电项目，民乐县羊湖滩 9 兆瓦并网光伏发电项目，中国水电集团新能源开发公司凉州区 50 兆瓦并网光伏发电项目等 6 个大型光伏项目。

然而，政策风云突变。2012 年 11 月，财政部办公厅、科技部办公厅、住房城乡建设部办公厅、国家能源局综合司联合发布《关于组织申报金太阳和光电建筑应用示范项目的通知》。5 个月不到，2013 年 3 月，财政部向各省市自治区财政厅下发《财政部关于清算金太阳示范工程财政补助金的通知》，要求对 2009—2011 年金太阳项目中已完工且并网的项目按补贴标准清算，而对未及时完工或发电的项目则取消示范，收回预拨资金。2013 年 7 月，国务院发布关于促进光伏产业健康发展的若干意见，明确提出“抑制光伏产能盲目扩张”。2014 年 10 月 28 日，国家能源局发出《关于规范光伏电站投资开发秩序的通知》，提出“制止光伏电站投资开发中的投机行为”“严肃处理光伏电站开发中的违法违规行为”等要求。2015 年 11 月 10 日上午，中共中央总书记、国家主席、中央军委主席、中央财经领导小组组长习近平主持召开中央财经领导小组第十一次会议，研究经济结构性改革和城市工作，提出了供给侧改革，提出“三去一降一补”，要求产能过剩要去库存。自 2013 年以来，至 2019 年，我国光伏产业国家政策支持持续下行，导致国家光伏收购电价及补贴电价一路下滑，如表 8-3 所示。

表 8-3　2013—2019 年光伏收购和补贴国家标准

单位：元 / 千瓦时（含税）

政策出台时间	一类地区收购电价	二类地区收购电价	三类地区收购电价	电价补贴
2013 年 8 月 26 日	0.9	0.95	1	0.42
2015 年 12 月 22 日	0.8	0.88	0.98	0.42
2016 年 12 月 26 日	0.65*	0.75*	0.85*	0.42
2017 年 12 月 19 日	0.55	0.65	0.75	0.37
2018 年 5 月 31 日	0.5	0.6	0.7	0.32
2019 年 4 月 28 日	0.4	0.45	0.55	0.1

注：* 表示电价为扶贫电价，甘肃为二类地区。

在这种政策改变下，出现了弃风弃光（指风电、光伏发电设备处于正常情况下，由于当地电网接纳能力不足、电场建设工期不匹配和风电、光伏发电不稳定等因素，导致部分风机、光伏设备暂停发电，或所发的电力无法上网）情况，光伏电能卖不出，用不完，甘肃光伏电站亏损严重。在这种政策影响下，在甘肃进行光伏科技成果转化呈现超高风险。

8.2.2 财政政策风险

财政政策是指国家根据一定时期政治、经济、社会发展的任务而规定的财政工作的指导原则，通过财政支出与税收政策来调节总需求，是国家整个经济政策的重要组成部分。政府调整财政收支的手段主要有三个方面：一是改变政府购买水平；二是改变政府的转移支付；三是调整税率。由财政政策在政府购买、政府转移支付、政府税率变化引起的风险，即财政风险。

科技成果的财政政策风险主要有两个方面。一方面是政府购买、政府转移支付在科技成果转化领域的变化引起的风险。大家比较熟悉的政府购买和转移支付政策变化的农业领域，比如每年国家都会公布农产品的粮食、小麦、玉米等粮食作物的保护收购价，即为政府购买力政策的调整变化；每年公布的种粮补贴等即为政府转移支付的政策的调整变化。多数行业的政府购买、政府转移支付是具有连续性的，这有利于预测风险程度。总体来说，科技成果转化的政府购买、政府转移支付政策风险与产业政策风险一脉相承，互相关联，甚至于这些风险集中出现在同一科技成果转化上。如上述光伏科技成果在甘肃转化，产业政策变化也体现在政府购买、政府转移支付政策的变化。甘肃光伏政府购买政策变化 2013 年至 2019 年持续在消极变化，主要表现为电价从 0.95 元 / 千瓦时下降到 0.45 元 / 千瓦时，其中 2014 年电价的下降就已经展示了政府购买政策的预警。政府转移支付政策在政府购买持续三年政策变化后，于 2017 年开始出现了持续补贴下降。由此可见，光伏科技成果在甘肃转化的政府购买、政府转移支付政策风险非常明晰，2014 年开始出现成果转化的中风险，2017 年出现成果转化的高风险。另一方面是税收政策变化引起的科技成果转化风险。这与国家或地区经济发展趋势密切相关，往往经济发展过快，将增加税率，经济放缓，增速疲软，将施用积极宽松的税收政策，进行减税让利，以促进经济发展。科技成果转化也因此受到税收政策影响而产生风险。科技成果转化的税收政策风险往往与政府购买、政府转移支付政策风险相左，因为经济发展过快政府将减少购买和转移支付，同时增加税率，经济发展疲软政府将势必增加购买和转移支付，同时减税让利。如 2019 年以来，中美贸易摩擦升级，加之 2020 年初以来新冠肺炎疫情全球大流行，成果转化主体出现停工停产、外贸滞销，社会就业率下降，严重影响了经济发展。为此，2019 年 5 月，国务院总理李克强强调“让减税降费红利切实惠及成果转化主体，更大激发市场主体活力”，2020 年 7 月，国务院总理李克强强调“增强政策时效性，更大规模减税降费让利”。

8.2.3 货币政策风险

货币政策是指一国中央银行为实现其特定的经济目标而采用的各种控制和调节货币供应量和信用量的方针、政策和措施的总称。货币政策的实质是国家对货币的供应根据不同时期的经济发展情况而采取“紧”、“松”或“适度”等不同的政策趋向。其主要运行影响经济的机制为：中央银行通过各种工具调节货币供应量来调节市场利率，通过市场利率的变化来影响民间资本投资去向，进而影响总需求来影响宏观经济运行。调节总需求的货币政策的四大工具为法定准备金率、公开市场业务、贴现政策、基准利率。运用货币政策所采取的主要措施包括七个方面内容：①直接控制货币发行。其作用是钞票可以整齐划一，防止币制混乱；中央银行可以掌握资金来源，作为控制商业银行信贷活动的基础；中央银行可以利用货币发行权调节和控制货币供应量。②控制和调节对政府的贷款。经济发展有过快趋势，为了防止政府滥用贷款助长通货膨胀，资本主义国家一般都规定以短期贷款为限，当税款或债款收足时就要还清。③开展公开市场业务。根据经济发展趋势，中央银行积极开展公开市场业务，通过回收或释放有价证券，即扩大或紧缩银行信贷，起到调节市面货币供应量，进而起到调节经济的作用。④调整存款准备金率。中央银行通过调整存款准备金率，完成对商业银行贷款限额控制，并影响商业银行的信贷活动，实现市面流通货币量的调整。⑤调整商业银行再贴现率。再贴现率是商业银行和中央银行之间的贴现行为。调整再贴现率，也是控制商业银行获得信贷规模的重要手段，影响市面货币供应量。⑥选择性信用管制。它对特定的对象分别进行专项管理，包括证券交易信用管理、消费信用管理、不动产信用管理等，主要针对某一产业和行业领域经费过快的限制，或对发展动力不足的刺激。⑦直接信用管制。中央银行采取对商业银行的信贷活动直接进行干预和控制的措施，以控制和引导商业银行的信贷活动。货币政策主要有四个目标。①稳定物价目标。这是中央银行货币政策的首要目标，而物价稳定的实质是币值的稳定。稳定物价是一个相对概念，就是要控制通货膨胀和过度紧缩，使一般物价水平在短期内不发生急剧的波动。②充分就业目标。充分就业就是要保持就业率在一个较高的、稳定的水平。在充分就业的情况下，凡是有能力并自愿参加工作者，都能在较合理的条件下随时找到适当的工作。充分就业不是绝对就业，是针对所有可利用资源的利用程度而言的，一般以劳动力的就业程度为基准，即以失业率指标来衡量劳动力的就业程度。③经济增长目标。经济增长就是指国民生产总值的增长必须保持合理的、较高的速度。当前，世界多数国家衡量经济增长指标一般采用人均实际国民生产总值（GNP）的年增长率，即用人均名义国民生产总值年增长率剔除物价上涨率后的人均实际国民生产总值年增长率来衡量。政府一般对计划期的实际 GNP 增长幅度定出指标，用百分比表示，中央银行即以此作为货币政策的目标。④平衡国际收支目标。国际货币基金组织认为国际收支是某一时期一国对外经济往来的统计表。就国际收支平衡表上经济交易的性质而言，主要可分为两种。一种是自主性交易，或叫事前交易，它是出于经济上的目的、政治上的考虑及道义上的动机而自动进行的经济交易，如贸易、援助、赠予、汇兑等。另一种是调节性交易，或叫事后交易，它是为弥补自主性交易的差额而进行的，如获得国际金融机构的短期资金融通、动用本国黄金储备、外汇储备以弥补差额等。

货币政策改变引起科技成果转化融资成本增加，或引起科技成果转化现有投入资金贬值，这就是科技成果转化的货币政策风险。相对于产业政策风险和政策风险而言，科技成果转化的货币政策风险具有以下两个特征。①货币政策风险具有时滞性。货币政策从制定到获得主要的或全部的效果，必须经过一段时间的传导，这段时间即称为时滞。时滞由内部时滞和外部时滞两部分组成。内部时滞指从政策制定到货币当局采取行动这段时间。可分为两个阶段：第一阶段从形势变化需要货币当局采取行动到它认识到这种需要的时间距离，称为认识时滞；第二阶段从货币当局认识到需要行动到实际采取行动这段时间，称为行动时滞。内部时滞的长短取决于货币当局对经济形势发展的预见能力、制定对策的效率和行动的决心等。外部时滞又称影响时滞，指从货币当局采取行动开始直到对政策目标产生影响为止的这段过程。外部时滞主要由客观的经济和金融条件决定，即市场反应的灵敏性，一般市场经济比较完备的国家和地区，外部时滞比较短。②货币政策风险相对温和性。因为货币政策需要较长时间传导，这给科技成果转化留出了风险预警时间，具有相对充分的应对周期。

8.2.4 政策矛盾风险

政策矛盾在小国很难发生，大国难治、难管，或许只有执政者才深有体会。中央政策与地方政策或行动不一致，导致政令不通，这种背道而行的情况即为国家与地方的政策矛盾。这就导致科技成果转化举棋不定，难以抉择，风险巨大。这种政策矛盾风险在发生重大事故时显得非常突出，如 2020 年新冠肺炎疫情在美国肆虐，美国中央政府与州政府的矛盾，首先是关于抗疫物资采购政策矛盾，美国中央政府与州政府疯狂向国外采购口罩、手套、防护服、呼吸机等物资。全球抗疫物资紧张，发生国家之间的互相拦截、抢夺抗疫物资是可以理解的，且发生较多，德国、法国拦截瑞士物资等时有发生。但美国中央政府拦截州政府的物资也时有发生，导致互相指责。此外我国也发生过类似的情况，2020 年初云南大理州政府拦截了发往湖北武汉的口罩等物资。这都是国家与地方政策矛盾的体现。

国家和地方政策矛盾在科技成果转化中也是显而易见的风险。如2016年，中国能源报报道“甘肃新能源发展政策引质疑，或涉嫌违法违规”。2016年8月15日，甘肃省工信委向省电力公司和发电成果转化主体下发《甘肃省工业和信息化委员会关于下达2016年优先发电计划的通知》（甘工信发〔2016〕319号），提出“2016年风电最低保障收购年平均利用小时为500小时，光电最低保障收购年平均利用小时为400小时”。中国可再生能源学会风能专业委员会秘书长秦海岩指出“这个保障水平还不到今年5月份国家发改委、国家能源局核定的甘肃省风电光伏最低保障收购年平均利用小时数的三分之一。在这种条件下，风电光伏发电成果转化主体根本无法生存，产业也将受到毁灭性打击”。而值得注意的是，在严重弃风弃光的情况下，甘肃大力发展可再生能源的雄心却并未消退，甘肃省印发的“十三五”发展规划明确提出，“力争2020年全省风电、光电装机分别达到2500万千瓦、1100万千瓦”。多位行业人士表示，甘肃工信委的这一做法，明显违反可再生能源法的多项规定，严重背离中央低碳绿色发展、深化电力体制改革和推动能源战略转型的精神，与国家的大政方针和现实需要都背道而驰。这是典型的光伏科技成果转化过程中的国家和地方政策矛盾风险案例，使得成果转化主体举棋不定，已转化的成果承接主体苦不堪言，濒临破产。

基于上述分析，形成科技成果转化政策风险评价指标体系。其中，财政政策风险、货币政策风险具有一致性，因为国家经济发展出现过快或过缓，往往会同时实施财政和货币政策。国家和地方政策矛盾非特殊时期一般不会出现，但一旦出现即产生巨大风险。常规情况下，我们主要考虑产业政策风险。为此，我们有区别地进行了风险等级赋权重。科技成果转化政策风险评价指标体系及评价结果具体如表8-4所示。

表 8–4 科技成果转化政策风险评价指标体系及评价结果

一级指标及权重	二级指标及分值	评价结果
产业政策风险，1	产业政策不支持，1 分	高风险
	产业政策支持下降，0.5 分	中风险
	产业政策支持，0 分	低风险
财政政策风险，0.2	财政政策不支持，1 分	高风险
	财政购买、补贴、税率优惠下降，0.5 分	中风险
	财政购买、补贴、税率优惠，0 分	低风险
货币政策风险，0.2	货币政策收紧，1 分	高风险
	货币政策不变，0.5 分	中风险
	货币政策宽松，0 分	低风险
国家和地方政策矛盾风险，1	国家和地方政策方向不一致，1 分	高风险
	地方不执行国家政策，0.5 分	中风险
	地方执行国家政策缓慢，0 分	低风险

科技成果转化政策风险评价由评价师完成，采用二级指标分值与一级指标权重乘积，再进行简单累加计算。科技成果转化政策风险评价等级如表 8–5 所示，分值小于 0.5 分为转化政策低风险，分值不小于 0.5 分且小于 1 分为转化政策中风险，分值不小于 1 分为转化政策高风险。

表 8–5 科技成果转化政策风险评价等级

序号	1	2	3
分值	分值 ≥ 1	0.5 ≤ 分值 < 1	分值 < 0.5
等级	高风险	中风险	低风险

8.3 法律风险评价

广义的科技成果转化法律风险是指不符合法律规定或者外部法律事件导致风险损失的可能性。主要来自两个方面：一是法律本身环境因素，包括立法不完备，执法不公正，合同（契约）相对人失信、违约、欺诈等；二是成果转化主体自身法律意识淡薄，对法律环境认知不够，成果转化决策不考虑法律因素，甚至有意触及法律底线等。相比之下，成果转化主体自身原因引起的风险比例较高，主要原因是成果转化主体法律意识和依法治理的能力与法律环境变化存在差距。主要有三方面因素。一是相当一部分成果转化主体法制建设基础工作还比较薄弱，没有充分意识到加强成果转化主体法制建设对防范成果转化主体经营风险的重要性，成果转化主体法制建设不自觉、不主动。二是部分成果转化主体防范法律风险的意识仍然不强。主要表现在一些重大投资决策、重大经营活动或成果转化主体改制工作等前期工作缺少法律工作人员的参与。有的单位虽设立了法律事务机构，但在对其使用上仍局限于事后补救，以处理成果转化主体法律纠纷为主，成果转化主体法律工作机构没有发挥应有的作用。三是一些成果转化主体依法经营的意识不够，或因法律意识淡漠不自觉地违法经营，或认为只要是为了公司的利益就可以不顾法律约束，或存在钻法律空子的侥幸心理，有意打“擦边球”。

广义的科技成果转化法律风险涉及以下几个方面：①科技成果转化主体设立、运营中的法律风险。在完成科技成果转化的过程中，科技成果转化科研机构和承接主体是否对拟设立的科技成果转化主体进行充分的法律设计，是否对科技成果转化过程有充分的认识和计划，是否完全履行了设立科技成果转化主体的义务，以及科技成果转化科研机构和承接主体是否具有相应的法律资格，这些都直接关系到拟科技成果转化主体能否具有一个合法、规范、良好的转化过程。可以说，一个专业的法律方案设计及规范的科技成果转化过程是科技成果转化主体成功的一半。如果在科技成果转化主体设立之初，就存在着法律上的瑕疵，那么必然会为成果转化主体在日后的运作过程中埋下深远的法律隐患。这种成果转化主体设立过程中的法律瑕疵，虽然并不一定在短期内引发法律危机，但只要得不到消除，必然会作为一种法律风险长期存在，一旦发生，对成果转化主体来说，很可能就是一个致命打击。科技成果转化主体的股权结构是否合理、法人治理结构是否完备、监督控制机制是否健全、高管人员之间的权力如何制衡等，如果这些问题在科技成果转化主体运营过程中解决不好，很可能会祸起萧墙，内部出现争端和掣制，将直接影响到科技成果转化的健康发展。②合同订立、履行过程中法律风险。合同是市场经济中各类科技成果转化主体从事商务活动时所采取的最为常见的基本法律形式。可以说，合同贯穿于成果转化主体经营的全过程，只要有商务活动，就必然要产生合同。合同当事人在订立合同时，考虑更多的是合同利益而非合同风险。合同在避免交易行为不确定性的同时，也可能由于合同约定的缺陷而为当事人埋下法律风险。所有的科技成果转化主体都是在与各类不同的主体不断的交易中获取利益，合同在成果转化主体中的广泛应用，决定了合同订立、履行中的法律风险广泛存在。近年来，随着人们法律意识的增强，很多成果转化主体已经重视合同的订立，在要约、承诺过程中，都聘请律师参与，请律师起草合同文本。但是对于很多商务合同而言，签订好合同文本只是一个良好的开端，合同的履行才是真正重要的环节。合同履行过程中双方的来往函件、备忘录、会谈纪要、传真、电子数据等都是宝贵的证据，都要注意整理和保存。相对于合同文本的法律风险，合同履行的法律风险类型更多，范围更广，管理和防范的难度更大。③知识产权法律风险。目前，我国很多科技成果转化主体的知识产权保护意识不强，没有站在科技成果转化主体生存之根、发展之源的高度来认知识产权的市场价值和经济价值。知识产权包括商标权、专利权、著作权等权利，是蕴涵创造力和智慧结晶的成果，其客体是一种非物质形态的特殊财产，要求相关法律给予特别规定。在知识产权领域，保护和侵权是一对孪生兄弟，成果转化主体稍有疏忽，自己的知识产权轻易地被别人侵犯，同时，稍有不慎，自己侵犯了别人的知识产权，无论是侵权还是被侵权，都将面临巨大的法律风险。“央视一套”“春晚”等被抢注即是极好的例子。如果从成果转化主体自身找原因的话，决策层和顾问律师风险防范意识欠缺可能是最重要的因素之一。④人力资源管理法律风险。在我国，与人力资源有关的法律法规主要是劳动法和国务院制定的相关行政法规及部门规章。在成果转化主体人力资源管理过程的各个环节中，从招聘开始，面试、录用、使用、签订劳动合同、员工的待遇问题直至员工离职，都有相关的劳动法律法规约束，科技成果转化主体的任何不遵守法律的行为都有可能给科技成果转化主体带来劳动纠纷，都有可能给科技成果转化主体造成不良影响。另外，科技成果转化为了长远发展，往往会花费很大代价来培养业务骨干、技术骨干，这些骨干员工掌握着成果转化主体大量的客户资料、商业秘密、技术秘密等核心机密，随着成果转化主体的发展壮大，骨干员工的期望值也会水涨船高，一旦成果转化主体不能满足个人的要求，多以跳槽相威胁。员工的高跳槽率与对成果转化主体的低忠实度是目前困扰很多成果转化主体最为突出的人事问题。跳槽骨干员工往往会带走科技成果转化主体宝贵的客户资源、商业机密、技术机密，这些员工的流向一般不会脱离原来所从事的行业，或者选择自己创业，或者选择同行业的其他科技成果转化主体，很快就会成为新的竞争对手，逐步蚕食该科技成果转化主体的资源和市场。骨干员工的跳槽往往会给科技成果转化主体造成难以估量的经济损失，有时甚至是致命的打击。⑤科技成果转化主体财务税收法律风险。近些年来，科技成果转化主体涉财涉税案件大量涌现，从一定侧面可以看出，科技成果转化主体在财务税收方面的法律风险日益增高。在我国目前的财税政策环境下，很难分清楚合理避税与偷税漏税的界限，如果处理不当，成果转化主体很可能要蒙受不必要的经济损失，甚至要负相应的刑事责任，作为法定代表人也可能蒙受牢狱之灾。

狭义的科技成果转化法律风险主要是涉及专利层面的知识产权法律风险，具体风险与科技成果转化地区的专利法有关。知识产权制度是激励创新活动推动科学技术发展的有效方式。我国建立知识产权制度30多年来，取得了举世瞩目的成绩，已进入了世界知识产权大国的行列。以专利为例，中国在2019年国际专利申请数量超过了美国，美国为57 840份位列全球第二，中国在2019

年通过 WIPO 专利合作条约（PCT）系统提交了 58 990 份申请，中国迅速跃升全球第一，从而结束了美国均居首榜的统治，成为向 WIPO 提交国际专利申请的最大来源。巨大的专利成果对整个社会的经济增长起到了重要的作用。当前，全社会的知识产权意识普遍提高，知识产权社会环境不断优化。在这种大背景下，科技成果转化要把握好两个重要的方面。一方面，积极开展创新活动，并及时保护属于自己的知识产权；另一方面，尊重他人的知识产权，走正当发展的光明大道。所有的科技成果转化后生产经营活动中，实际上都面临着侵犯他人的知识产权而承担相应责任的风险。科技成果转化应正视这个现实问题，尽到合理的注意义务，并积极采取合理的措施，侵权的风险就可以大大降低。

狭义的科技成果转化法律侵权风险的主要来源有以下几个方面。①已公开的专利技术。一项新的发明创造完成之后，发明人或者相关单位正常情况下，都会第一时间提出专利申请。经过国家知识产权局依法进行审查，符合条件的专利申请将授予专利权，并把申请专利的技术方案和保护范围用专利公报的形式向社会公开。公众可以从中了解有关的技术信息和保护范围。发明创造一旦获得专利权，将受到专利法的保护。任何人未经专利权人许可，都不得以生产经营（盈利）为目的，制造、使用、进口、销售、许诺销售专利产品或使用专利方法，否则，就要承担相应的法律责任。科技成果完成后如果未获得专利权，转化过程中不关注专利公报，不及时检索相关领域的专利文献，或者在检索过程中出现漏检，就有侵权风险。侵犯别人已经由出版物公开的专利技术，这是一种低级的失误。这种低级失误不应该发生在当今社会了。现在是国际互联网时代，信息技术很发达，一个人足不出户就知天下事，可以免费地从从容容地检索国内外专利文献，可以详细地阅读相关的专利说明书和权利要求书，清楚地了解专利的技术内容和保护范围，了解专利的法律状态。②未公开的申请专利技术。一项发明创造从提出专利申请之日，到国家知识产权局公布之日，有一段时间，通常是 18 个月，或者是申请人要求提前公开，时间可能短一些。这个时间段内的专利申请技术处在国家知识产权局的审批流程之中，有关的信息对社会公众而言是不可知晓的，即使专利权人进行了认真细致的检索，也不可能检索到。未公开的专利申请技术对其他人而言有一种潜在的风险。这些技术一旦日后公布，就获得临时保护，申请人有权要求实施该项技术的人支付报酬，一旦获得专利权，就具有独占性权利。其他人未经专利权人许可而以生产经营为目的，实施了落入专利权保护范围的技术，就构成专利侵权，即使实施的是自己独立研发的技术项目也不可以，除非享有先用权。③来自国外的有优先权的专利申请。我国是保护工业产权巴黎公约的成员国。巴黎公约约定，各成员国（177 个）的申请人享有国民待遇。申请人向任一其他成员国提出专利申请后，发明专利申请在 18 个月内，实用新型和外观设计专利申请在 12 个月内，再向我国提出申请的，其申请日的确定以第一次在国外提出的申请日为准。这就给科技成果研发机构及转化承接机构带来潜在风险，即便转化一项当时并没有在我国申请专利保护的技术，也有可能在日后出现侵权纠纷。④在先专利和在后专利的不同权限。一项新技术获得专利权后，就确定了一个专利保护范围。其他人在此基础上进行创新，也是发明创造，可以申请并获得专利。在先专利一般称为基础专利，在后专利称为从属专利。在后专利的实施要依赖于在先专利，在先专利的实施要受制于在后专利（未得到基础专利权人同意而擅自实施这些专利的则构成侵权，基本专利被撤销或宣告无效。与之相关的专利即失去效力）。在这种情况下，一般是相互协商，在一定附加条件下交叉许可，否则，也有侵权风险。⑤与专利技术相等同。科技成果转化前，经过检索虽然没有发现在先的相同的专利技术，但如果同一项有效的专利技术相比，是以基本相同的手段，实现基本相同的功能，达到基本相同的效果，并且这种基本相同的手段，对于普通技术人员来讲无须创造性劳动就可以从专利技术中得到。那么，就有可能被认定为与专利技术相等同，存在侵权风险。⑥专利的地域性和时间性。专利的保护具有地域性和时间性，各国法律只保护依据本国专利法批准的专利。专利保护期长短不一样，有的国家甚至对于某些领域的专利保护期可以申请“续展”。因此，把科技成果转化产品出口到不同的国家和地区，也存在风险，可能在一些国家和地区相安无事，而在另一些国家和地区则有侵权纠纷。

当然无风险的法律条款包括强制许可，以及与强制许可等同的法律条款或政策等。如2020年全球新冠肺炎疫情下，我国出台临时政策条款，运行生产所有防疫物资，相关手续开通绿色通道，甚至可以生产和获取资质同时进行。

基于上述分析，我们构建科技成果转化法律风险评价指标体系，如表8-6所示，成果转化法律高风险为科技成果转化前未获得专利权或国外有优先权专利；成果转化法律中风险为科技成果转化前已获得专利权，但有与专利技术等同产品或有在先专利；成果转化低风险为科技成果转化前已获得专利权，未发现国外有优先权专利、有与专利技术等同产品、有在先专利等，有与强制许可等同的法律条款或政策等。评价工作由评价师通过国内（成果转化地）外专利或法律的大量检索对比完成。

表8-6 科技成果转化法律风险评价指标体系及评价结果

序号	评价指标	评价结果
1	科技成果转化前未获得专利权或国外有优先权专利	高风险
2	科技成果转化前已获得专利权，但有与专利技术等同产品或有在先专利	中风险
3	科技成果转化前已获得专利权，未发现国外有优先权专利、有与专利技术等同产品、有在先专利等，有与强制许可等同的法律条款或政策等	低风险

8.4 市场风险评价

市场风险是指未来市场价格（利率、汇率、股票价格和商品价格）的不确定性对企业实现其既定目标的不利影响。市场风险可以分为利率风险、汇率风险、股票价格风险和商品价格风险，这些市场因素可能会对科技成果转化机构产生影响，也可能是通过对其竞争者、供应商或消费者间接对企业产生影响。科技成果转化市场风险集中体现在转化的商品价格上，而利率、汇率是全面地影响市场价格，我们这里特别强调的科技成果转化市场风险是指单独影响成果转化产品价格的风险，即来自科技成果转化商品的替代商品品质和价格导致的风险。

科技成果转化商品的替代商品这里有所特指，指不同技术成果转化的类似商品或完全不同属性商品可实现相同功能。①不同技术成果转化的类似商品。如我们日常生活照明用品白炽灯、荧光灯、LED 灯，发光原理完全不同导致科技成果技术完全不同。白炽灯应该是我们所熟悉的最常见的灯，圆圆的灯泡里，细细的灯丝，在电流经过时，被不断加热，当热到一定程度就发出了我们所见到的光；荧光灯是在通电过程中将汞蒸气蒸发，反射到荧光粉上，也就是荧光灯灯管等内壁，从而使荧光粉发光；LED 灯其实是有单个或多个发光二极管组成。但三者均实现了发光照明的功能。三者彼此形成了替代商品，共同争夺市场份额，彼此构成了科技成果转化的市场风险。②不同技术成果转化的不同属性商品。如我们的交通工具，汽车、火车、飞机其关键技术完全不同，也不是同一类商品，属性完全不同，但都可以实现相同功能。三者之间也存在市场竞争，形成了彼此的转化风险。美国是当前全球支线飞机最多的国家，与中国长途出行以火车为主不同，美国到处是机场，长途出行几乎完全依赖飞机，如果在美国转化长途旅客汽车，将面临飞机商品的巨大替代风险。

另外，判断科技成果转化的市场风险还需要考虑市场份额问题，如果市场商品供应缺口很大，即便有类似品质接近的替代品，也应该上规模转化，因为供不应求，属卖方市场，进行科技成果转化可以抢占市场份额，实现科技成果的经济利益最大化。

基于上述替代商品的分析，我们构建了科技成果转化市场风险评价体系，如表 8-7 所示，转化市场高风险为有类似替代品，品质接近，且市场几乎饱和；转化市场中风险为有类似替代品，但品质占优，或市场不饱和；转化市场低风险为有不同属性替代品，但品质占优，或市场供应缺口大。

表 8-7　科技成果转化市场风险评价指标体系及评价结果

序号	评价指标	评价结果
1	有类似替代品，品质接近，且市场几乎饱和	高风险
2	有类似替代品，但品质占优，或市场不饱和	中风险
3	有不同属性替代品，但品质占优，或市场供应缺口大	低风险

技术风险、政策风险、法律风险、市场风险共同构成了科技成果转化的风险总和，当风险到达一定程度，可能出现以下几种风险结果。

①融资困难，继续转化。受整体经济发展过快，财政收紧，利率上调，政策支持下降，科技成果专利可能出现纠纷等影响，出现融资成本增加，甚至出现投资人撤资等情况。大大增加了科技成果转化难度。但因为风险可控，继续进行成果转化，仍然有利可图。

②风险大增，调整转化。同类科研技术更新加速，新技术已突破，但规模量产需要一定时间；政策支持出现重大极为不利调整；有国外优先专利，难以交叉许可，专利权协商难度极大；市面已出现功能更大完备替代商品，但市场份额还有。此时，该科技成果转化已呈现出中、高风险，科技成果转化承接机构可能会调整科技成果转化策略，如降价占领市场，继续转化，但减产并清减库存，增加流动资产比例，以防风险突变等措施。

③终止转化，及时止损。更加新颖科技成果产品规模量产，大量面市；国家政策不予支持，甚至打压；专利权纠纷，面临可能的巨额赔偿；科技成果转化商品市场份额持续降低等情况。这时已明显出现科技成果转化高风险，科技成果转化承接机构可能会终止转化，并促使大量商品出库。如果专利纠纷导致代价太大，可能还会出现召回所有已售商品，以达到及时止损的目的。

由以上三种风险结果来看，科技成果转化的风险在任何一个环节，任何时候都会出现，可能还是突发的。因此，做好科技成果转化的前期评价，并保持风险预警显得十分重要，以避免出现终止转化，或推迟终止转化，让科技成果转化获得更大的经济效益。

第9章

科技成果评价业务管理系统

科技部根据《科技成果评价试点工作方案》和《科技成果评价试点暂行办法》，分别于2009年和2014年启动了两期科技成果评价试点工作。在两期试点取得良好效果之后，放开了地方科技第三方评价工作，国家不再统一要求，由地方根据自身情况，自行按照一定的规范开展第三方科技成果评价。随着全国第三方科技成果评价的开展，第三方科技成果评价的机构越来越多，相应的科技成果评价系统（平台）也相继上线。如中科合创（北京）科技推广中心建设并运营的国家级综合科技服务平台——创遇网（协同创新服务平台），青岛市科技局局属事业单位青岛科技创业服务中心（现更名为青岛市技术市场服务中心）开发了青岛市科技成果标准化评价服务平台。当前，开发科技成果评价系统，辅助开展第三方科技成果评价工作，已成为评价服务发展的趋势。

为适应时代发展的需要，推行无纸化办公，节约资源，提高科技成果评价效率，我们在充分考虑科技成果评价指标体系全面性，用户填写明确性，评价师操作便捷性的基础上，开发了“科技情报检索评价管理系统”。

9.1 管理系统简介

9.1.1 概述

科技成果评价业务管理系统（以下简称成果评价系统）是甘肃省科学技术

情报研究所着眼于甘肃科研机构或个人众多科研成果需要得到社会认可，行业认同，社会融资，成果转移、转化等，为其提供客观、科学、公平、公正的第三方机构评价佐证而自主研发运行的管理系统，为全省乃至全国科研机构或个人提供全学科、全行业、全方位的科技成果便捷评价服务。成果评价系统提供服务以来，已在石油勘探开采、农林牧业、煤炭开采、电力调度、医药卫生、荒漠治理、生态安全等领域得到广泛应用，完成近200项科技成果评价服务。该系统主要对象为甘肃科研机构或个人，为其提供科研水平展示平台，发掘优秀科研成果，推送报奖，促进科技成果转化，服务甘肃科技发展。向社会推送了一大批优秀科研成果，产生了积极的经济效益、社会效益、生态效益，为甘肃科技、社会、经济发展做出了应有的贡献。

成果评价系统秉承“开放革新、立足甘肃、服务全国”发展理念，愿与全国同行合作交流，取长补短，守望相助，携手共进，努力推动我国第三方科技成果评价发展，促进成果评价方式更加科学合理，评价流程更加规范，评价结果更具说服力。该系统主要立足甘肃地区，为甘肃各领域科研产出成果提供评价服务，旨在发掘、筛选、推送优秀科技成果，促进成果转化，进而解放和发展甘肃生产力，为甘肃社会经济科技发展提供驱动力。同时面向全国，为全国各地区的科技成果提供客观公正的评价服务。

9.1.2 发展历程

①需求提出阶段。2016年6月，伴随着科技部正式取消科技成果鉴定，科技行政管理部门不再组织成果评价，第三方的专业评价机构呼之欲出。甘肃省科技厅按照科技管理“放、管、服”改革需要，本着培育专业化、规范化和社会化科技成果评价体系的要求，依据《甘肃省科技厅科技管理工作委托方案》(甘科计函〔2017〕143号)，在充分调研的基础上于2017年11月确定甘肃省科学技术情报研究所、甘肃省科技发展促进中心为甘肃省首批第三方科技成果评价试点机构，专业从事科技成果评价、科技成果宣传推介等工作。至此，甘

肃省科学技术情报研究所积极开展了全国第三方科技成果评价工作调研，完成了青岛模式、河南模式、中科合创模式的调研工作。至 2018 年底，甘肃省科学技术情报研究所经过一年的科技成果评价工作实践，基本把握了第三方科技成果评价的工作要点，基于此提出了成果评价系统相关界面、功能、性能需求。

②系统研发阶段。2019 年初，甘肃省科学技术情报研究所信息网络中心接受了成果评价系统开发工作。该中心承担全省科技网络的建设和运维，省科技厅内网、外网及电子政务建设和运维工作，为政府部门、企事业单位信息化建设提供技术支持。中心建成绿色节能模块化标准机房，有云服务器 50 台，存储容量 500 TB，网络出口带宽 1 Gbps。建设有集防火墙、WAF、入侵检测、负载均衡、备份容灾等软硬件于一体的完善可靠的网络安全体系。中心拥有一支经验丰富的技术研发队伍，经过多年的发展，形成了 3 条技术服务主线：电子政务系统（以项目申报系统、专家库为主，推广应用 5 家单位），科研服务系统（以创新平台为主，推广应用 6 家单位），情报行业系统（以查新评价系统为主，推广应用 25 家单位）。2019 年 10 月底，甘肃省科学技术情报研究所信息网络中心历时 8 个月完成了成果评价系统所有功能模块开发。

③系统测试阶段。2019 年 11 月，成果评价系统在甘肃省科学技术情报研究所进行了为期 1 个月的内部测试，具体包括界面友好情况测试，功能模块完整性测试，系统性能测试，以及与该系统连接的短信系统负载测试等。其间进行了三次测试意见反馈、系统设计修改工作。

④系统试运行阶段。在成果评价系统基本能满足科技成果评价工作的基础上，该系统于 2019 年 12 月 1 日正式上线试运行。从用户反馈意见来看，该系统总体使用便捷，运行相对平稳，减少了科技成果评价纸质材料的往返寄送工作，大大减轻了工作量，提高了工作效率。从科技成果评价管理人员反馈意见来看，该系统操作简单，处理速度较快，实现了评价工作的无纸化办公，提高了工作效率。尤其在 2020 年新冠肺炎疫情发生以来，该系统实现线上办公，人与人无须见面，减少甚至杜绝纸质材料交叉接触，极大地减少了新冠病毒感染风险。

9.1.3 发展目标

建设国内一流的成果评价系统。积极开展合作交流，掌握国内第三方科技成果评价趋势，不断探索、优化科技成果评价方式方法，规范评价流程，完善成果评价系统功能模块，满足甘肃科研机构和个人科技成果评价需求，为甘肃乃至全国用户提供更为客观、科学、公正的第三方科技成果评价服务。

促进优秀科技成果转化。缺乏伯乐的眼睛致使“高手在民间”，这是当前对一些社会现象的讽刺。研发成果评价系统就是给甘肃，甚至全国科研机构和个人提供了一个平台，只要具备一定的科研产出，即具备科技成果评价的条件，每一份科技成果都有同等机会参与评价。如若成果评价优秀，将会得到系统推送，可以直接推送至“科聚网”，向全社会展示成果，推广转化。

9.1.4 建设原则

甘肃省科学技术情报研究所坚持“自主、开放、渐进”的原则，建设和发展成果评价系统。

①自主。坚持自主建设、发展和运行成果评价系统，具备向全国科研机构和个人独立提供第三方科技成果评价服务的能力。

②开放。开展全方位、多层次国内合作与交流，成果评价工作接受社会各界监督，征得科技成果评价委托方允许，全面公开科技成果评价结果。

③渐进。分步骤推进成果评价系统发展，持续提升成果评价系统服务性能，不断推动第三方科技成果评价全面、协调和可持续发展。

9.1.5 远景目标

2022 年前还将建设完成更加泛在、更加融合、更加智能的科技成果评价系统，如集成专家远程评价，评价模块自动融合科技数据库，智能推送科技成果转化等。

9.1.6 系统特点

①安全。成果评价系统数据库采用防火墙加堡垒机等安全防护模式，很大程度拦截非法访问、恶意攻击等不法行为，对不符合命令进行命令阻断，过滤掉所有对目标设备的被执行行为，并对内部人员的失误操作与非法操作进行安全审计监控。科技成果评价系统闭环、权限分级管理，相关科技成果研发团队个人信息等得到安全有效保护。此外，涉密科技成果评价不进入该系统，另行走保密评价流程，杜绝一切可能的不安全因素。

②实用。用户（委托方）端，设置模块关联性强，委托填写内容均为必要必填项，无重复填写、表述不清、提醒不明等浪费时间精力的情况，无华而不实的功能模块，基本能够让用户达到一看即懂、一填即准的效果。管理端均以方便评价师开展评价工作而设计，内容板块、次序等与评价流程一致，无明显交叉、模棱两可、界限不清的功能模块。

③高效。成果评价系统安全稳定，24 小时全时段运行，反应速度快。用户端填写具有文字提示，部分字段采用红色字体醒目提示，最后保存提交时系统设有自动校对，有问题将再次提醒用户，避免不必要的反复退修情况。此外，成果评价系统用户端还具有短信自动发送，提醒及时关注该系统状态变化。成果评价系统管理端，采用实时倒序排列委托评价，及时显示新委托科技成果评价服务，方便管理员快速处理评价委托业务。此外，要求科技成果评价受理人员在工作繁忙时，受理委托业务不超过 5 个小时，正常情况下 2 小时内完成相关信息反馈。

9.2 系统主要功能

科技成果评价系统地址为 http://www.gskjpj.cn。科技成果评价委托用户、评价师、审核师均通过该系统完成相关工作，因为角色不同，以下分别介绍用户端和管理端功能模块。

9.2.1 系统用户端

（1）委托功能

科技成果委托用户进入该系统，完成科技成果机构或个人信息、科技成果信息、上传相关附件等内容的填写，经审核可能出现返修情况，填写符合要求，将会形成合同号，即完成科技成果评价委托。

（2）检索功能

科技成果委托用户进入该系统后，默认界面为业务受理，或点击“委托进度信息查询”即可进入业务受理界面。在该界面中可以通过“草稿、未受理、已受理、正在进行、正在审核、已完成”等选项卡，完成相关科技成果评价委托工作的进度，具体信息包括“合同编号、课题名称、进度、委托机构、委托日期、评价师、审核员”等。此外，还可以在该界面中检索功能进行查看，一级检索字段包括“草稿、未受理、已受理、正在进行、正在审核、已完成”，二级检索字段包括“课题名称、委托机构、联系人”。可以通过一级检索字段进行模糊检索，也可以通过输入具体的“课题名称、委托机构、联系人”实现精确检索。

（3）信息维护功能

针对账户存在信息变动，如人员调动、退休，机构名称变更，办公地址变更，联系人、负责人联系方式变更等情况，设计了信息维护模块，具体包括申请机构信息维护和密码设置修改。其中申请机构信息维护包括“申请机构名称、申请机构性质、通信地址、发票类型、发票名称、纳税人识别号、开票地址电话、开户行及账号”等，个人信息包括“项目负责人及联系方式、项目联系人及联系方式”。密码设置出于安全考虑，项目负责人、联系人及其联系方式属个人隐私，相关科研成果采取科研机构内部转化需要为其提供技术和商业保密，因此，维护相关科技成果内容的安全性，显得非常重要。当科技成果评价委托机构人员发生变化，用户应该尽快完成密码修改。

（4）提醒功能

为提升用户填写科技成果评价委托的便捷性，促进科技成果评价审核人员与用户之间的畅通交流，成果评价系统尽可能多地增加相应提醒提示功能，以期提高工作效率。

文字提醒。成果评价系统中填写所有字段均有名称，且名称清晰明了。针对部分字段可能存在用户理解差异问题，成果评价系统特意增加了注释，如研发团队情况字段，具体包括内容每个人理解有差异，为方便用户填写，对该字段进行了解释，“描述项目研发团队概况，包括项目负责人基本简历、团队科研承担情况、知识产权情况（论文、专利、标准等）、专业技术奖励（荣誉）情况、资质情况”。比较详尽清晰地为用户填报指明内容要点。针对必填项，成果评价系统特别采用红色星号进行了标注。针对特别重要的内容，为减少填写错误，特别采用大号红色字体进行了醒目警示，如发票信息字段，为减少反复开票导致的工作效率低下，特别采用红色字体提醒“请再三核实信息，信息错误导致发票问题，概不退换”，当然，发票是可以退换的，系统提出严重后果，目的在于提高工作效率，以科研的严谨高质量完成成果评价系统填写工作。此外，提交委托后，考虑到部分用户手机短信识别报错，存在短信被拦截无法反馈信息的情况，特别在“业务受理”模块下方显示“两个工作日内未收到短信回复，请电话 0931-8417346 联系”予以提示。

自动校验报错提醒。当用户认为完成填写，点击“提交委托”按钮，系统将自动校验所有必填项（标红色星号），校验无漏填信息，成果评价系统将弹出“更新成功”提示；校验有缺漏，成果评价系统将弹出“更新失败，×××必填”，精准指出漏填字段，避免了人工低效率查找问题。

实时状态提醒。用户认为完成填写并提交成功后，成果评价内容进入审核阶段，将在“未受理”中显示状态“已提交”，如果填写有问题，将在“未受理”中显示状态“退修”，审核通过将在“未受理”中显示“合同编号”；完成合同等相关事宜后，系统将在“已受理”中显示状态“已分配”，并形成委托日期和完成日期，表示该评价课题评价师已接受，准备开展评价；评价开始后，将在“正在进行”中显示状态“评价中”，评价师已开始评价工作；评价师完成后进入评价审核阶段，将在“已受理”中显示状态“正在审核”；评价审核通过，综合专家评价环节无异议，将在“已完成”中显示状态“已提交”。

短信系统提醒。主要针对科技成果评价委托中系统无法自动识别的问题，在成果评价系统中外挂了短信系统，通过人工编发短信，在系统中直接发送，反馈相关修改意见和建议。

（5）统计功能

用户在“业务受理”界面中，可以进行包括字段“草稿、未受理、已受理、正在进行、正在审核、已完成”所有科技成果评价相关课题数量的统计，系统自动在页面底部显示数据。该功能有利于科技成果评价委托较多的用户具体掌握科研团队科研成果情况，方便年度科研工作总结。

9.2.2 系统管理端

（1）受理功能

科技成果评价受理人员通过成果评价系统“未受理”中点击“受理”按钮，完成用户科技成果审查工作。针对科技成果委托提交内容规范，科研产出真实，达到科技成果评价要求，再次点击“受理”，形成合同号，进行合同签订等后续评价工作；针对科技成果委托提交内容不规范或未达到评价条件的情况，提示用户及时修改和补充；针对无任何科研产出、科研内容与科研产出关联不强、科研内容空洞无物、科研产出学术造假、科研成果应用造假等情况，一律不予受理，成果评价系统“未受理”中点击“删除”按钮。

（2）检索功能

成果评价系统为甘肃乃至全国提供科技成果评价服务，用户众多，数据量大，具体查询某一项科技成果存在不便。为此，成果评价系统在管理端各板块均设计了检索功能，以提高各权限角色（受理人员、评价师、审核师、系统管理员）开展工作的效率。“业务受理”“业务进度”板块可选择模糊检索，一级字段有“所有业务、科技成果评价”，二级字段有“所有状态、未受理、已受理”，也可选择精确检索，检索字段有“课题名称、合同编号、委托机构、联系人、负责人、评价师、审核员”等，成果评价受理人员和系统管理人员具有该板块权限。“课题检索”“正在检索”“正在审核”“已完成”板块，模糊检索一级字段有“所有任务、科技成果评价”，精确检索字段有“课题名称、委托机构、联系人”，成果评价师和系统管理员具有该板块权限。“审核任务”“审核完成”板块，模糊检索一级字段有“所有任务、科技成果评价”，精确检索字段有“课题名称、委托机构、联系人”，成果评价审核人员和系统管理员具有该板块权限。“快递统计、业务统计、财务统计”板块可按“委托日期”和“完成日期”进行评价周期内的科技成果评价课题模糊检索，也可选择“评价师、审核员”等字段进行精确检索。“系统管理”模块可以精确检索“用户名、合同编号、手机号”，为用户丢失用户名、密码等情况提供服务。

（3）提醒功能

针对管理端面临科技成果评价大量委托，系统设计以“委托日期”实时倒序排列方式，将最新更新情况显示在最前列，提醒科技成果评价受理人员及时处理。此外，科技成果评价委托退修再提交也根据修改时间进行实时倒序排列，起到及时提醒的作用。

（4）统计功能

业务统计。业务统计板块可统计整体科技成果评价情况，如某一时间段的科技成果评价数量，科技成果评价委托学科领域数量。也可分别进行评价师、审核员完成科技成果评价工作的数量统计。此外，该统计板块开发了可视化统计图表，实时显示各阶段（未分配、已分配、正在评价、正在审核、已完成）

科技成果评价工作量。

财务统计。该板块主要为相关业务量与财务对接方便而设计，完整记录相关服务费用、缴费金额、缴费时间、相关票据信息等内容。可统计整体科技成果评价服务费用情况，也可分别进行评价师、审核员完成科技成果评价工作对应服务费用统计。

为方便年度统计，清晰展示统计内容和数量，业务统计和财务统计均可实现数据报表导出功能。

（5）快递功能

为减少不必要人员往返，提高工作效率，成果评价系统开发了“快递功能”板块，显示已完成即将快递的科技成果评价报告，具体字段包括“合同编号、课题名称、委托机构、联系人、联系电话、完成日期”等，可直接批量导出快递数据，数据格式无障碍衔接快递公司。该功能板块在2020年新冠肺炎疫情中发挥了积极作用，减少了非必要的人员流动，为抗击疫情做出了一定的贡献。

（6）分级管理功能

由于科技成果评价系统的管理端采取权限分级，角色不同，权限不同，系统管理员权限最大，可完成上述所有功能的操作。考虑到信息安全、系统稳定等因素，其他角色如受理人员、评价师、评价审核等均受到不同程度的权限限制。因权限限制，不同角色相应功能界面略有差异，如评价师，业务受理板块、评价审核、快递、业务统计、财务统计、系统管理等功能模块内容在其登录界面将不会显示。系统管理功能模块包括“委托用户管理”功能，帮助用户查询用户名，重置密码等；“中心人员管理”功能，可新建评价师、审核员账号，修改评价师、审核员所有信息内容，如姓名、用户名、职称、职务、电话、邮箱，以及业务权限。“单位信息管理”功能，可修改第三方科技成果评价机构信息，如机构名称、机构资质、负责人、联系人、地址、电话等。“短信模板管理”功能，为反馈用户短信系统中的定制信息，主要针对科技成果评价委托内容普遍存在的问题，设置大众化的反馈信息，方便快速反馈，提高工作效率。该板块可新增、修改、删除短信模板内容。“密码修改”功能，只限于修改登录账号的密码。

9.3 系统操作流程

当前，科技成果评价系统唯一地址为 http://www.gskjpj.cn/，由甘肃省科学技术情报研究所科技情报检索（成果评价）中心负责管理，为科技查新、论文检索、知识产权评议、科技成果评价等业务网络化综合管理一站式服务系统，如图 9-1 所示。规范提交科技成果评价委托，严格按照规范流程开展评价工作，有利于提高科技成果评价工作效率，以下从用户端和管理端详述成果评价系统的具体操作流程。

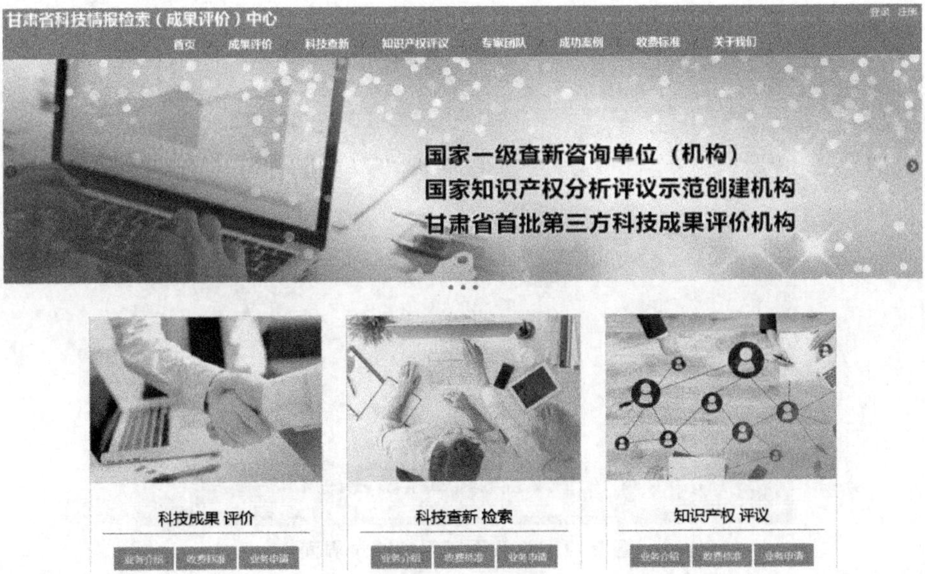

图 9-1　平台首页

9.3.1 用户端操作流程

（1）注册

有用户名密码用户，采用直接登录方式。登录成功后，须首先在“信息维护”下的“申请机构信息”中完善单位信息后才能委托科技成果评价业务。

新用户在登录页面点击“手机登录”标签，填写手机号，并获取验证码后直接登录，无须注册。登录成功后，须首先在“信息维护”下的申请机构信息中完善单位信息后才能委托业务。

（2）登录

如图 9-2 所示，输入账号密码或手机号结合验证码，选择“业务委托用户”，即可登录到业务委托界面，如图 9-3 所示，包括委托业务、信息维护、退出登录三大模块。首次登录需要在“申请机构信息维护”板块完成“申请机构信息、联系人、负责人、开票信息”等字段的填写，方便后续科技成果评价委托。

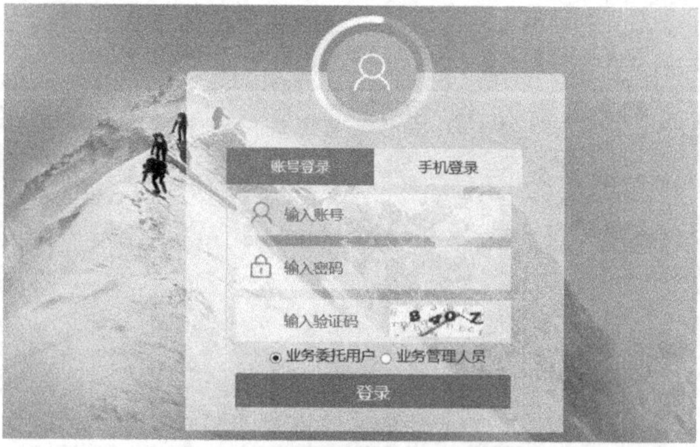

图 9-2　业务委托用户登录界面

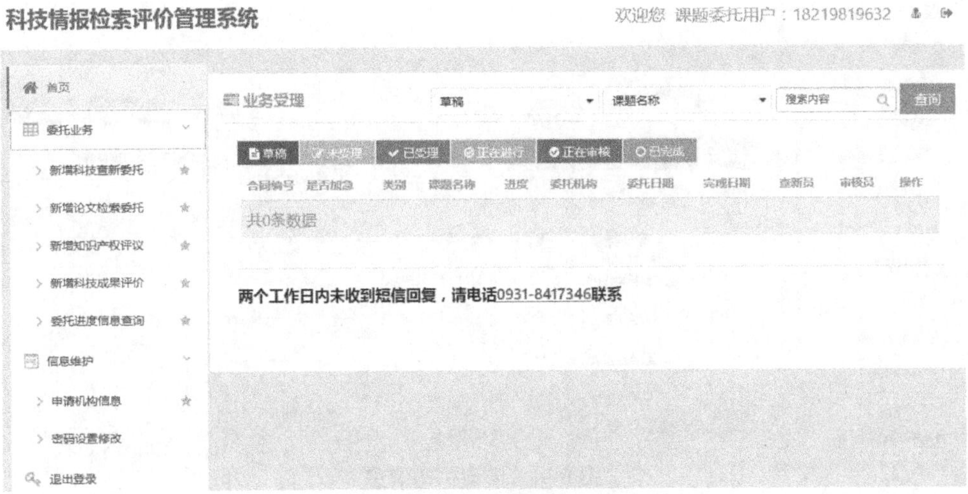

图 9-3　业务委托用户界面

(3) 委托

点击图 9-3“委托业务”板块中的“新增科技成果评价”，页面右侧弹出科技成果评价委托，分为“申请机构信息”“成果简述”“成果评价上传附件清单”三步，如图 9-4 所示。

第一步中具体需要填“申请机构信息”和“发票信息”，这两个部分的信息内容默认与“信息维护”板块中的“申请机构信息”一致，委托不同科技成果评价内容均调用该板块的所有字段和数据。针对多数较大科研机构而言，“信息维护”板块中的“申请机构信息”内容为该科研机构科研管理部门信息，因此，页面右侧弹出科技成果评价委托第一步“申请机构信息”往往需要修改，毕竟不同科研课题的负责人、联系人、联系方式等字段内容不一致。“发票信息”一般情况下不会有变动，但也不排除有科研机构搬迁、更名、机构改革合并等情况导致信息变化，这就需要委托科技成果评价时一并核实订正。第一步所有内容填写完整后，及时点击页面右上角或左下角的“保存草稿”按钮，保存该页面内容。

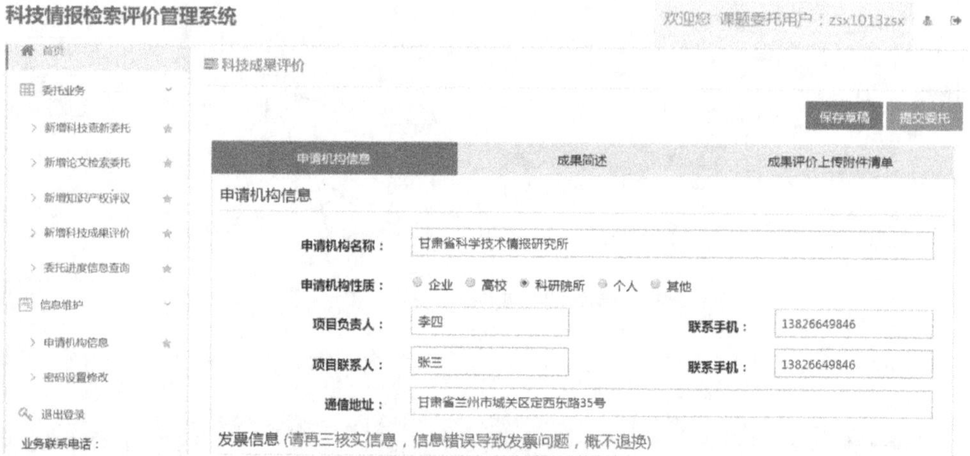

图 9-4 申请机构信息

第二步为“成果简述”板块，总体展示科技成果情况，如图 9-5 所示。具体包括 6 个子板块。第一子板块为“项目背景”，包括“科技成果名称、所属技术领域、任务来源、成果密级、成果类型、评价目的、经费来源、立项编号、经费投入、研究周期、研究背景”等。有填写、单选、多选等不同信息形式，其中标有红色星号字段为必填项。“研究背景”字段包括国内外技术情况，研究目的、意义，期望达到的技术效果等。第二子板块为“技术原理与性能指标”，包括“研究的内容、解决的问题、实现的目标”三部分内容。第三子板块为“技术的创新性与先进性”，包括“技术的创新点、技术的先进性”，其中“技术的创新点”采用分技术点填写，要创新点能够体现科研项目新颖性和技术进步的技术特征点，且每个查新点应清楚、准确，突出一个技术主题或技术特征。“技术的先进性”采用体现技术先进指标展示，且要求其先进性与创新点有关，即技术的先进是因为技术创新导致。如创新点为“采用 ××× 技术将纳米金刚石均匀镀在内燃机气缸内壁”，其技术先进指标为“镀层均匀度、平整度、内燃机气缸内壁寿命”等，所有技术先进指标均由“采用 ××× 技术将纳米金刚石均匀镀在内燃机气缸内壁”导致。第四子板块为“技术的成熟程度，适应范围和安全性”，这里的“技术的成熟程度”指关键技术的成熟情况。根据行业领域不同，技术成熟表述等级差异较大。工业类科技成果成熟度分为报告级（开展研究形成正式报告）、方案级（确定技术路线或研发方案）、功能级（完成关键功能分析或关键技术实验）、实验级（在模拟环境中完成仿真实验）、仿真级（在模拟环境中通过仿真验证）、模拟级（在模拟环境中完成测试试验）、试验级（在实际环境中完成测试试验）、验证级（在实际环境中通过试验验证）、应用级（在实际环境中实现成功应用）、推广级（在行业、单位、系统开展推广应用）、盈亏级（推广应用效益－投入≥0）、利润级（推广应用效益－投入≥投入的20%）、回报级（推广应用效益－投入≥投入的50%）；农业类科技成果成熟度分为报告级（开展研究形成正式报告）、方案级（确定技术路线或研发方案）、功能级（完成关键功能分析或关键技术实验）、实验级（在模拟环境中完成技术实验）、初样级（在模拟环境中形成实验样品）、模拟级（在模拟环境中完成样品验证）、小试级（在实际环境中完成小规模应用试验）、中试级（在实际环境中完成较大规模应用试验）、应用级（在实际环境中完成大规模应用试验）、推广级（在行业、单位、系统开展推广应用）、盈亏级（推广应用效益－投入≥0）、利润级（推广应用效益－投入≥投入的20%）、回报级（推广应用效益－投入≥投入的50%）；医药类科技成果成熟度分为报告级（开展研究形成正式报告）、方案级（确定技术路线或研发方案）、功能级（完成关键功能分析或关键技术实验）、实验级（在模拟环境中完成仿真实验）、仿真级（在模拟环境中通过仿真验证）、模拟级（在模拟环境中完成测试试验）、试验级（在实际环境中完成首次临床试验）、验证级（在实际环境中通过临床试验验证）、应用级（在实际环境中实现成功应用）、推广级（在行业、单位、系统开展推广应用）、盈亏级（推广应用效益－投入≥0）、利润级（推广应用效益－投入≥投入的20%）、回报级（推广应用效益－投入≥－投入的50%）。第五子板块为“应用情况及存在的问题”，包括“推广应用情况、经济效益情况、社会效益情况、生态效益情况、存在的问题”5个方面。第六子板块为“研发团队情况”，主要描述项目研发团队概况，包括项目负责人基本简历、团队科研承担情况、知识产权情况（论文、专利、标准等）、专业技术获奖（荣誉）情况、资质情况。包括“研发团队情况、负责人基本情况”2个方面。完整填写所有内容后，也需要及时点击页面右上角或左下角的“保存草稿”按钮，保存该页面内容。

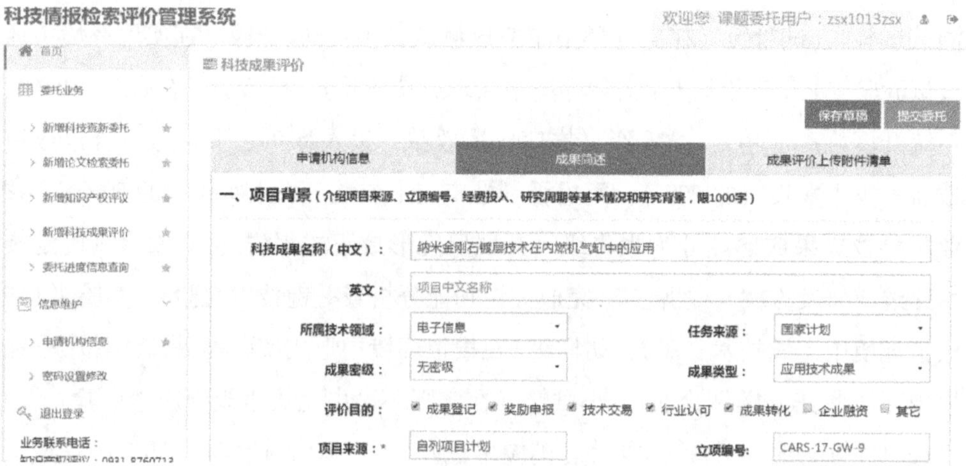

图 9–5　成果简述

第三步为“成果评价上传附件清单”，主要为相应的佐证材料，如图 9–6 所示。具体包括 7 个子板块。第一子板块为“查新报告”上传，为保证查新报告的权威性，要求为近六个月内由国家一级查新机构出具，完整上传查新报告所有页码。第二子板块为“科技论文、论著”上传，要求中文科技论文、论著等全部为纸质刊出，获得录用（刊用）通知、等待出版等佐证材料不作为中文科技论文、论著客观存在的充分条件。要求发表在国外或外文期刊科技论文在 WOS、EI 等数据库中能够检索，并提供国家一级查新机构检索报告。中文论文、论著要求上传封面、目录、正文第 1 页三部分内容，外文文献要求上传前三页内容。第三子板块为“应用证明”上传，主要针对科技成果已产生应用的科研课题。第四子板块为“社会效益证明、经济效益证明、生态效益证明”上传，其中“社会效益证明”为必须上传佐证材料。第五子板块为“专利证书或软件著作权证书、标准证书、动植物新品种证书、集成电路布图设计专有权证书、新药证书、检测报告等”上传。第六子板块为“工作报告、研究（技术）

报告”上传。其中“工作报告”包括项目来源、工作进度安排、经费使用、研发人员及分工等内容。“研究（技术）报告”符合硕博士学位论文撰写格式要求，内容用语书面化、学术化。第七子板块为“主要研制人员名单”上传，为方便高效填写该子板块，特别上传了“主要研制人员名单”模板，参考样式填写即可。第三步除“工作报告、研究（技术）报告”外，其他佐证材料均要求第三方提供。完成第三步填写后仍需点击页面右上角或左下角的“保存草稿”按钮，保存该页面内容。

完成科技成果评价委托三步填写后，点击任何一步的右上角或左下角的“提交委托”按钮，均可进行所有字段系统自动校验。系统校验无误，将弹出“委托成功”，即为完成科技成果评价委托，等待手机、电话等受理反馈信息即可。系统校验弹出“更新失败，××× 必填”，则需要逐项进行修改，之后再提交委托。

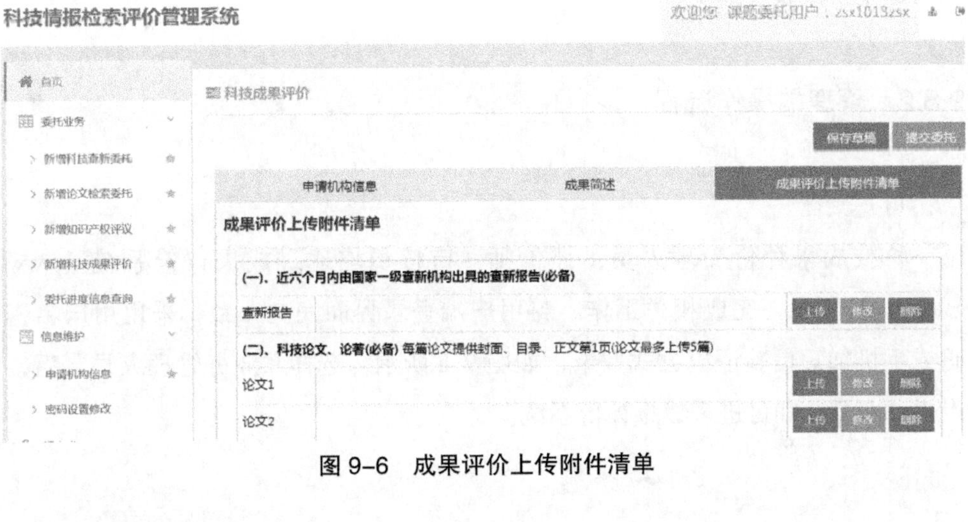

图 9-6　成果评价上传附件清单

（4）合同签订

提交符合要求的科技成果评价内容后，由管理端的受理人员完成受理，系统将在“业务受理”下的“未受理”中自动生成“合同下载”，如图 9-7 所示。点击合同下载，并打印，完成委托方与科技成果第三方评价机构的“科技成果评价技术服务合同”签订。支付相应服务费用，上传付费凭证后，即开始该科技成果的评价工作。

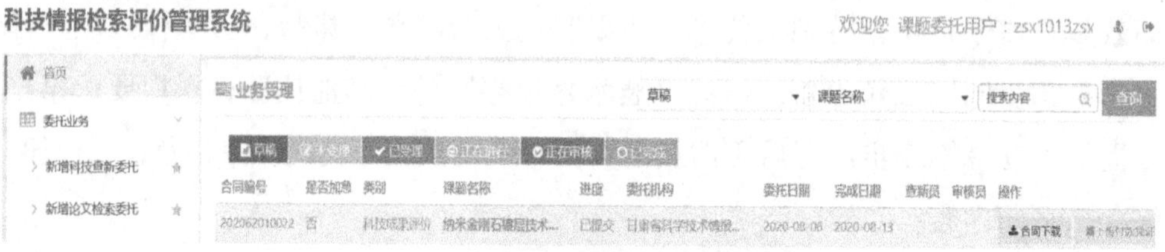

图 9–7 业务委托用户合同签订

（5）报告收取

登录成果评价系统后，点击“委托进度信息查询”，可以从“草稿、未受理、已受理、正在进行、正在审核、已完成”等选项卡中查看科技成果评价的进度和完成日期。一般情况为在完成日期当天，科技成果评价报告将以快递方式发送至用户收件地址。

9.3.2 管理端操作流程

（1）受理

科技成果评价受理人员、评价师、审核员均通过成果评价系统（www.gskjpj.cn）登录，完成相关工作。与用户端登录界面完全一致，采用用户名密码或手机加短信验证码方式登录，如图 9-8 所示，选择“业务管理人员”后，点击“登录”即可进入成果评价系统。

图 9-8　管理端登录

科技成果评价受理人员登录后的界面，如图 9-9 所示。由于“科技情报检索评价管理系统”为综合一站式服务系统，成果评价系统只是其中一个子系统，因此成果评价受理人员登录后，需点击“科技成果评价”选项，将需要受理的成果评价业务全部筛选出来。找到未受理成果评价委托课题，点击右侧“受理”按钮，即可进入该科技成果委托课题的审核界面。

图 9-9　成果评价业务受理 1

科技成果评价受理人员进入审核页面后，主要内容与用户端的委托页面一致，在此不再赘述。受理人员需要特别注意如下事项：①科技成果评价委托机构、科技成果评价技术服务合同中委托机构、开票信息中开票名称必须一致，或为协作单位（要求与研制人员名单中协作机构一致）。如出现张三委托，开具李四发票，又无相关协作关系，一律退回修改。②科技成果评价委托机构提交的论文、论著、专利证书、软件著作权证书、标准证书、动植物新品种证书、集成电路布图设计专有权证书、新药证书、检测报告等必须与该科技成果科研内容密切相关。不相关或联系不紧密等情况一律予以退回，要求科技成果评价委托机构删减或补充其他密切相关资料。③科技成果评价委托机构提交的佐证材料必须为第三方资料，如查新报告、检索报告、应用证明、社会经济生态效益证明、检测报告等全部为科技成果评价委托机构、协作机构之外第三方提供。④工作报告、研究（技术）报告严格按要求撰写，内容不详实、格式混乱等情况一律退回修改。⑤研制人员名单，要求根据科技成果科研贡献排序，杜绝主要研究人排列靠后，与科研技术无关领导干部排列在前情况。主要对比参考相关论文、论著排名情况。

科技成果评价委托提交信息内容符合要求，成果评价受理人员应及时填写相关受理信息，点击受理，如图 9-10 所示，并与科技成果评价委托联系人取得联系，确认相关服务费用、合同、评价服务周期等事宜。其中科技成果评价受理人员完成受理时，系统将自动生成标准制式“科技成果评价技术服务合同”。

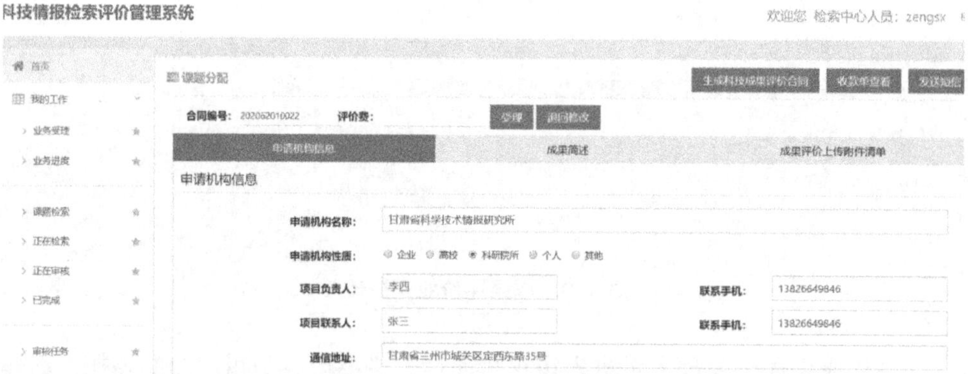

图 9-10　成果评价业务受理 2

科技成果评价委托提交信息内容不符合要求，成果评价受理人员应及时反馈意见和建议，点击“退回修改”，如果修改内容较多，应通过成果评价系统中加载的短信系统发送相应修改内容。点击“发送短信”，进行短信编辑，如图 9-11 所示。

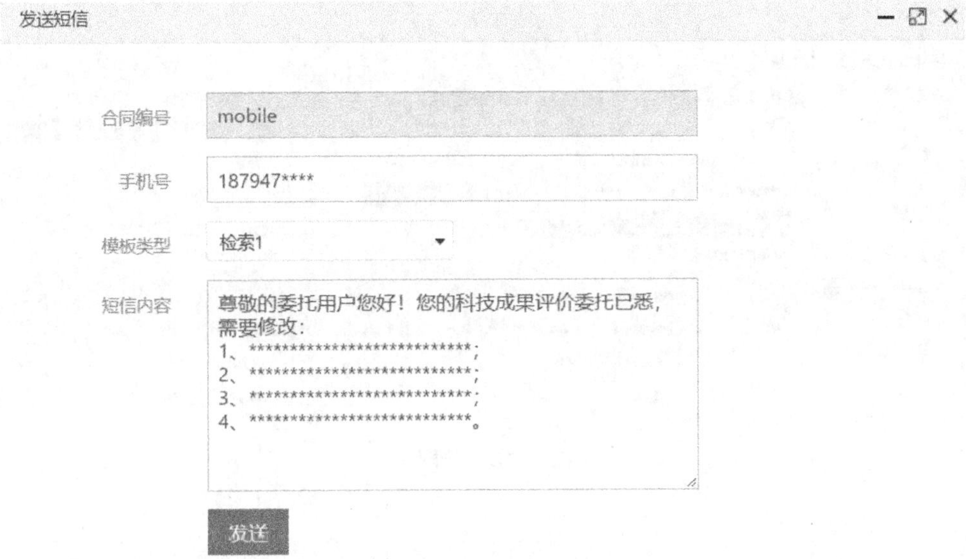

图 9-11　发送短信

科技成果评价委托完成评价服务付款凭证上传后，在“业务受理”页面中点击“分配”，如图 9-12 所示。

图 9-12　分配 1

科技成果评价受理分配界面如图 9-13 所示。此时，需要科技成果评价受理人员选择评价师和审核员，以及委托日期和完成日期，选择完成后点击“分配”按钮，该科技成果评价课题即完成了委托受理阶段，进入评价师评价环节。

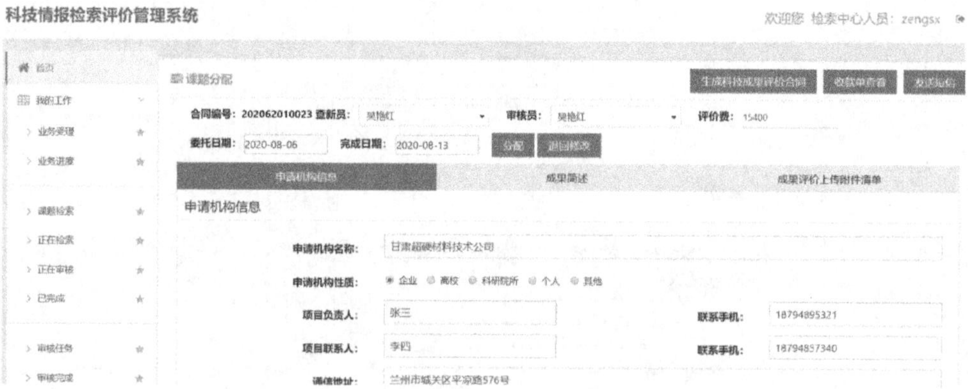

图 9-13　分配 2

（3）评价

评价师登录成果评价管理端系统，点击首页左侧“课题检索”，进入图 9-14 界面。评价师点击“查看”即可了解该科技成果评价委托课题的所有内容信息，并可下载相关附件，该界面与用户端委托界面一致，在此不再赘述。如果发现内容有较为严重的问题，可以在“课题检索”界面点击“退回”，或将问题反馈给科技成果评价受理人员进行“撤回”操作，重新受理。如无相关问题，即可开展评价工作。

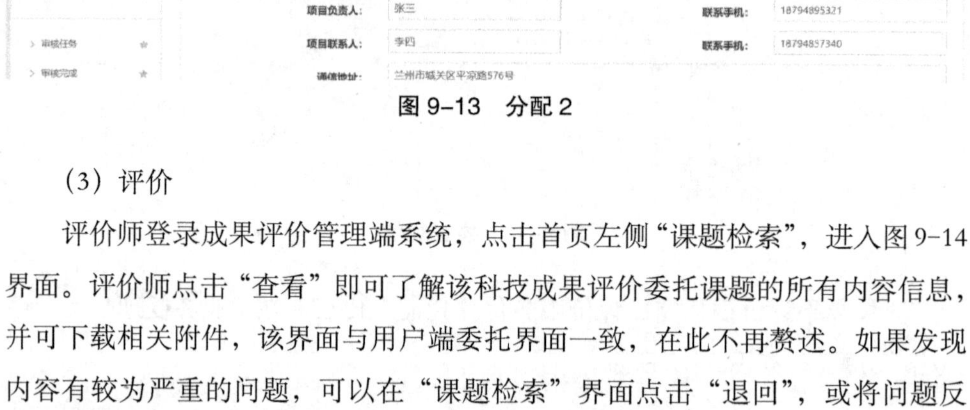

图 9-14　评价

评价师完成科技成果评价后，在“课题检索”界面点击“上传科技成果报告”按钮，进入图 9-15 界面。在该界面上传完成的科技成果评价报告，系统将自动跳转至“正在评价”界面，如图 9-16 所示，选择相应审核员，评价师在该界面继续点击“递交审核”，如图 9-17 所示，表明评价师完成了该科技成果评价，进入审核环节。

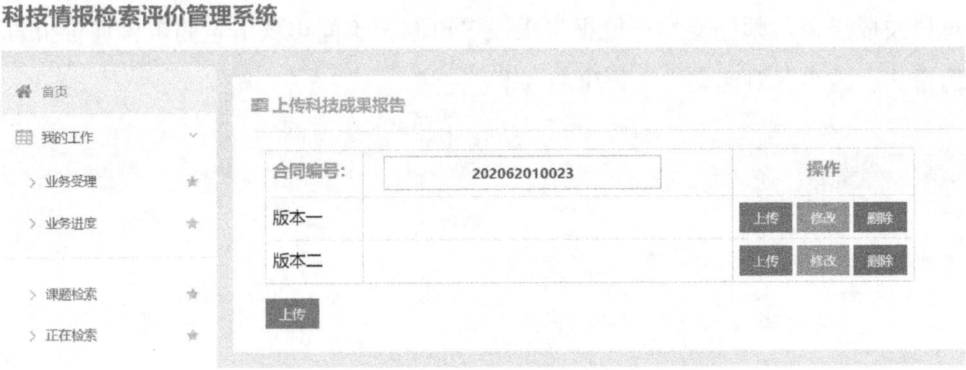

图 9-15　上传报告

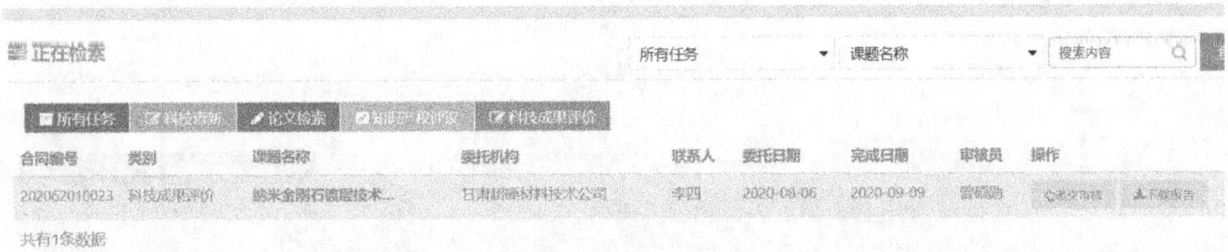

图 9-16　递交审核 1

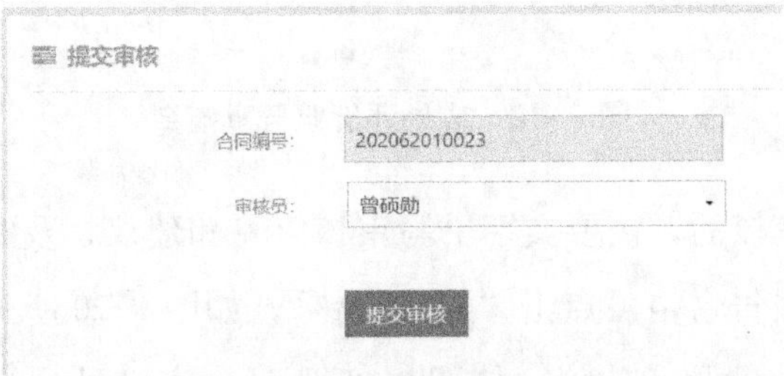

图 9-17　递交审核 2

（4）审核

审核员登录成果评价系统管理端，点击左侧“审核任务”即可查看到待审核的科技成果评价报告，如图 9–18 所示。审核员点击“查看”，弹出图 9–19 界面，在该页面可点击“下载科技成果报告”，详细审核评价师提交的科技成果评价报告。

当前，为保证评价客观、科学、公平、公正，以及评价报告的高质量，针对科技成果评价师提交的评价报告采取二审制，不同审核员全面审核评价报告的格式、内容、对比文件、评价结果等。

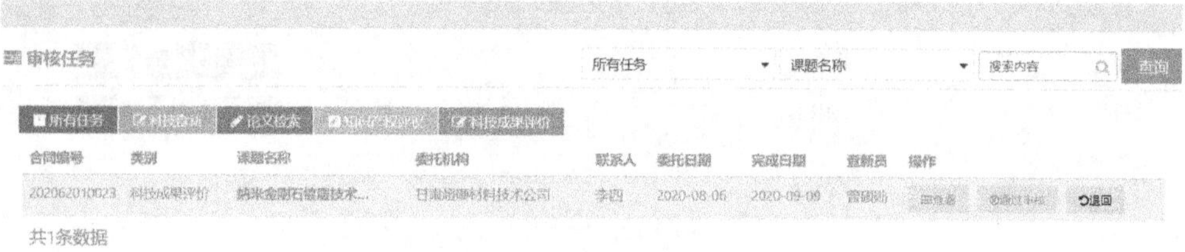

图 9–18　成果评价业务审核 1

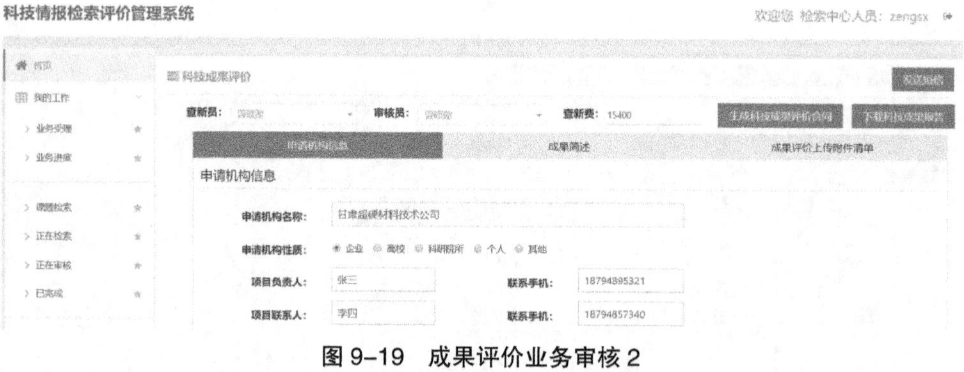

图 9–19　成果评价业务审核 2

审核员完成审核后，需要文字书写审核意见和建议，及时反馈给评价师。审核员认为评价报告合格可点击“通过审核”，如图 9–20 所示，上传评价审核报告，并发送审核意见和建议，如图 9–21 所示。审核员认为评价报告出现偏差可点击“退回”，如图 9-22 所示，上传评价退修报告，并发送审核意见和建议。退修报告将退回到评价师处进行修改完善，修改完后再次提交给审核员，直至通过审核为止。

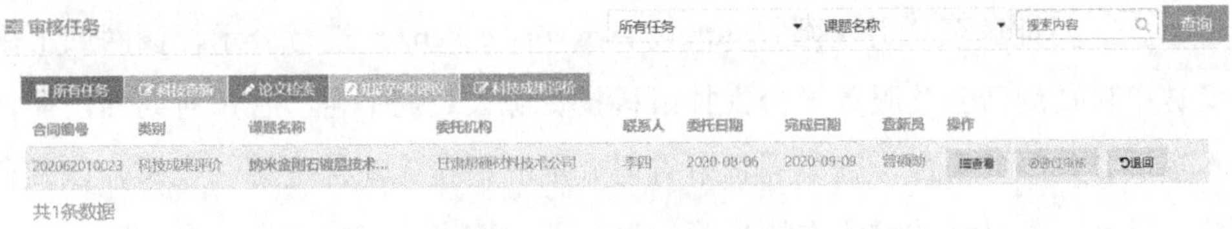

图 9-20　成果评价业务审核 3

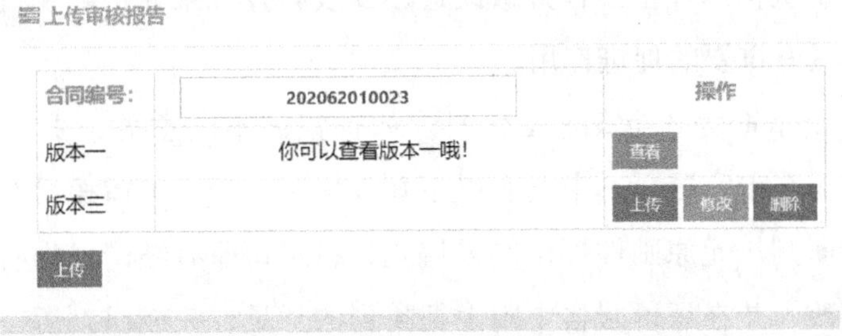

图 9-21　通过

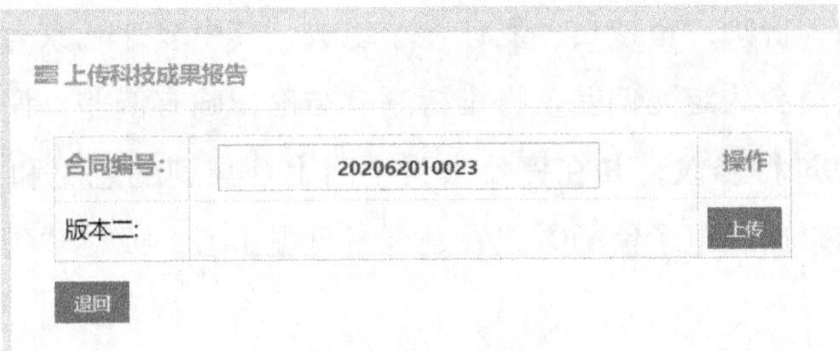

图 9-22　退修

（5）推送公示

科技成果评价报告完成审核后，科技成果评价机构在成果评价系统之外，进行专家遴选，召开专家咨询会（线上、线下结合），评价报告再次根据专家意见修订等一系列工作。评价师结合专家意见完成修订评价报告后，再次上传评价报告，提交二审审核员再次审核，具体审核流程与一审一致，不再赘述。

二审审核员审核通过后，成果评价系统将完成该科技成果评价结果的推送公示。主要推送至“科聚网”（https://www.gskeju.cn/）进行公示，该网站汇聚了甘肃科技创新公共服务平台、甘肃科技资源大数据平台、甘肃省共建产业技术基础公共服务平台，聚集了甘肃省内大量的科技人才、资源、成果，以及科技交易创新券（科技财政支持）等信息，覆盖面广，影响度高。在该网站公示科技成果评价结果，有利于扩大公示面，征集更多不同声音，对甘肃省第三方科技成果评价机构的评价工作升级改进，以及科技成果评价委托机构的科研水平提高，均具有重要的促进作用。

当前，公示期为 3 至 5 个工作日。如征集到不同意见，由评价师进行整理，并提交至二审审核员。主要有以下几种情况。①二审审核员召集评价师、审核员进行研判，无原则性评价结果偏差，将维持原有结论；确有偏差，评价师将据实修改，并在评价报告中附上征集到的意见。完成研判后，通过电子信函发送至不同意见提出者，如为非实名意见提出者，则再通过“科聚网”进行研判结果展示。②如审核员和评价师均无法研判，则由二审审核员召集组建复评委员会，由评价师、审核员、复评专家组成，其中复评专家为非专家咨询会专家。复评委员会认定无偏差，将维持原有结论；确有偏差，评价师将根据复评委员会意见进行修改，并在评价报告中附上征集到的意见和复评委员会意见。将复评结果通过电子信函方式发送至意见提出者，或在“科聚网”展示复评结果。

（6）出具报告

完成公示及相关修改工作后，评价师在“业务进度”中的“已完成”选项卡中下载最终科技成果评价报告，如图 9-23 所示，按照规定制式装订成册。最后在科技成果评价系统“快递统计”模块中提取快递信息，以快递方式将科技成果评价报告发送至用户地址。

图 9–23　成果评价业务出具报告

（7）归档

在成果评价系统完成科技成果评价报告快递后，与科技成果评价委托用户之间的服务约定结束。与该科技成果评价委托相关的所有资料将进行归档处理，具体包括纸质材料归档和电子材料归档两部分。纸质归档材料包括科技成果评价技术服务合同、科技成果评价报告 1 份、涉密科技成果评价非涉密材料（科技成果评价技术服务合同、评价咨询专家信息等）；电子归档材料包括所有科技成果评价委托信息、评价过程信息、评价结果信息等，其中评价过程信息具体包括时间节点信息、人物（成果评价委托人、负责人、成果评价委托答辩人、评价师、审核员、咨询专家、公示意见者）信息、事件（委托、受理、评价、审核、退回、修改、公示、研判、复评等）信息。纸质材料归档后，由专人负责管理，依据科技档案管理规范流程存、取、查阅。电子材料归档后，将自动锁死系统原有的撤回、退回、上传、修改等功能，仅在系统管理员授权条件下才能调阅完整科技成果评价内容，授权后可复制，但不能修改。

根据相关国家政策要求，涉密科技成果不在成果评价系统中委托，不形成任何电子信息，全程隔离电子网络设备。专人对接，由 1 名评价师和 1 名审核员完成受理、评价、审核工作，并签订相关保密协议，评价机构其他人员不得参与其中。专家咨询会不再借助网络视频，全部采取现场会议形式，并要求所有与会专家签订相关保密协议。成果评价工作完成后，所有相关纸质资料全部返还该科技成果评价委托机构，评价机构仅保留科技成果评价技术服务合同、评价咨询专家等非涉密纸质材料，作为工作痕迹留档。

第10章

科技成果评价典型案例

10.1 概述

“根茎放牧型清水紫花苜蓿新品种选育与推广应用”科技成果来源于“十一五”国家科技支撑计划课题“西北优势和特色牧草生产加工关键技术研究与示范”（项目编号：2007BAD52B06）和“十一五”国家科技支撑计划子课题“优质抗逆苜蓿品种选育”（项目编号：2006BAD01A19-6），研究周期16年（2002—2018年），总投资约350万元。该科技成果属于现代农业领域，根据《国民经济行业分类》（国家标准GB/T 4754—2017），主要应用于草种植和农林牧渔技术推广服务行业。

该科技成果研发团队针对我国干旱、半干旱、半湿润生态区对苜蓿种植的特殊要求，搜集、发现、驯化了具有抗旱和强大自我繁殖能力的根茎型苜蓿种质资源——清水紫花苜蓿，并开展了该种质资源的系统鉴定、综合评价、品种选育和推广应用等一系列研究工作，建立和优化了清水紫花苜蓿原生质体分离和培养体系及清水紫花苜蓿和百脉根体细胞杂交技术体系，拓展了苜蓿功能，形成了根茎型紫花苜蓿种质鉴定和推广模式。2014—2018年，该科技成果在甘肃省定西市安定区、金昌市永昌县、白银市会宁县、白银市靖远县、天水市麦积区及山西省繁峙县开展了广泛的推广与示范，面向示范区组织培训了苜蓿旱作保苗栽培、老苜蓿地切根补播新品种改良、宽行稀植苜蓿种子生产、覆黑膜压碱保墒精准播种等一系列实用技术，提高了旱作地区苜蓿种植的生产技术水平和经营管理水平，促进了苜蓿草的就地转化和旱作草地农业生态系统的良性循环，创造了更多的就业机会，推动了草畜产业的发展。同时该科技成果促进了旱作草地农业生态系统良性循环。截至 2018 年 5 月底，清水紫花苜蓿及其种子种植累计推广示范面积 4.238 万亩，新增销售额 7946.21 万元，新增利润 3066.76 万元，取得了较好的推广应用价值。

该科技成果研发团队成功获批新草品种 1 个；申报与本科技成果密切相关的发明专利 5 项，其中获得授权 3 项，获得实用新型专利授权 2 项；公开出版与本科技成果密切相关的专著 2 部，公开发表与本科技成果密切相关的学术论文 83 篇，其中被 SCI 数据库收录 2 篇，被 CSCD 数据库收录 78 篇。

10.2 成熟度评价

该科技成果的成熟度技术分解如表 10-1 所示，其关键技术是开展根茎型清水紫花苜蓿形态学、地下结构解剖特征、根茎芽发育成枝过程中叶元发生模式、细胞学、遗传生化标记、DNA 分子标记、抗旱性、抗寒性、根系发育能力、生产性能、碳代谢产物变化、体细胞杂交等研究。该科技成果主交付物为方法、硬件，副交付物为科技查新报告、检索证明报告、专利分析报告、新草品种、专利、专著、学术论文、应用证明等。根据成果论文、新草品种、专利、应用证明等佐证材料查证，该科技成果的关键技术达到在实际环境中成功应用的水平，技术成熟度达到 9 级（系统级：实际通过任务运行的成功考验）。

该科技成果总投入约 350 万元，2010 年获批新草品种认证，经过大量的实验研究、驯化等工作，2014 年起在甘肃省定西市安定区、金昌市永昌县、白银市会宁县、白银市靖远县、天水市麦积区及山西省繁峙县等地区完成了推广与示范。截至 2018 年 5 月底，清水紫花苜蓿及其种子种植累计推广示范面积 4.238 万亩，新增销售额 7946.21 万元，新增利润 3066.76 万元。综合关键技术成熟度等级（表 10-2）、应用证明佐证材料及专家咨询意见，该科技成果整体的技术成熟度达到 13 级（回报级：收回投入稳赚利润）。

表 10–1　成熟度技术分解

WBE 编号	技术模块内容	交付物类型	成熟度	佐证材料编号
1	根茎放牧型清水紫花苜蓿新品种选育与推广应用			
1.1	根茎型清水紫花苜蓿形态学研究	方法、硬件	13	[12、90]
1.2	根茎型清水紫花苜蓿地下结构解剖特征研究			
1.2.1	根茎混杂部位解剖特性研究	方法、硬件	13	[12]
1.2.2	地下水平横走结构的解剖特性研究	方法、硬件	13	[12]
1.2.3	地下分蘖芽解剖特征研究	方法、硬件	13	[12]
1.3	紫花苜蓿根颈芽发育成枝过程中叶元发生模式研究			
1.3.1	叶元的发生模式研究	方法、硬件	13	[12]
1.3.2	根颈芽越冬期超微结构研究	方法、硬件	13	[12、30、39]
1.4	根茎清水紫花苜蓿细胞学研究			
1.4.1	核型分析标准研究	方法、硬件	13	[12、78]
1.4.2	核型分类研究	方法、硬件	13	[12、78]
1.4.3	聚类分析研究	方法、硬件	13	[12、78]
1.5	根茎清水紫花苜蓿遗传生化标记研究			
1.5.1	同工酶酶带分布特征研究	方法、硬件	13	[12、83、86、89]
1.5.2	供试苜蓿材料的相似系数研究	方法、硬件	13	[12、83]
1.5.3	供试苜蓿材料的聚类分析研究	方法、硬件	13	[12、83]
1.5.4	供试苜蓿材料的主成分分析研究	方法、硬件	13	[12、83]
1.6	根茎清水紫花苜蓿 DNA 分子标记研究			
1.6.1	SSR 标记多态性分析研究	方法、硬件	13	[12、41]

续表

WBE编号	技术模块内容	交付物类型	成熟度	佐证材料编号
1.6.2	相似系数研究	方法、硬件	13	[12、41]
1.6.3	聚类分析研究	方法、硬件	13	[12、41]
1.6.4	主成分分析研究	方法、硬件	13	[12、41]
1.7	根茎清水紫花苜蓿抗旱性研究			
1.7.1	水分胁迫对苜蓿叶片形态特征的影响研究	方法、硬件	13	[12、14-16]
1.7.2	水分胁迫对苜蓿叶绿素含量的影响研究	方法、硬件	13	[12、14-16]
1.7.3	水分胁迫对苜蓿叶片和根系含水量的影响研究	方法、硬件	13	[12、14-16]
1.7.4	水分胁迫对苜蓿叶片和根系脯氨酸的影响研究	方法、硬件	13	[12、14-16]
1.7.5	水分胁迫对苜蓿叶片和根系 MDA 含量的影响研究	方法、硬件	13	[12、14-16]
1.7.6	水分胁迫对苜蓿叶片和根系可溶性糖含量的影响研究	方法、硬件	13	[12、14-16]
1.7.7	水分胁迫对苜蓿叶片和根系 SOD 活性的影响研究	方法、硬件	13	[12、14-16]
1.7.8	不同根型苜蓿抗旱性综合评价研究	方法、硬件	13	[7-8、12、14-16、69]
1.8	根茎清水紫花苜蓿抗寒性研究			
1.8.1	不同根型苜蓿田间越冬率的观测研究	方法、硬件	13	[12、14、67-68]
1.8.2	田间抗寒性测定过程中月平均气温与土温的变化研究	方法、硬件	13	[12、14、67-68]
1.8.3	不同生态区各根型苜蓿生理化指标的动态变化研究	方法、硬件	13	[12、14、67-68]

续表

WBE 编号	技术模块内容	交付物类型	成熟度	佐证材料编号
1.8.4	田间低温胁迫下不同根型苜蓿抗寒性综合评价	方法、硬件	13	[12、14、67-68]
1.9	根茎清水紫花苜蓿根系发育研究			
1.9.1	不同根型苜蓿根颈特性研究	方法、硬件	13	[12、44]
1.9.2	不同根型苜蓿根系特性研究	方法、硬件	13	[12、44、64]
1.9.3	根系相关性分析	方法、硬件	13	[12、44]
1.9.4	根系主成分分析	方法、硬件	13	[12、44]
1.9.5	不同根型苜蓿根系发育能力的综合分析研究	方法、硬件	13	[12、44]
1.9.6	不同根型苜蓿根系体积、生物量变化研究	方法、硬件	13	[12、44]
1.10	根茎清水紫花苜蓿生产性能研究			
1.10.1	田间病虫害研究	方法、硬件	13	[45、48、50、56-67]
1.10.2	不同根型苜蓿的株高变化研究	方法、硬件	13	[50]
1.10.3	不同根型苜蓿的叶茎比研究	方法、硬件	13	[50]
1.10.4	不同根型苜蓿的产草量研究	方法、硬件	13	[35、50、65]
1.10.5	不同根型苜蓿营养成分变化研究	方法、硬件	13	[35、50]
1.10.6	不同年份营养成分含量变化研究	方法、硬件	13	[18]
1.11	根茎型清水紫花苜蓿碳代谢产物变化研究			
1.11.1	可溶性糖变化研究			
1.11.2	淀粉变化研究			
1.11.3	蔗糖变化研究			
1.11.4	还原性糖变化研究			

续表

WBE 编号	技术模块内容	交付物类型	成熟度	佐证材料编号
1.11.5	地上、地下部分碳水化合物相关分析研究			
1.12	根茎型清水紫花苜蓿体细胞杂交研究			
1.12.1	IOA 和 R-6G 预处理对紫花苜蓿和百脉根原生质体生长和再生的影响研究	方法、硬件	13	[35]
1.12.2	不同荧光染料对苜蓿原生质体细胞染色效果的影响研究	方法、硬件	13	[35]
1.12.3	PEG 浓度对清水紫花苜蓿和百脉根细胞融合的影响研究	方法、硬件	13	[35]
1.12.4	融合细胞的培养和再生研究	方法、硬件	13	[35]
1.13	根茎型清水紫花苜蓿推广应用研究	方法、硬件	13	[13、24、27、97-102]

表 10-2 技术成熟度等级

评价等级	名称	含义
第 13 级	回报级	收回投入稳赚利润
第 12 级	利润级	利润达到投入的 20%
第 11 级	盈亏级	批产达到盈亏平衡点
第 10 级	销售级	第一个销售合同回款
第 9 级	系统级	实际通过任务运行的成功考验
第 8 级	产品级	实际系统完成并通过实验验证
第 7 级	环境级	在实际环境中的系统样机试验
第 6 级	正样级	相关环境中的系统样机演示
第 5 级	初样级	相关环境中的部件仿真验证
第 4 级	仿真级	研究室环境中的部件仿真验证

续表

评价等级	名称	含义
第 3 级	功能级	关键功能分析和实验结论成立
第 2 级	方案级	形成了技术概念或开发方案
第 1 级	报告级	观察到原理并形成正式报告

10.3 创新度评价

该科技成果的创新度技术分解如表 10–3 所示，其创新技术是：根茎型清水紫花苜蓿形态学，地下结构的解剖特征、细胞学、遗传生化标记、DNA 分子标记及推广应用研究。技术创新主要体现在培育了根茎放牧型紫花苜蓿品种——清水紫花苜蓿，制定了紫花苜蓿种质鉴定模式（地下器官组织解剖 + 核型分析 + 同工酶谱分子 + 分子标记鉴定）和紫花苜蓿推广模式（成果转化项目资助 + 原种生产基地建设 + 半干旱山区生态草地建植 + 放牧养殖）。

该科技成果研发团队成功获批新草品种 1 个；申报与本科技成果密切相关的发明专利 5 项，其中获得授权 3 项，获得实用新型专利授权 2 项；公开出版与本科技成果密切相关的专著 2 部，公开发表与本科技成果密切相关的学术论文 83 篇，其中 SCI 数据库收录 2 篇，CSCD 数据库收录 78 篇。涉及的知识产权与核心技术具有较密切的关联性。核心技术属自主创新技术。根据《创新成果技术检索与分析报告》中核心技术查新，并分析相关新品种证书、学术论文、专著等资料，该科技成果关键 WBE（工作分解单元）的技术创新点在国内未见公开文献中未见相同报道，技术创新度达到 4 级（该成果的关键技术创新点在国内未见完全相同文献报道）。综合关键技术创新度等级（表 10–4），查新报告、文献分析及专家咨询意见，该科技成果整体的技术创新度达到 6 级（该科技成果的关键技术创新点在国际范围内未见完全相同文献报道）。

表 10–3　创新度技术分解

WBE 编号	技术模块内容	是否国内创新	创新描述	佐证材料编号
1	根茎放牧型清水紫花苜蓿新品种选育与推广应用			
1.1	根茎型清水紫花苜蓿形态学研究	✓	培育了根茎放牧型紫花苜蓿品种——清水紫花苜蓿	[1、4、12、90]
1.2	根茎型清水紫花苜蓿地下结构解剖特征研究	✓	紫花苜蓿种质鉴定模式：地下器官组织解剖 + 核型分析 + 同工酶谱分子 + 分子标记鉴定	[1、12、41、78、83、86、89]
1.2.1	根茎混杂部位解剖特性研究			
1.2.2	地下水平横走结构的解剖特性研究			
1.2.3	地下分蘖芽解剖特征研究			
1.3	紫花苜蓿根颈芽发育成枝过程中叶元发生模式研究	×		无相关佐证材料
1.3.1	叶元的发生模式研究	×		无相关佐证材料
1.3.2	根颈芽越冬期超微结构研究	×		无相关佐证材料
1.4	根茎清水紫花苜蓿细胞学研究	✓	紫花苜蓿种质鉴定模式：地下器官组织解剖 + 核型分析 + 同工酶谱分子 + 分子标记鉴定	[1、12、41、78、83、86、89]
1.4.1	核型分析标准研究			
1.4.2	核型分类研究			
1.4.3	聚类分析研究			
1.5	根茎清水紫花苜蓿遗传生化标记研究	✓	紫花苜蓿种质鉴定模式：地下器官组织解剖 + 核型分析 + 同工酶谱分子 + 分子标记鉴定	[1、12、41、78、83、86、89]
1.5.1	同工酶酶带分布特征研究			
1.5.2	供试苜蓿材料的相似系数研究			
1.5.3	供试苜蓿材料的聚类分析研究			
1.5.4	供试苜蓿材料的主成分分析研究			

续表

WBE 编号	技术模块内容	是否国内创新	创新描述	佐证材料编号
1.6	根茎清水紫花苜蓿 DNA 分子标记研究	✓	紫花苜蓿种质鉴定模式：地下器官组织解剖 + 核型分析 + 同工酶谱分子 + 分子标记鉴定	[1、12、41、78、83、86、89]
1.6.1	SSR 标记多态性分析研究			
1.6.2	相似系数研究			
1.6.3	聚类分析研究			
1.6.4	主成分分析研究			
1.7	根茎清水紫花苜蓿抗旱性研究	×		无相关佐证材料
1.7.1	水分胁迫对苜蓿叶片形态特征的影响研究	×		无相关佐证材料
1.7.2	水分胁迫对苜蓿叶绿素含量的影响研究	×		无相关佐证材料
1.7.3	水分胁迫对苜蓿叶片和根系含水量的影响研究	×		无相关佐证材料
1.7.4	水分胁迫对苜蓿叶片和根系脯氨酸的影响研究	×		无相关佐证材料
1.7.5	水分胁迫对苜蓿叶片和根系 MDA 含量的影响研究	×		无相关佐证材料
1.7.6	水分胁迫对苜蓿叶片和根系可溶性糖含量的影响研究	×		无相关佐证材料
1.7.7	水分胁迫对苜蓿叶片和根系 SOD 活性的影响研究	×		无相关佐证材料
1.7.8	不同根型苜蓿抗旱性综合评价研究	×		无相关佐证材料
1.8	根茎清水紫花苜蓿抗寒性研究	×		无相关佐证材料
1.8.1	不同根型苜蓿田间越冬率的观测研究	×		无相关佐证材料

续表

WBE编号	技术模块内容	是否国内创新	创新描述	佐证材料编号
1.8.2	田间抗寒性测定过程中月平均气温与土温的变化研究	×		无相关佐证材料
1.8.3	不同生态区各根型苜蓿生理化指标的动态变化研究	×		无相关佐证材料
1.8.4	田间低温胁迫下不同根型苜蓿抗寒性综合评价	×		无相关佐证材料
1.9	根茎清水紫花苜蓿根系发育研究	×		无相关佐证材料
1.9.1	不同根型苜蓿根颈特性研究	×		无相关佐证材料
1.9.2	不同根型苜蓿根系特性研究	×		无相关佐证材料
1.9.3	根系相关性分析	×		无相关佐证材料
1.9.4	根系主成分分析	×		无相关佐证材料
1.9.5	不同根型苜蓿根系发育能力的综合分析研究	×		无相关佐证材料
1.9.6	不同根型苜蓿根系体积、生物量变化研究	×		无相关佐证材料
1.10	根茎清水紫花苜蓿生产性能研究	×		无相关佐证材料
1.10.1	田间病虫害研究	×		无相关佐证材料
1.10.2	不同根型苜蓿的株高变化研究	×		无相关佐证材料
1.10.3	不同根型苜蓿的叶茎比研究	×		无相关佐证材料
1.10.4	不同根型苜蓿的产草量研究	×		无相关佐证材料
1.10.5	不同根型苜蓿营养成分变化研究	×		无相关佐证材料
1.10.6	不同年份营养成分含量变化研究	×		无相关佐证材料
1.11	根茎型清水紫花苜蓿碳代谢产物变化研究	×		无相关佐证材料
1.11.1	可溶性糖变化研究	×		无相关佐证材料

续表

WBE 编号	技术模块内容	是否国内创新	创新描述	佐证材料编号
1.11.2	淀粉变化研究	×		无相关佐证材料
1.11.3	蔗糖变化研究	×		无相关佐证材料
1.11.4	还原性糖变化研究	×		无相关佐证材料
1.11.5	地上、地下部分碳水化合物相关分析研究	×		无相关佐证材料
1.12	根茎型清水紫花苜蓿体细胞杂交研究	×		无相关佐证材料
1.12.1	IOA 和 R-6G 预处理对紫花苜蓿和百脉根原生质体生长和再生的影响研究	×		无相关佐证材料
1.12.2	不同荧光染料对苜蓿原生质体细胞染色效果的影响研究	×		无相关佐证材料
1.12.3	PEG 浓度对清水紫花苜蓿和百脉根细胞融合的影响研究	×		无相关佐证材料
1.12.4	融合细胞的培养和再生研究	×		无相关佐证材料
1.13	根茎型清水紫花苜蓿推广应用研究	✓	清水紫花苜蓿推广模式：成果转化项目资助＋原种生产基地建设＋半干旱山区生态草地建植＋放牧养殖	[1、13、25、27、97-102]

注：✓表示有创新性，× 表示无创新性。

表 10-4 技术创新度等级

评价等级	含义
第 7 级	该成果的关键技术创新点在国际范围内未见相同文献报道
第 6 级	该成果的关键技术创新点在国际范围内未见完全相同文献报道
第 5 级	该成果的关键技术创新点在国内未见相同文献报道
第 4 级	该成果的关键技术创新点在国内未见完全相同文献报道
第 3 级	该成果的关键技术创新点在省内未见相同文献报道
第 2 级	该成果的关键技术创新点在省内未见完全相同文献报道
第 1 级	该成果的关键技术创新点在省内已有相同文献报道

10.4 先进度评价

该科技成果的先进度指标对比如表 10-5 所示，技术先进度指标为叶茎比(%)、粗蛋白质含量(%)、抗寒性(Pro、WSS、SP、MDA、CAT、SOD 指标均值)和抗旱性（相对含水量、叶绿素、可溶性糖、脯氨酸、丙二醛、超氧化物歧化酶活性指标均值)，4 项指标数值均反映了该科技成果品种（清水紫花苜蓿）的优良性状。委托机构提供的期刊论文作为自身技术指标的证明，提供的期刊论文、学位论文作为对比参照物指标的证明。

根据指标数值对比分析，该科技成果品种指标叶茎比低于国内其他品种苜蓿；抗寒性、抗旱性指标超过国内佐证材料中所报道的多数相关指标值；粗蛋白质含量指标明显高于国内佐证材料中所报道的相关指标值，对比技术先进度等级（表 10-6)，关键技术先进度达到 5 级（该成果的关键技术指标达到国内同领域的领先水平)。经检索并结合专家咨询意见，该科技成果的整体技术先进度达到 6 级（该成果的关键技术指标达到国际同领域的先进水平)。

表 10–5　先进度指标对比

本成果				参照物				先进度
指标序号	指标	指标值	证明材料编号	指标	国内	指标值	证明材料编号	
1	叶茎比（%）	44~48.8	[65]	甘农 2 号叶茎比（%）	核心期刊	42.1~45.5	[65、37-69、103]	+
				河西走廊种植甘农 3 号叶茎比（%）	核心期刊	81±7		−
				黄羊镇甘农 1 号叶茎比（%）	核心期刊	137		−
2	粗蛋白质含量（%）	19.33~21.35	[65]	野生黄花苜蓿粗蛋白质含量（%）	核心期刊	18.53~20.56		+
				甘农 2 号粗蛋白质含量（%）	核心期刊	18.21~20.46		+
				陇东苜蓿粗蛋白质含量（%）	核心期刊	18.94~21.05		+
				永登苜蓿太阳神粗蛋白质含量（%）	核心期刊、学位论文	18.42±0.28		+

续表

本成果				参照物				先进度
指标序号	指标	指标值	证明材料编号	指标	国内	指标值	证明材料编号	
3	抗寒性（Pro、WSS、SP、MDA、CAT、SOD 指标均值）	0.509	[67-68]	野生黄花苜蓿（指标均值）	核心期刊	0.566	[65、37-69、103]	-
				甘农 2 号（指标均值）	核心期刊	0.457		+
				陇东苜蓿（指标均值）	核心期刊	0.408		+
4	抗旱性（相对含水量、叶绿素、可溶性糖、脯氨酸、丙二醛、超氧化物歧化酶活性指标均值）	0.57	[69]	野生黄花苜蓿（指标均值）	核心期刊	0.61		-
				甘农 2 号（指标均值）	核心期刊	0.53		+
				陇东苜蓿（指标均值）	核心期刊	0.58		√

注：√表示达到参照物指标水平，+表示领先于参照物指标水平，-表示落后于参照物指标水平。

表 10-6 技术先进度等级

评价等级	含义
第 7 级	该成果的关键技术指标达到国际同领域的领先水平
第 6 级	该成果的关键技术指标达到国际同领域的先进水平
第 5 级	该成果的关键技术指标达到国内同领域的领先水平
第 4 级	该成果的关键技术指标达到国内同领域的先进水平
第 3 级	该成果的关键技术指标达到省内同领域的领先水平
第 2 级	该成果的关键技术指标达到省内同领域的先进水平
第 1 级	该成果的关键技术指标未达到上述级别要求

10.5 社会效益评价

自 2014 年起，该科技成果已在甘肃省定西市安定区、金昌市永昌县、白银市会宁县、白银市靖远县、天水市麦积区及山西省繁峙县等地区进行了推广应用。截至 2018 年 5 月底，累计推广示范面积 4.238 万亩，其中，山西省繁峙县推广 2.5 万亩。通过推广，进一步推进了苜蓿的产业化和草畜就地转化，带动了示范区周边农牧民种植苜蓿的积极性，增加了农牧民就业岗位和经济收入，为维护社会安定和谐具有积极意义，同时为社会培养了科研和实践技能人才，社会效益一般。

该科技成果未触及生产力变革及其可能的更深远社会影响，在社会层面的主要作用是促进农牧民就业，使农牧民收入增加。另外，通过该科技成果的实施过程完成了一名博士研究生培养，以及甘肃省定西市安定区、金昌市永昌县、白银市会宁县、白银市靖远县、天水市麦积区和山西省繁峙县等应用地区的农牧技术人员的培训。因此，对比科技成果社会效益评价内容及形式（表

10-7)，评价师及同行专家给出了近期评价，再结合科技成果社会效益评价等级（表 10-8），给出结果，该科技成果社会效益评价结果为一般。

表 10-7　科技成果社会效益评价内容及形式

社会效益评价		评价师	同行专家
近期社会效益	是否完成人才培养、解决社会就业、促进身心健康、维护社会安定和谐等	√	√
远期社会效益	促进产业结构升级、生产力结构变革、政治文明、社会制度变革等		√

注：√表示参与。

表 10-8　科技成果社会效益评价等级

序号	等级	解释
1	巨大	推动社会政治文明发展，乃至社会制度变革
2	显著	实现产业结构的发展和升级
3	较好	促进生产力结构的变革
4	一般	提供物质工具
5	其他	不利于社会发展

10.6　经济效益评价

该科技成果研发过程中总投入约 350 万元，截至 2018 年 5 月底，根茎型清水紫花苜蓿及其种子种植累计新增销售额 7946.21 万元，新增利润 3066.76 万元，现已收回投入稳赚利润，经济效益显著，推广应用前景广阔。

根据科技成果经济效益评价内容及形式（表 10-9），评价师认为该科技成果的直接经济效益体现在应用产生经济价值，该科技成果应用产生的经济收入远大于研发和应用成本，利润情况接近 10 倍，给出了最高经济效益评价等级。技术专家和财务专家认为该科技成果不会影响产业链，对市场的刺激作用不大，但现实经济价值巨大，并存在潜在更大推广经济价值。因此，综合评价师、技术专家、财务专家三者对该科技成果的经济效益评价，结合科技成果经济效益评价等级（表 10-10），给出了经济效益评价的等级为巨大。

表 10-9　科技成果经济效益评价内容及形式

经济效益评价		评价师	技术专家	财务专家
直接经济效益	成果本身、成果应用等	✓	✓	✓
间接经济效益	成果产业链延伸、刺激经济市场等		✓	✓
潜在经济效益	存在未开发的经济价值		✓	✓

注：✓表示参与。

表 10-10　科技成果经济效益评价等级

序号	等级	解释
1	巨大	利润率≥ 100%
2	显著	50% ≤利润率< 100%
3	较好	20% ≤利润率< 50%
4	一般	0 ≤利润率< 20%
5	其他	对经济可能有负面影响

10.7　生态效益评价

该科技成果根茎型清水紫花苜蓿适宜在我国海拔 1100 ~ 2600 米的半湿润、半干旱地区推广种植，可用于刈割草地或水土保持。截至 2018 年 5 月底，该科技成果在甘肃省定西市安定区、金昌市永昌县、白银市会宁县、白银市靖远县、天水市麦积区及山西省繁峙县等省内外 6 个区域实现推广应用，应用证明显示该科技成果在草地改良、植被恢复、风沙边缘生态保护等方面均起到了积极作用，展示出了较好的生态效益。

评价师、技术专家、环评专家根据科技成果生态效益评价内容及形式（表10-11）给出评价意见：该科技成果主要应用在半干旱地区，有利于改良当地的土地，覆盖半干旱地面，有利于减少水土流失，有维护应用地区生态环境的作用，对生态环境友好。此外，牧草领域技术专家和环评专家认为该科技成果的应用还具有远期生态效益，主要是因为根茎型紫花苜蓿为多年生植物，固土效果长久，具有一定固沙作用。但干旱地区清水紫花苜蓿生存困难，促进生态修复作用比较牵强。最后比对科技成果生态效益评价等级（表10-12），给出了该科技成果生态效益较好的结论。

表10-11　科技成果生态效益评价内容及形式

生态效益评价		评价师	技术专家	环评专家
近期生态效益	成果形成	✓	✓	✓
	成果本身	✓	✓	✓
远期生态效益	成果应用		✓	✓
	成果终结		✓	✓

注：✓表示参与。

表10-12　科技成果生态效益评价等级

序号	等级	解释
1	巨大	直接修复生态环境
2	显著	促进生态修复
3	较好	生态友好，有生态维护作用
4	一般	不产生生态破坏
5	其他	对生态可能有负面影响

10.8 研发团队评价

该科技成果的研发团队信息如表 10-13 所示，团队由甘肃农业大学、甘肃省农业科学院小麦研究所、甘肃杨柳青牧草饲料开发有限公司、会宁县畜牧兽医局、天水市畜牧技术推广站、定西市种草饲料站、靖远县畜牧兽医局、繁峙县畜牧兽医局（山西）8 家机构的 15 名成员组成，其中高等院校 6 名，研究院所 1 名，企业 1 名，基层推广机构 7 名；50 岁以上 5 名，40~49 岁 5 名，30~39 岁 4 名，30 岁以下 1 名；高级职称 6 名，中级职称 4 名，初级职称 3 名，其他职称 2 名；研究生学历 8 名（其中博士研究生 6 名，硕士研究生 2 名），大学本科学历 5 名，专科 2 名，研究生学历占 53.3%。

团队第一负责人师尚礼，博士，现任甘肃农业大学草业学院院长，教授、博士生导师、甘肃省优秀专家，兼任国务院学位委员会第七届学科评议组（草学组）成员，在国内外刊物公开发表学术论文 220 余篇，参编专著 30 余部，其中主审、主编 7 部，与本科技成果密切相关 2 部，科研成果获得甘肃省科学技术进步一等奖、二等奖各 1 项，中华农业科技奖三等奖 1 项，神农中华农业科技奖二等奖 1 项，中国商业联合会科学技术奖全国商业科技进步奖二等奖 1 项，甘肃省高等学校科学研究优秀成果（科技进步类）三等奖 1 项，甘肃省农林牧渔丰收奖二等奖 1 项。

该科技成果属技术应用类，在年龄结构、职称结构、学历结构中主要采用技术应用、软科学成果团队评价指标体系。

10.8.1 年龄结构评价

该科技成果研发团队 50 岁以上 5 名，40~49 岁 5 名，30~39 岁 4 名，30 岁以下 1 名。按照青年为 30 岁以前，中年为 30~59 岁，老年为 60 岁以后的年龄分类，该科技成果研发团队无老年科技人员，只有一名青年科技人员，可见该科技成果研发团队主要集中在中年阶段。结合表 10-14，该科技成果研发团队年龄结构为倒金字塔形，评价结论为该科技成果团队经验丰富，但不利于新技能接受，缺乏青年展示机会，年龄结构有待改进。

10.8.2 职称结构评价

该科技成果研发团队高级职称 6 名，中级职称 4 名，初级职称 3 名，其他职称 2 名。根据技术应用、软科学成果团队职称结构评价（表 10-15）所示，符合高级以下职称结构类型，利于工作分工和完成科研，评价结论为该科技成果研发团队职称结构较好。

10.8.3 学历结构评价

该科技成果研发团队研究生学历 8 名（其中博士研究生 6 名，硕士研究生 2 名），大学本科学历 5 名，专科 2 名，研究生学历占 53.3%。根据技术应用、软科学成果团队学历结构评价（表 10-16）所示，符合博士研究生以下学历结构类型，利于工作分工、成果推广应用，评价结论为该科技成果研发团队学历结构较好。

采用技术应用、软科学成果团队评价指标体系，根据年龄结构、职称结构、学历结构及负责人科研工作介绍，给出综合评价结论：该科技成果评价团队年龄结构有待改进，职称、学历结构较好，结构总体合理，科研能力较强，团队负责人科研领导能力较强，推广应用组织能力强，工作经验丰富，具备成果进一步转移转化的现实能力。

表 10–13　主要研发人员名单

序号	姓名	性别	出生年月	技术职称	文化程度（学位）	工作单位	对成果创造性贡献
1	师尚礼	男	1962 年 10 月	教授	博士	甘肃农业大学	主持
2	南丽丽	女	1979 年 1 月	副教授	博士	甘肃农业大学	选育、抗性评价等
3	李玉珠	女	1979 年 2 月	副教授	博士	甘肃农业大学	远缘杂交选育
4	尹国丽	女	1982 年 8 月	讲师	硕士	甘肃农业大学	原种繁育、推广应用
5	方强恩	男	1980 年 8 月	讲师	博士	甘肃农业大学	苜蓿根颈超微结构研究
6	张雪婷	女	1984 年 2 月	中级	硕士	甘肃省农科院小麦研究所	种质鉴定
7	张翠梅	女	1994 年 2 月	博士生	博士生	甘肃农业大学	新品种种质资源的开发研究
8	蔡卓山	男	1979 年 6 月	讲师	博士	甘肃农业大学	原种繁育、推广应用
9	贾涪钧	男	1968 年 4 月	其他	本科	甘肃杨柳青牧草饲料开发有限公司	原种繁育、推广应用
10	张文红	男	1977 年 10 月	助理畜牧师	专科	山西省繁峙县畜牧兽医局	原种繁育、推广应用
11	张　賓	男	1982 年 4 月	助理畜牧师	本科	会宁县畜牧兽医局	推广应用
12	何振刚	男	1963 年 12 月	正高级	本科	天水市畜牧技术推广站	推广应用
13	曹志东	男	1963 年 12 月	正高级	本科	定西市种草饲料站	推广应用
14	王治纲	男	1973 年 5 月	助理兽医师	专科	山西省繁峙县畜牧兽医局	原种繁育、推广应用
15	滕秀丽	女	1966 年 10 月	高级畜牧师	本科	靖远县畜牧兽医局	推广应用

表 10-14　技术应用、软科学成果团队老、中、青年龄结构评价

序号	类型	大致比例	评价结果	解释
1	圆柱形	1 ∶ 1 ∶ 1	较好	经验丰富、技能丰富，利于分工，实地开展调研、探索、实践、推广应用
2	腰鼓形	2 ∶ 6 ∶ 2	合理	经验、技能利于完成当下科研，不利于青年实践锻炼
3	金字塔形	1 ∶ 3 ∶ 6	一般	重大关键问题判断需要外援经验
4	倒金字塔形	6 ∶ 3 ∶ 1	有待改进	经验丰富，不利于新技能接受，缺乏青年展示机会
5	其他	老、中、青三者有缺失情况等		

表 10-15　技术应用、软科学成果团队职称结构评价

序号	类型	评价结果	解释
1	高级以下职称	较好	利于工作分工和完成科研
2	高级职称	合理	顺利完成工作，存在人才资源浪费
3	中级以下职称	一般	缺乏较高水平科研指导，可能需要外援
4	初级职称	有待改进	适合简单推广应用科研
5	无职称	视具体情况而定	

表 10-16　技术应用、软科学成果团队学历结构评价

序号	类型	评价结果	解释
1	博士研究生以下学历	较好	利于工作分工、成果推广应用
2	博士研究生学历	合理	利于顺利科研，具体实施应用大材小用
3	硕士研究生以下学历	一般	可完成研发，成果指导可能需要外援
4	本科以下学历	有待改进	研发效率可能较低，但有利于推广应用
5	无学历	视具体情况而定	

10.9 科研产出评价

10.9.1 覆盖面评价

该科技成果研发团队成员研发过程中获批新草品种 1 个（清水紫花苜蓿，品种登记号：412）。公开出版《根茎型清水紫花苜蓿特征特性研究》和《苜蓿栽培与加工利用》专著 2 部。公开发表与本科技成果密切相关的学术论文 83 篇。申请了发明专利 5 项，其中 1 项获得授权后因未缴年费失效，1 项被驳回，1 项获得授权并生效，2 项实质审查生效。该 5 项发明专利原始申请人均为甘肃农业大学，原始发明人均含有“根茎放牧型清水紫花苜蓿新品种选育与推广应用”课题组成员；申请实用新型专利 2 项，均获得授权。该科技成果研发期间，培养博士研究生一名，两名科研人员由讲师晋升为副教授。对比科研产出覆盖面评价指标及分值（表 10–17），该科技成果的覆盖面得分为 5.6 分，参照科研产出覆盖面评价等级（表 10–18），该科技成果的科研产出覆盖面评价结果为覆盖面广。

表 10–17　科研产出覆盖面评价指标及分值

一级指标	一级指标分值分布	二级指标	二级指标分值分布
知识产权	4	论文	0.7
		专著	0.7
		专利	0.7
		标准	0.7
		软件著作权	0.7
		其他	0.5

续表

一级指标	一级指标分值分布	二级指标	二级指标分值分布
人才培养	3	博士	1
		硕士	0.8
		职称晋升	0.8
		其他	0.4
新产品	3	行业准入证明	0.7
		新药证书	0.7
		新品种证书	0.7
		新产品证书	0.7
		其他	0.2
荣誉	2	国际级	1
		国家级	0.5
		省级、大型集团级、行业级	0.3
		其他	0.2

注：类型打分，单项不累加，如论文 1 篇与 10 篇均为 0.7 分。

表 10–18　科研产出覆盖面评价等级

序号	1	2	3
分值	分值≥ 8	4 ≤分值< 8	分值< 4
等级	较广	广	一般

10.9.2 影响力评价

该科技成果研发团队研发过程中公开发表与本科技成果密切相关的学术论文 83 篇，其中被 SCI 数据库收录 2 篇。由该科技成果团队培养的博士研究生张翠梅以第一作者发表的题目为“Physiological and proteomic responses of contrasting alfalfa （Medicago sativa L.） varieties to PEG-induced osmotic stress”的论文，2018 年被期刊 *Frontiers in Plant Science* 收录，被他人引用 4 次，该期刊 2018 年影响因子为 3.678，中科院分区为 Q2。该科技成果团队负责人师尚礼以第一作者发表的与本科技成果密切相关的论文均被他人引用超过 11 次，其中师尚礼、南丽丽、郭全恩发表论文《中国苜蓿育种取得的成就及展望》2011 年被《植物遗传资源学报》收录，被他人引用 37 次。该科技成果团队第二负责人南丽丽以第一作者发表的与本科技成果密切相关的论文均被他人引用超过 15 次，其中南丽丽、师尚礼、陈建纲、朱新强、郭全恩、赵文翰发表《不同根型苜蓿根系对低温胁迫的响应及其抗寒性评价》论文，2011 年被《中国生态农业学报》收录，被他人引用 75 次。此外，83 篇论文中有 78 篇中文学术论文被 CSCD 数据库收录，核心库来源占比 88.5%。该科技成果研发团队研发过程获批新草品种 1 个（清水紫花苜蓿，品种登记号：412）。该科技成果研发团队获得甘肃省科学技术进步一等奖、二等奖各 1 项，中华农业科技奖三等奖 1 项，神农中华农业科技奖二等奖 1 项，中国商业联合会科学技术奖全国商业科技进步奖二等奖 1 项，甘肃省高等学校科学研究优秀成果（科技进步类）三等奖 1 项，甘肃省农林牧渔丰收奖二等奖 1 项。综上所述，对比科研产出影响力评价指标及分值（表 10-19），该科技成果科研产出分值为 8.5 分，再结合科研产出影响力评价等级（表 10-20），最终得到该科技成果科研产出影响力评价等级为较大。

表 10–19　科研产出影响力评价指标及分值

一级指标及分值	二级指标及分值	三级指标及分值	四级指标及分值
知识产权，6 分	SCI 论文，4 分	中科院分区，3 分	Q1，3 分
			Q2，2.5 分
			Q3，2 分
			Q4，1.5 分
		他引频次，1 分	他引频次≥ 10 次，1 分
			5 次≤他引频次＜ 10 次，0.8 分
			他引频次＜ 5 次，0.5 分
	国内论文，2 分	收录，1 分	CSCD、北大核心、CSSCI 收录，1 分
			其他期刊收录，0.8 分
		他引频次，1 分	他引频次≥ 20 次，1 分
			10 次≤他引频次＜ 20 次，0.8 分
			他引频次＜ 10 次，0.5 分

续表

一级指标及分值	二级指标及分值	三级指标及分值	四级指标及分值
人才培养，2 分	博士研究生，1.2 分	国际博士研究生，1.2 分	
		国内博士研究生，1 分	
	硕士研究生，0.8 分	国际硕士研究生，0.8 分	
		国内硕士研究生，0.6 分	
新产品，2 分	新产品国际认证，2 分		
	新产品国内认证，1.5 分		
荣誉，2 分	荣誉国际级，2 分		
	荣誉国家级，1.5 分		
	荣誉省级、大型集团级、行业级，1 分		
	荣誉市级及以下，0.5 分		

注：①所有影响力指标取高不取低，如 SCI 中科院分区，多篇出现不同分区，取高分区；
②他引频次指单篇最高值。

表 10-20　科研产出影响力评价等级

序号	1	2	3
分值	分值≥ 8	4 ≤分值< 8	分值< 4
等级	较大	大	一般

10.9.3　价值度评价

该科技成果研发团队申请了与该科技成果密切相关的发明专利 5 项，其中 1 项获得授权后因未缴纳年费失效，1 项被驳回，1 项获得授权并生效，2 项实质审查生效。5 项发明专利原始申请人均为甘肃农业大学，原始发明人均含有“根茎放牧型清水紫花苜蓿新品种选育与推广应用”课题组成员。其中发明专利“苜蓿品种抗旱能力的高效鉴定方法”，申请号 CN201710020960.8，原始申请人为甘肃农业大学，当前专利权人为甘肃农业大学，原始发明人为师尚礼、张翠梅、曹文侠、尹国丽、王宝文、刘珍、杨帆，2017 年 7 月 14 日通过实质审查生效。结合科研产出价值度评价指标体系（表 10-21）得出该发明专利为审核中的发明专利，无诉讼行为发生，未发生过质押保全，申请人未提出过复审请求，未被申请无效宣告，技术稳定性为 4 分；该专利及其同族专利在全球被引用 0 次，先进性一般，涉及 1 个 IPC 小组，应用领域一般，研发人员投入 7 人，未发生许可，未发生转让，技术先进性 1 分；有 3 项权利要求，仅在 1 个国家申请专利布局，保护范围 6 分。经过加权评价得出该科技成果科研产出分值为 3.6 分，对比科研产出价值度评价等级（表 10-22），该科技成果科研产出价值度等级为一般。

表 10–21　科研产出价值度评价指标体系

	一级指标及分值	二级指标及分值
科研产出价值度评价指标体系，10 分	技术稳定性，10 分	是否为发明专利，10 分
		是否有过诉讼行为发生，10 分
		其他
	技术先进性，10 分	专利全球被引用次数，10 分
		同族专利在全球被引用次数，10 分
		涉及 IPC 小组数，10 分
		研发人员投入人数，10 分
		是否发生转让，10 分
		其他
	保护范围，10 分	权利要求项数，10 分
		有效期剩余天数，10 分
		申请专利布局国家数，10 分
		其他

表 10–22　科研产出价值度评价等级

序号	1	2	3
分值	分值≥ 8	5 ≤分值< 8	分值< 5
等级	较高	高	一般

10.9.4　明晰度评价

该科技成果研发团队研发过程中公开出版《根茎型清水紫花苜蓿特征特性研究》和《苜蓿栽培与加工利用》专著 2 部。发现两部著作重复率均超过 20%，但进一步追查重复内容发现，重复内容主要为南丽丽、师尚礼、李玉珠

3 位主编发表的学术论文，剔除后，重复率低于 5%，且未发现有学术不端、人员排序争议等问题。

该科技成果研发团队研发过程中公开发表与本科技成果密切相关的学术论文 83 篇，其中作者为徐炜、师尚礼、祁娟、张文渝、王兴中、王新强、王皎，作者机构为甘肃农业大学草业学院草业生态系统教育部重点实验室甘肃省草业工程实验室中—美草地畜牧业可持续发展研究中心、酒泉市畜牧兽医局，于 2014 年 3 月 1 日在《草地学报》发表的《不同添加剂对夏河县紫花苜蓿青贮品质的影响》出现超过 5% 的重复率。来自酒泉市畜牧兽医局和酒泉市肃州区畜牧兽医局的作者杨秀梅、王新强、倪长生、于艺辉、魏芬芬、翟海静、徐炜于 2015 年 5 月 31 日在第六届中国奶业大会论文集中发表了《不同添加剂对夏河县紫花苜蓿青贮品质的影响》，与该科技成果研发团队发表的论文标题一致，有两名作者重复，分别为徐炜、王新强，有一个重复单位为酒泉市畜牧兽医局。经比较徐炜、王新强两位作者为原甘肃农业大学的学生，且该科技成果研发团队的论文发表时间早于重复论文。该科技成果研发团队发表的其他论文剔除参考论文作者自己之前发表的重复内容后，重复了下降到 5% 以下，且未发现有学术不端、人员排序争议等问题。

经过对标科研产出知识产权明晰度评价指标及结果（表 10-23）和科研产出知识产权明晰度评价等级（表 10-24），认为该科技成果科研产出专著和论文重复率＜ 5% 或刊出时间先于对比文献，无学术不端、人员排序争议等问题，科研产出知识产权明晰度评价等级为产权明晰。

表 10-23 科研产出知识产权明晰度评价指标及结果

一级指标	二级指标	三级指标	评价结果
论文	重复率 + 刊出时间	重复率＜ 5% 或刊出时间先于对比文献	产权明晰
		5% ≤重复率＜ 20% 且刊出时间晚于对比文献	产权明晰度不明确
		重复率≥ 20% 且刊出时间晚于对比文献	产权不明晰
	是否有争议	无争议	产权明晰
		排序争议	产权不明晰
		学术不端举报	产权不明晰
专著	重复率 + 出版时间	重复率＜ 5% 或刊出时间先于对比文献	产权明晰
		5% ≤重复率＜ 20% 且刊出时间晚于对比文献	产权明晰度不明
		重复率≥ 20% 且刊出时间晚于对比文献	产权不明晰
	是否有争议	无争议	产权明晰
		排序争议	产权不明晰
		学术不端举报	产权不明晰

表 10-24 科研产出知识产权明晰度评价等级

序号	1	2	3
等级	产权明晰	产权明晰度不明确	产权不明晰

10.10 转化风险评价

10.10.1 技术风险评价

农业作物生长有其自然规律，技术更新难有质的变化。咨询专家认为该科技成果最关键成就在于发现了根茎放牧型清水紫花苜蓿这一新品种，其他技术如紫花苜蓿种质鉴定模式（地下器官组织解剖 + 核型分析 + 同工酶谱分子 + 分子标记鉴定），清水紫花苜蓿推广模式（成果转化项目资助 + 原种生产基地建设 + 半干旱山区生态草地建植 + 放牧养殖）等为现有无技术障碍的技术组合。该科技成果根茎放牧型清水紫花苜蓿技术性能叶茎比、抗寒性、抗旱性、相对现有紫花苜蓿无优势，其粗蛋白质含量稍有优势，但不明显。

中科院昆明动物研究所王文研究员、西北工业大学邱强教授联合西双版纳植物园陈江华研究员，在三杰牧草研究院有限公司及中科院 STS 重点项目（草牧业先导项目前期预研）等项目的支持下，率先完成了紫花苜蓿基因组的解析，并建立了紫花苜蓿高效的基因编辑体系，实现了紫花苜蓿从三叶变成五叶。

对比科技成果转化技术风险评价指标体系及评价结果（表 10-25），咨询专家给出技术更新风险分值为 0 分，低风险；技术替代风险分值为 1 分，存在高风险。最终结合科技成果转化技术风险评价等级（表 10-26），认为该科技成果转化技术风险等级为高风险。

表 10-25 科技成果转化技术风险评价指标体系及评价结果

一级指标及权重	二级指标及分值	评价结果
技术更新风险，1	高速更新，1 分	高风险
	中速更新，0.5 分	中风险
	更新慢，0 分	低风险
技术替代风险，1	有其他相同技术性能并已转化，1 分	高风险
	有其他相同技术性能但未转化，0.5 分	中风险
	其他技术性能较差，0 分	低风险

表 10-26 科技成果转化技术风险评价等级

序号	1	2	3
分值	分值≥1	0.5≤分值<1	分值<0.5
等级	高风险	中风险	低风险

10.10.2 政策风险评价

从2012年起，农业部和财政部实施“振兴奶业苜蓿发展行动”，中央财政每年安排3亿元支持高产优质苜蓿示范片区建设，片区建设以3000亩为一个单元，一次性补贴180万元（每亩600元），重点用于推行苜蓿良种化、应用标准化生产技术、改善生产条件和加强苜蓿质量管理等方面。2015年继续实施“振兴奶业支持苜蓿发展政策”。2012—2015年，中央财政每年安排5.25亿元建设50万亩高产优质苜蓿示范片区。其中：3亿元用于高产优质苜蓿示范片区建设；2亿元用于生产、收获和加工机械补贴；0.25亿元用于良种补贴。确定补贴标准：600元/亩，3000亩起享受补贴。补贴方式：先建后补，立项后，预先补助50%，验收合格，再补50%。验收不合格，追回预先补助50%，或限期整改后安排剩余50%。实施范围：苜蓿优势产区和奶牛主产区，重点在东北、华北、西北，具体地区有黑龙江、吉林、辽宁、内蒙古、河北、天津、陕西、甘肃、宁夏、新疆10个省（区、市）。

2015年1月，国务院批准《新一轮退耕还林还草总体方案》（以下简称《总体方案》），《总体方案》明确了新一轮退耕还林还草补助政策：退耕还林每亩补助1500元，其中，财政部通过专项资金安排现金补助1200元、国家发展改革委通过中央预算内投资安排种苗造林费300元；退耕还草每亩补助800元，其中，财政部通过专项资金安排现金补助680元、国家发展改革委通过中央预算内投资安排种苗种草费120元。中央安排的退耕还林补助资金分三次下达给省级人民政府，每亩第一年800元（其中，种苗造林费300元）、第三年300元、第五年400元；退耕还草补助资金分两次下达，每亩第一年500元（其中，种苗种草费120

元)、第三年 300 元。同时,《总体方案》还明确,地方各级人民政府有关政策宣传、检查验收等工作所需经费,主要由省级财政承担,中央财政给予适当补助。

2018 年 7 月,财政部、国家林业和草原局印发《林业生态保护恢复资金管理办法》(财农〔2018〕66 号)。其中,"第十五条　新一轮退耕还林还草补助按照国务院有关部门下达的年度任务和补助标准确定补助规模。补助标准为:退耕还林每亩退耕地现金补助 1200 元,五年内分三次下达,第一年 500 元,第三年 300 元,第五年 400 元;退耕还草每亩退耕地现金补助 850 元,三年内分两次下达,第一年 450 元,第三年 400 元。"

综上所述,评价师认为该科技成果转化得到牛奶产业政策支持,财政持续补贴,且补贴力度持续加大,国家和地方政策方向一致。结合科技成果转化政策风险评价指标体系及评价结果(表 10-27),评价师给出该科技成果转化政策风险评分为 0 分,对比科技成果转化政策风险评价等级(表 10-28),最终评价师给出该科技成果转化政策风险等级为低风险。

表 10-27　科技成果转化政策风险评价指标体系及评价结果

一级指标及权重	二级指标及分值	评价结果
产业政策风险,1	产业政策不支持,1 分	高风险
	产业政策支持下降,0.5 分	中风险
	产业政策支持,0 分	低风险
财政政策风险,0.2	财政政策不支持,1 分	高风险
	财政购买、补贴、税率优惠下降,0.5 分	中风险
	财政购买、补贴、税率优惠,0 分	低风险
货币政策风险,0.2	货币政策收紧,1 分	高风险
	货币政策不变,0.5 分	中风险
	货币政策宽松,0 分	低风险
国家和地方政策矛盾风险,1	国家和地方政策方向不一致,1 分	高风险
	地方不执行国家政策,0.5 分	中风险
	地方执行国家政策缓慢,0 分	低风险

表 10–28　科技成果转化政策风险评价等级

序号	1	2	3
分值	分值≥1	0.5≤分值<1	分值<0.5
等级	高风险	中风险	低风险

10.10.3　法律风险评价

由于该科技成果为农业技术应用类成果，技术均为成熟技术，推广应用的转化主体为农牧民和农牧民专业合作社，属资产自销。2016 年 1 月 1 日实施的《中华人民共和国种子法》中，“第十三条　由财政资金支持形成的育种发明专利权和植物新品种权，除涉及国家安全、国家利益和重大社会公共利益的外，授权项目承担者依法取得。由财政资金支持为主形成的育种成果的转让、许可等应当依法公开进行，禁止私自交易。第二十九条　在下列情况下使用授权品种的，可以不经植物新品种权所有人许可，不向其支付使用费，但不得侵犯植物新品种权所有人依照本法、有关法律、行政法规享有的其他权利：（一）利用授权品种进行育种及其他科研活动；（二）农民自繁自用授权品种的繁殖材料。第三十条　为了国家利益或者社会公共利益，国务院农业、林业主管部门可以做出实施植物新品种权强制许可的决定，并予以登记和公告。取得实施强制许可的单位或者个人不享有独占的实施权，并且无权允许他人实施。”此外，该科技成果研发团队已取得新草品种 1 个（清水紫花苜蓿，品种登记号：412）。同时，国家相关法律政策鼓励，因此该科技成果的转化不存在相关侵权问题。

基于上述分析，结合科技成果转化法律风险评价指标体系及评价结果（表 10–29），认为该科技成果转化的清水紫花苜蓿为自有品种，且得到国家法律政策支持，转化法律风险评价结果为低风险。

表 10-29　科技成果转化法律风险评价指标体系及评价结果

序号	评价指标	评价结果
1	科技成果转化前未获得专利权或国外有优先权专利	高风险
2	科技成果转化前已获得专利权，但有与专利技术等同产品或有在先专利	中风险
3	科技成果转化前已获得专利权，未发现国外有优先权专利、有与专利技术等同产品、有在先专利等，有与强制许可等同的法律条款或政策等	低风险

10.10.4　市场风险评价

科技成果转化的市场风险来源于替代商品和市场缺口，从类似替代品、不同属性替代品和市场缺口分析该科技成果转化的市场风险。

（1）类似替代品

每日甘肃网 2017 年 5 月 31 日报道，瓜州 3 万亩紫花苜蓿机械化收割。2017 年，甘肃环县政府网报道，环县曲子镇发展紫花苜蓿种植让农民钱袋子鼓起来了！近年来，环县曲子镇大力实施精准扶贫战略，鼓励群众梯田种草，利用荒山和洼地种植紫花苜蓿，让荒山变成绿山，使农民尝到了甜头。苜蓿种植人工成本小，两年就可见效益，全镇新增种植面积达 5000 亩，全县新增种植面积达 9.7 万亩。金昌市政府新闻报道，金昌牧草种植面积达 25 万亩，金昌成甘肃省最大商品苜蓿种植基地。永昌在线报道显示：2018 年为了解决饲草不足的问题，永昌县结合高产优质苜蓿示范建设项目，积极引进外来客商，通过出租、转包、转让、互换、入股等多种形式，大力推进土地集约化经营，大力推广以紫花苜蓿为主的人工草地建植。截至 2018 年 7 月 3 日，该县紫花苜蓿种植面积达 20.5 万亩，连片种植 15 万亩，2016—2017 年新增紫花苜蓿种植近 4 万亩，其中 3000 亩以上连片种植的企业或合作社共有 50 多家，包括甘肃杨柳青牧草饲料开发有限公司连片种植 16 000 亩、永昌露源草业公司连片种植 9014 亩、甘肃厚生草业有限公司连片种植 7500 亩。由此可见，该科技成果转化的类似替代品众多，且已在甘肃地区大面积种植。

（2）不同属性替代品

中国海关资料显示，2017 年全国商品草生产面积为 2002 万亩，同比略有下降，主产区为黑龙江、甘肃和内蒙古等，分别为 734 万亩、351 万亩和 220 万亩，种植品种主要为羊草、紫花苜蓿、青贮专用玉米和燕麦等，生产面积分别为 790 万亩、626 万亩、186 万亩和 96 万亩，产量分别为 74 万吨、359 万吨、301 万吨和 62 万吨，全国各地通过对新品种、新技术的推广，单产水平和产量均有提升。可见该科技成果转化的不同属性替代品较多，如羊草、青贮专用玉米和燕麦等，且羊草在市场上还大于现有紫花苜蓿的份额。

（3）市场缺口

荷斯坦牧草杂志数据显示，2017 年 1 月至 6 月中国进口干草累计 97.7 万吨，其中从美国进口 69.8 万吨，占总量的 71%；从澳大利亚进口 14.3 万吨，占总量的 15%；进口量排名第三的是蒙古，进口量 6.6 万吨，占总量的 7%；居第四的是加拿大，进口量 4.9 万吨，占总量的 5%；从西班牙进口不到 2 万吨。另外参与中国牧草供应的国际市场还有吉尔吉斯斯坦、阿根廷、俄罗斯等。中国科学院西双版纳热带植物园的报道显示，紫花苜蓿里蛋白含量高，营养丰富，被誉为“牧草之王”，随着国民生活水平的不断提高，对牛羊等畜牧产品的需求也不断增长，随之而来对养殖所需的优质牧草特别是紫花苜蓿的需求也极大增加。国内年产紫花苜蓿 200 万吨左右，但实际需求量在 500 万吨，缺口非常大。由此可见，我国当前不光牧草市场缺口巨大，紫花苜蓿牧草的缺口也非常巨大，因此规模化进行该科技成果转化可补充市场缺口，发挥该科技成果转化的经济价值。

综上所述，结合科技成果转化市场风险评价指标体系及评价结果（表 10-30），认为科技成果转化有类似替代品，也有不同属性替代品，但当前全国牧草需要大量进口，国内牧草缺口巨大，该科技成果转化市场风险等级为低风险。

表 10–30 科技成果转化市场风险评价指标体系及评价结果

序号	评价指标	评价结果
1	有类似替代品，品质接近，且市场几乎饱和	高风险
2	有类似替代品，但品质占优，或市场不饱和	中风险
3	有不同属性替代品，但品质占优，或市场供应缺口大	低风险

10.11 综合评价结论

甘肃省科学技术情报研究所（甘肃省科学技术厅首批认定的科技成果第三方评价机构）受甘肃农业大学委托，对“根茎放牧型清水紫花苜蓿新品种选育与推广应用”成果进行评价，评价目的是奖励申报。本次评价依据《科学技术评价办法（试行）》(国科发基字〔2003〕308号)、《科学技术研究项目评价通则》(国家标准 GB/T 22900—2009)、《技术转移服务规范》(国家标准 GB/T 34670—2017）和甘肃省科技成果评价相关办法，本着独立、客观、公正、科学的原则，按照评价咨询、形式审查、合同签订、评价师评价、专家遴选、专家咨询、综合评价、结果公示、报告发布等评价流程，形成如下评价结论。

该科技成果整体的技术成熟度达到13级（回报级：收回投入稳赚利润)，技术创新度达到6级（该成果的关键技术创新点在国际范围内未见完全相同文献报道)，技术先进度达到6级（该成果的关键技术指标达到国内同领域的领先水平)；社会效益一般，经济效益巨大，生态效益较好；团队年龄结构有待改进，职称、学历结构较好，结构总体合理，科研能力较强，团队负责人科研领导能力较强，推广应用组织能力强，工作经验丰富，具备成果进一步转移转化的现实能力；科技成果科研产出覆盖面广、影响力较大、价值度一般、知识产权明晰；科技成果转化技术风险高、政策风险低、法律风险低、市场风险低。

附　录

附录1　关于科技成果第三方评价机构的公告

甘肃省科学技术厅

关于科技成果第三方评价机构的公告

按照国家科技管理体制机制改革的要求，科技行政管理部门不再组织科技成果评价。为探索面向市场的科技成果评价新机制，推进我省科技管理“放、管、服”改革，培育形成专业化、规范化和社会化的科技成果评价体系，根据《关于印发甘肃省科技厅科技管理工作委托方案的通知》（甘科计函〔2017〕143号），确定2家科技中介服务机构作为我省科技成果第三方评价机构。现就有关事宜公告如下：

一、评价机构

甘肃省科学技术情报研究所和甘肃省科技发展促进中心为我省第三方科技成果评价机构，可接受成果持有人的委托，通过规范的市场化运作模式，对科研机构、高等学校和企业自主完成的科技创新成果进行评价，其结果可作为科技成果管理的参考，符合条件的可进行科技成果登记。

二、工作原则

科技成果评价机构必须按照国家有关法律、法规、规章的规定开展评价活动。要制定相应的科技成果评价规程或办法，建立评价咨询专家库和专家诚信管理。要加强行业自律，提高服务能力和水平，保证科技成果评价的独立、客观和公正。各类科技成果的评价结论，可对其先进性或成熟度、应用价值作出客观描述，但不需对成果进行水平评价。省科技厅负责对各评估单位进行监督指导。

三、联系方式

1. 甘肃省科学技术情报研究所

联 系 人：曾硕勋

联系电话：0931-8850314

地　　址：甘肃省兰州市城关区平凉路531号

甘肃省科学技术厅

2017年11月22日

－2－

附录2 甘肃省科技成果登记办法

关于印发《甘肃省科技成果登记办法》的通知

甘科成规〔2017〕1号

各市（州）科技局，有关单位：

为加强全省科技成果管理，规范科技成果登记程序，加快推动科技成果转化为现实生产力，根据有关法律、法规，结合实际，制定了《甘肃省科技成果登记办法》。现印发你们，请认真遵照执行。

甘肃省科技厅

2017年4月21日

甘肃省科技成果登记办法

第一条 为加强全省科技成果管理，规范科技成果登记程序，加快推动科技成果转化为现实生产力，根据有关法律、法规，结合实际，制定本办法。

第二条 本办法所称的科技成果是指由单位、个人或其他组织完成的各类科学技术项目所产生的具有一定学术价值或应用价值，具备科学性、创造性、先进性等属性的新发现、新理论、新方法、新技术、新产品、新品种和新工艺等。科技成果一般分为基础理论成果、应用技术成果和软科学研究成果。

第三条 科技成果登记坚持客观、准确、及时的原则，充分利用现代信息技术，促进科技成果信息交流。

第四条 省科技行政管理部门指导全省科技成果登记工作，并负责省级科技成果登记；省级行业主管部门和市、州科技行政管理部门负责本行业、区域的成果登记工作，并推荐符合条件的成果进行省级科技成果登记。

第五条 省级科技成果登记的范围：

执行省部级（含省级）以上各类科技计划项目（课题）通过结题、验收后，应当进行成果登记；获得行业准人证书、发明专利授权证书、软件著作权证书以及其他方式评价的科技成果，符合条件的可以进行成果登记。

涉及国家秘密的科技成果，按照国家科技保密的有关规定执行。

第六条　省级科技成果登记的条件：

（一）国家各类科技计划项目、课题（子课题），按任务下达单位要求进行结题、验收后，有研发内容和明确创新成效的，可进行成果登记。

（二）各类省级科技计划项目，在完成验收或结题、评审等管理程序后，凭相关证书进行成果登记。

（三）省行业主管部门和市、州下达的各类科技计划项目，有明确研发内容并取得以下科研产出之一：行业准入证书，发明专利授权证书，软件著作权证书，1篇以上ESI（基本科学指标数据库）入选论文或SCI（科学引文索引）、EI（工程索引）、ISTP（科技会议录索引）收录论文，2篇以上中国科学引文数据库来源期刊（CSCD）或中文核心期刊论文。通过项目下达单位验收后，可进行成果登记。

（四）各类行业准入（行业准入证明、新药证书、新品种证书、新产品证书等）和知识产权证明（发明专利授权证书、软件著作权登记证书），凭相关评价证明，可直接进行成果登记。

（五）由企事业单位或其他社会组织自主设立的科研开发项目，有明确的研发内容和科研产出，对本行业或本地区经济和社会发展以及科技进步具有较大促进作用，并取得有效评价证明的，可进行成果登记。

第七条　科技成果登记在国家科技成果登记系统进行，内容主要包括成果概况、立项和评价情况、知识产权和应用情况、完成者情况等。办理登记时应当提交《科技成果登记表》及下列材料：

（一）基础理论成果：任务书（立项合同）、学术论文、学术专著，论文发表后被引用证明及验收、结题证明等。

（二）应用技术成果：任务书（立项合同）、评价证明（科技计划项目验收证书或成果评价证书、法定检测机构的检测报告等）、行业准入证明、知识产权证明，以及研制报告、查新报告、用户证明等。

（三）软科学研究成果：任务书（立项合同）、相关的评价证明（软科学成果评审证书等)、研究报告。

第八条 申请登记的科技成果，应当在通过验收、结题、取得评价证明后6个月内办理登记手续，逾期不予办理。

第九条 科技成果登记按照属地化管理或行业管理，不得重复登记。两个或两个以上单位共同完成的科技成果，由科技成果第一完成单位负责上报登记。

第十条 对符合登记条件的科技成果，登记部门应当在5个工作日内完成登记，并出具登记证明。科技成果登记证明不作为确认科技成果权属的直接依据。

第十一条 科技行政管理部门对登记的科技成果简介、转化需求、完成者等信息进行公布，实现成果信息共享，促进成果转移转化。

第十二条 科技成果登记工作分年度进行，年度成果登记截止日期为当年12月31日。由科技行政管理部门编写科技成果年度报告，向社会发布。

第十三条 科技成果登记机构工作人员应遵守相关规定要求，凡擅自使用、披露、转让所登记科技成果的技术秘密，侵犯他人知识产权的，应当追究相应责任。

第十四条 存在异议的科技成果，在异议未解决之前，不予登记；已经登记的科技成果，发现弄虚作假，剽窃、篡改或者以其他方式侵犯他人知识产权的，注销登记。

第十五条 本办法自发布之日起实行，有效期为5年。

附录 3　甘肃省第三方科技成果评价办法（草案）

甘肃省第三方科技成果评价办法（草案）

第一章　总　则

第一条　为加强和完善科技成果评价工作，建立健全科技成果评价制度，规范科技成果评价活动，根据《中华人民共和国科学技术进步法》、《中华人民共和国促进科技成果转化法》、科学技术部令第 17 号《科技部关于对部分规章和文件予以废止的决定》、《甘肃省科技成果登记管理办法》，制定本办法。

第二条　本办法中的第三方科技成果评价机构（以下简称评价机构），是指独立于科研项目下达方和实施方之外的机构。

第三条　本办法中的科技成果，是指机构、组织或个人通过技术开发所产生的具有一定应用价值，具备科学性、创造性、先进性等属性的新方法、新技术、新产品、新品种和新工艺等。

第四条　除法律、法规另有规定外，各类科学技术基础理论和应用技术类成果，均适用本办法。

第二章　评价内容

第五条　科技成果评价内容主要包括科技成果技术成熟度，科技成果创新度，科技成果先进度，科技成果团队，科技成果其他指标（社会、经济、生态、知识产权）等方面。

（一）科技成果技术成熟度：科技成果在被评价时所处的发展阶段。

（二）科技成果技术创新度：包括技术成果的新颖性和创造性，其中，新颖性：科技成果采用的研究方法、设计思想、工艺技术及最终取得结果等是否属国际、国内或省内首创；创造性：指与现有技术和科技成果相比，有无实质性的突破、显著的改进和补充。

（三）科技成果技术先进度：一项技术应用所产生的作用或效果所处的水平。

（四）科技成果团队：对成果第一完成人和项目团队的整体情况做出相关评价。

（五）科技成果其他指标：是指科技成果的转化、推广应用价值，包括社会、经济、生态效益，知识产权状态等予以描述。

第六条 科技成果的评价量化等级指标：

（一）科技成果技术成熟度，用规定的等级表示，共分为 13 级。

（二）科技成果技术创新度，用规定的等级表示，共分为 7 级。

（三）科技成果技术先进度，用规定的等级表示，共分为 7 级。

第三章 评价程序

第七条 科技成果评价按下列程序进行：

（一）科技成果评价咨询

委托机构向评价机构提出成果评价意向，委托机构了解评价流程和要求，评价机构了解评价目。

（二）评价材料形式审查

评价机构审核委托机构提供的项目材料和佐证材料，包括：

1. 研究报告或技术报告；

2. 工作报告；

3. 佐证材料

（1）项目相关的科技查新报告（近六个月由查新机构出具）、检测报告、专利分析报告、论证报告等支撑材料；

（2）项目相关的科技论文（SCI、EI、CSCD 需提供检索证明材料），专利授权书，论著，标准，软件著作权证书，动 / 植物新品种证书，集成电路布图设计专有权证书，新药证书等；

（3）项目相关的技术、社会、经济、生态等的效益证明；

（4）提供同领域类似技术指标对比文件（科技论文、专利、报纸、标准等）；

（5）项目负责人的科研简介，如职称，学历，主持课题，发表论文，专著，专利，软件著作权，动 / 植物新品种，集成电路布图设计专有权，新药证书，标准，获奖，荣誉，资质等情况；

（6）项目团队情况概况，如具有代表性课题，论文，专著，专利，软件著作权，动 / 植物新品种，集成电路布图设计专有权，新药证书，标准，荣誉，资质，人才培养等情况。

（三）签订评价委托合同

科技成果评价委托机构与评价机构签订评价合同，确定评估师、评价费用、完成时间、评价报告数量等。

（四）评估师初评价

科技评估师根据提供项目材料和佐证材料形成评估师初评结论。

（五）遴选评价咨询专家

评价机构根据相关原则，结合相应的学科领域，遴选合适的评价咨询专家。

（六）召开专家咨询会

采取会议、通讯、现场等咨询形式，依据佐证材料和评估师初评结论，形成专家咨询意见。

（七）形成综合评价结论

科技评估师依据科技成果初评结论，结合专家咨询意见，形成最终评价结论。

（八）科技成果评价结论公示

公示科技成果评价结论，公布质询委员会、质询时间、质询联系方式等，公示为期三个工作日。

（九）交付科技成果评价报告

公示无异议后，根据科技成果委托评价合同，评价机构按约定时间、方式、数量交付科技成果评价报告。

（十）后续协助

为科技成果评价委托机构提供成果登记、成果报奖、技术交易等的政策、流程辅助服务。

第四章 管理监督

第八条 甘肃省科技厅作为科技行政管理部门，监督、备案全省科技成果评价工作，不参与科技成果评价工作。

第九条 评价机构由甘肃省科学技术厅认定，在甘肃省注册，具备相应专业领域的技术资源（评价人才，文献、专家等数据库），从事科研评价工作3年以上，有健全的内部管理制度，包括制定科技成果标准化评价工作规则、评价程序、内控制度等管理制度，有固定的办公场所和必要的办公资源等条件的独立事业法人科技咨询机构，依据独立、客观、公正和科学的原则开展科技成果评价工作。

第十条 评估师由甘肃省科学技术厅统一认定、考核、监督，经培训，通过考核后持证上岗，定期参加国家和地方的科技成果评价服务培训。

第十一条 评价咨询专家依托省级及以上专家数据库，遵循随机、回避、更换的原则进行遴选。

第十二条 科技成果评价报告可作为科技成果登记、报奖、交易等的重要依据。

第十三条 任何单位或个人发现科技成果评价存在问题的，可以向质询委员会提出申诉和举报。申诉人、举报人应当提供书面材料，表明真实身份，并提供必要的证明材料。质询委员会应当依照本办法的有关规定进行处理。对署名举报的，应当对申诉或举报的问题调查核实并进行处理，同时对举报人及举报内容保密；对匿名举报的材料，如有具体事实的，应当进行初步核实，并确定处理办法。对无署名、无联系方式、没有具体事实的举报，质询委员会不予受理。

第十四条 委托机构、评价机构、评估师、咨询专家在评价工作中违反本办法规定，造成评价结果严重失实的，质询委员会可根据相关规章制度，令其改正，并将机构和个人纳入《甘肃省省级科技计划（专项、基金等）严重失信行为记录规定（试行）》（甘科计规〔2016〕3号）。情节严重的，终止评价委托或走法律途径追究相关责任。构成犯罪的，依法移送司法机关追究刑事责任。

第五章　附　则

第十五条　本办法由甘肃省科技厅负责解释。

第十六条　本办法自颁布之日起试行，为期两年。

附录 4　科技成果评价申请表

编号：__________

科技成果评价申请表

成果名称：__________________

申请机构：__________________

评价机构：甘肃省科学技术情报研究所

二〇二一年制

填表说明

1. 申请编号：申请机构无须填写，评价机构统一编号。

2. 装订规范：A3 纸骑缝装订，封面字体为黑体 4 号，正文字体为 5 号宋体，申请机构填写时请勿修改字体和段落格式。

3. 成果名称：科技成果名称应与项目立项名称一致。

4. 申请机构：科技成果完成单位填写，名称必须与单位公章完全一致。二个以上单位完成的，原则上由计划任务书或合同书中的第一承担单位提出申请，如有调整，在提出评价申请之前，各完成单位必须协商一致。

5. 申请日期：以申请机构盖章日期为准。

6. 成果名称：申请表中的科技成果名称必须填写全称，并与封面上的科技成果名称完全一致。

7. 所属技术领域：根据项目实际情况选择填写。

8. 研究起止时间：该项科技成果研究的起始日期和终止日期，原则上以计划任务书、合同、协议书上的日期为准。

9. 任务来源：根据项目实际情况选择填写。

10. 成果密级：根据国家有关科技保密的规定选择相应密级。

11. 成果类别：根据项目实际情况选择填写。

12. 评价目的：对科技成果评价后的具体应用方向做出选择。

13. 内容简介：

⑴应用技术类成果请填写：①课题来源与背景；②技术原理与性能指标；③技术的创造性与先进性；④技术的成熟程度，适用范围和安全性；⑤应用情况及存在的问题。

⑵基础理论和软科学类成果请填写：①课题来源与背景；②研究目的与意义；③主要论点与论据；④创见与创新；⑤社会经济效益，存在的问题。

<table>
<tr><td colspan="2">科技成果名称
（限35个汉字）</td><td colspan="4"></td></tr>
<tr><td colspan="2">研究起始时间</td><td>年　月</td><td colspan="2">研究终止时间</td><td>年　月</td></tr>
<tr><td colspan="2">技术领域</td><td></td><td colspan="3">1. 电子信息；2. 先进制造；3. 航空航天；4. 现代交通；5. 生物医药与医疗器械；6. 新材料；7. 新能源与节能；8. 环境保护；9. 地球、空间与海洋；10. 核应用技术；11. 现代农业；12. 其他</td></tr>
<tr><td colspan="2">应用行业</td><td></td><td colspan="3">1. 农、林、牧、渔业；2. 采矿业；3. 制造业；4. 电力、热力、燃气及水生产和供应业；5. 建筑业；6. 批发和零售业；7. 交通运输、仓储和邮政业；8. 住宿和餐饮业；9. 信息传输、软件和信息技术服务业；10. 金融业；11. 房地产业；12. 租赁和商务服务业；13. 科学研究和技术服务业；14. 水利、环境和公共设施管理业；15. 居民服务、修理和其他服务业；16. 教育；17. 卫生和社会工作；18. 文化、教育和娱乐业；19. 公共管理、社会保障和社会组织；20. 国际组织</td></tr>
<tr><td colspan="2">任务来源</td><td></td><td colspan="3">1. 国家计划；2. 省部计划；3. 市州计划；4. 行业计划；5. 计划外</td></tr>
<tr><td colspan="2">成果密级</td><td></td><td colspan="3">1. 无密级；2. 秘密；3. 机密；4. 绝密</td></tr>
<tr><td colspan="2">成果类别</td><td></td><td colspan="3">1. 应用技术成果；2. 基础理论成果；3. 软科学成果</td></tr>
<tr><td colspan="2">评价目的</td><td></td><td colspan="3">1. 项目结题；2. 项目验收；3. 成果登记；4. 奖励申报；5. 技术交易；6. 行业认可；7. 成果转化；8. 企业融资；9. 其他目的：__________</td></tr>
<tr><td rowspan="4">委托机构</td><td>机构名称</td><td colspan="4"></td></tr>
<tr><td>机构性质</td><td></td><td colspan="3">1. 科研院所；2. 高等院校；3. 医疗机构；4. 企业；5. 个人；6. 其他</td></tr>
<tr><td>委托联系人</td><td></td><td colspan="2">联系手机</td><td></td></tr>
<tr><td>通信地址</td><td colspan="4"></td></tr>
</table>

续表

<table>
<tr><td rowspan="4">评价机构</td><td>机构名称</td><td colspan="3">甘肃省科学技术情报研究所</td></tr>
<tr><td>机构资质</td><td colspan="3">甘肃省科技厅认定的第三方科技成果评价机构</td></tr>
<tr><td>评价联系人</td><td>曾硕勋</td><td>联系电话</td><td>0931-8850314</td></tr>
<tr><td>通信地址</td><td colspan="3">甘肃省兰州市城关区平凉路 531 号</td></tr>
<tr><td colspan="5">成果简介（请按照填写说明如实填写）</td></tr>
<tr><td colspan="5">一、项目背景（重点介绍项目研究的现实基础、技术背景、需求背景，限 1000 字）</td></tr>
<tr><td colspan="5"></td></tr>
<tr><td colspan="5">二、技术原理与性能指标（重点描述项目研究的内容、解决的问题、实现的目标，限 1000 字）</td></tr>
<tr><td colspan="5">1．研究的内容（必填，条目化描述）
2．解决的问题（必填，条目化描述）
3．实现的目标（必填，条目化描述）</td></tr>
</table>

续表

三、技术的创造性与先进性（描述关键技术的创新性和先进性，限 1000 字）
1．技术的创新点（必填，条目化描述） 2．技术的先进性（必填，重点描述与国内外同行的对比情况）
四、技术的成熟程度，适用范围和安全性（描述关键技术的成熟情况、适用范围和安全性，限 1000 字）
1．技术的成熟度（必填，重点描述项目所处的研究阶段） 2．适用范围（必填，重点描述成果的适用场景） 3．安全性（必填，重点描述成果应用过程中存在的安全因素）

续表

五、应用情况及存在的问题（描述推广应用、经济效益、社会效益、生态效益情况，限1000字）
1．推广应用情况（必填，重点描述成果的应用地域、应用场景、应用数量） 2．社会效益情况（必填，重点描述成果应用后对社会发展的贡献） 3．经济效益情况（选填，如无此情况请删除该项） 4．生态效益情况（选填，如无此情况请删除该项） 5．存在的问题（必填，重点描述成果目前还存在的具体问题，条目化描述）
六、研发团队情况（描述研发团队的年龄、学历、职称、科研产出、专业技术获奖情况，项目负责人的基本情况，限1000字）
1．研发团队概况（必填） 示例：团队由15名成员组成，其中50岁以上9人、41～49岁5人、40岁以下1人，40岁以下占比7%；博士11人、硕士3人、本科1人，硕士以上学历占比93%；正高级职称2人、副高级职称5人、中级职称5人、初级职称3人，副高以上职称占比47%。近5年来，完成科研项目12项；发表学术论文10篇；获得科技奖励20项；获得授权专利11项…… 2．项目负责人概况（必填） 示例：团队负责人张国强，大学本科学历，研究员，现任××公司董事长，主要从事煤炭开发和项目管理工作。近5年来，完成科研项目12项；发表学术论文10篇；获得科技奖励20项；获得授权专利11项……

续表

七、技术资料目录（请按以下要求罗列，并提供对应的纸质材料）
1．科技成果评价申请表（必备，单独 A3 骑缝装订成册，一式 2 份，须提供原件） 2．研究报告（必备，单独 A4 骑缝装订成册，一式 1 份，建议 2~10 万字） 3．佐证材料（无须装订，按以下类别依次排列，一式 1 份） ⑴ 科技论文、论著（可选，按以下示例格式列举清单） 示例：论文 1：论文名称，作者，期刊名称，发表年份； …… ⑵ 近六个月内由国家一级查新机构出具的查新报告（必备，须提供原件） ⑶ 应用证明（必备，须提供原件）、社会效益证明（必备，须提供原件）、经济效益证明（可选，须提供原件）、生态效益证明（可选，须提供原件） ⑷ 专利证书、软件著作权证书、标准证书、动 / 植物新品种证书、集成电路布图设计专有权证书、新药证书、检测报告等（可选，依次罗列，提供复印件） 标准 1：标准名称，发布日期； …… 专利 1：专利名称，授权日期； …… 著作权 1：著作权名称，授权日期； ……

主 要 研 制 人 员 名 单

序号	姓名	性别	出生年月	技术职称	文化程度	工作单位（填写一级法人单位）	对成果的创造性贡献（概括）
1	张 **	男	1980.02	研究员	本科	西北师范大学	项目主持、软件开发
2							
3							
4							
5							
6							
7							
8							
9							

注：主要研制人员超过 10 人可加附，最多不超过 30 人。

评 价 机 构 声 明
郑重声明： 1、评价机构形成的评价结论属咨询性意见，成果拥有方依据《科学技术成果评价报告》和评价结论所做出的任何决策与行为，以及由此产生的后果均与评价机构无关。 2、评价机构根据申请机构的委托，与申请机构在平等自愿的基础上签订《技术咨询服务合同》，并按照国家技术咨询服务收费规定，收取一定数额的技术咨询服务费（包含专家咨询费），所收费用与成果评价水平的高低、是否可以进行成果登记、是否可以申报科技奖励、是否可以达到申请机构的评价目的均无任何关联关系。 3、经评价机构评价后，符合《甘肃省科技成果登记办法》（甘科成规〔2017〕1 号）和各市州成果登记办法的成果，可依据《科学技术成果评价报告》进行成果登记，且必须在收到《科学技术成果评价报告》1 个月之内（成果评价报告完成日期之后 1 个月），由成果拥有方完成成果登记，逾期未能完成登记的成果，评价机构和成果登记部门概不负责。

续表

申 请 机 构 意 见
郑重承诺： 申请机构提供的科技成果评价材料真实有效，无任何知识产权纠纷及争议，项目组成员对人员排序无争议，且完全同意评价机构上述声明意见。 项目负责人（签字）： 申请机构负责人或授权负责人（签字）： 申请机构（盖章）： 年 月 日
评 价 机 构 意 见
评价机构负责人或授权负责人（签字）： 评价机构（盖章）： 年 月 日

附录 5　科技成果评价技术服务合同

合同编号：

科技成果评价技术服务合同

成果名称：________________________

委托机构：________________________

评价机构：<u>甘肃省科学技术情报研究所</u>

中华人民共和国科学技术部印制

技术服务合同

委托方（甲方）：

委托联系人：

通讯地址：

电话：

受托方（乙方）：甘肃省科学技术情报研究所

受托联系人：曾硕勋

通讯地址：兰州市城关区平凉路 531 号

电话：0931-8850314

本合同由甲方委托乙方开展 科技成果评价 技术服务，并支付咨询报酬。经过双方平等协商，在真实、充分表达各自意愿的基础上，根据《中华人民共和国合同法》规定，达成如下协议，并由双方共同恪守。

第一条 乙方进行技术服务的内容、要求和方式：

1．咨询内容：按照《科学技术评价办法（试行）》（国科发基字〔2003〕308 号）、《科学技术研究项目评价通则》（国家标准 GB/T 22900—2009）、《技术转移服务规范》（国家标准 GB/T 34670—2017），对委托项目开展技术水平、应用效益、知识产权、研发团队评价；

2．咨询要求：按照约定时限（一般为正式受理后 1 个自然月，如遇业务繁忙时段，顺延为 2 个自然月内完成）出具《科学技术成果评价报告》；

3．咨询方式：出具正式的《科学技术成果评价报告》2 份。

第二条 乙方对甲方委托的评价内容负有保密义务。

第三条 乙方形成的评价结论属咨询性意见，甲方依据《科学技术成果评价报告》和评价结论所做出的任何决策与行为，以及由此产生的后果均与乙方无关。

第四条 乙方按照国家技术咨询服务收费规定，收取一定数额的技术咨询服务费（包含专家咨询费），所收费用与成果评价水平的高低、是否可以进行成果登记、是否可以申报科技奖励、是否可以达到甲方的评价目的均无任何关联关系。

第五条 经乙方评价后，符合《甘肃省科技成果登记办法》（甘科成规〔2017〕1号）和各市州成果登记办法的成果，可依据《科学技术成果评价报告》进行成果登记，且必须在收到《科学技术成果评价报告》1个月之内（成果评价报告完成日期之后1个月），由甲方完成成果登记，逾期未能完成登记的成果，乙方和成果登记部门概不负责。

第六条 为保证乙方有效进行技术服务工作，甲方应当按照要求在乙方的业务系统中提交科技成果评价委托单和相关技术资料，并按乙方要求报送对应的纸质版材料（委托材料和答辩材料）。甲方不配合乙方导致的一切后果由甲方承担。

第七条 甲方向乙方支付技术服务报酬及支付方式为：

1．技术服务报酬总额为：________________________；

2．技术服务报酬由甲方一次性支付乙方；

3．具体支付方式和时间：网银转账、现场交费，交费务必在双方确定服务内容后进行。

4．乙方开户银行名称、账号：

户　名：甘肃省科学技术情报研究所

开户行：交通银行兰州第一支行

账　号：6210 6010 4018 0000 12889

行　号：60104

电汇行号：3018 2100 0070

第八条 本合同的变更须由双方协商一致，并以书面形式确定。

第九条 由于不可抗因素，致使本合同无法履行时，可以解除本合同。

第十条 双方因履行本合同发生的争议，应协商、调解解决。协商、调解不成的，可提交仲裁委员会仲裁或依法向人民法院起诉。

第十一条　本合同一式 肆 份，具有同等法律效力。

第十二条　本合同经双方签字盖章后生效。

甲方：甘肃省计量研究院　　　　　　　　（盖章）

法定代表人／委托代理人：＿＿＿＿＿＿＿＿（签名）

年　月　日

乙方：甘肃省科学技术情报研究所　　　　（盖章）

法定代表人／委托代理人：＿＿＿＿＿＿＿＿（签名）

年　月　日

附录 6　科技成果评价业务审批单

<table>
<tr><td>评价编号</td><td colspan="3"></td></tr>
<tr><td>委托机构</td><td colspan="3"></td></tr>
<tr><td>成果名称</td><td colspan="3"></td></tr>
<tr><td>评价费用</td><td>元</td><td>合同日期</td><td>年　月　日</td></tr>
<tr><td>到账日期</td><td>年　月　日</td><td>起始日期</td><td>年　月　日</td></tr>
<tr><td>会议日期</td><td>年　月　日</td><td>交付日期</td><td>年　月　日</td></tr>
<tr><td rowspan="2">申请材料</td><td>资料</td><td colspan="2">01. 申请表____；02. 研究报告____；03. 查新报告____</td></tr>
<tr><td>证明</td><td colspan="2">01. 应用证明____；02. 社会效益____；03. 经济效益____；
04. 生态效益____</td></tr>
<tr><td rowspan="6">科研产出</td><td>论文</td><td colspan="2">01. 科学索引____；02. 工程索引____；03. 科学指标____；
04. 科技会议____；05. 中文核心____；06. 科学引文____；
07. 社科引文____；08. 国家权威____；09. 科技核心____；
10. 清华同方____；11. 北京万方____；12. 重庆维普____</td></tr>
<tr><td>标准</td><td colspan="2">01. 国家标准____；02. 行业标准____；03. 地方标准____；
04. 企业标准____</td></tr>
<tr><td>专利</td><td colspan="2">01. 发明专利____；02. 实用新型____；03. 外观设计____；
04. 布图设计____</td></tr>
<tr><td>准入</td><td colspan="2">01. 新品种____；02. 新产品____；03. 新药证书____；
04. 行业准入____</td></tr>
<tr><td>其他</td><td colspan="2">01. 出版著作____；02. 检测报告____；03. 软件著作____；
04. 其他产出____</td></tr>
<tr><td colspan="3" style="display:none"></td></tr>
<tr><td>业务受理
初审意见</td><td colspan="3">

签字：　　　年　月　日</td></tr>
<tr><td>评价机构
审批意见</td><td colspan="3">

签字：　　　年　月　日</td></tr>
</table>

续表

评价人员评价意见	签字：　　　年　月　日		
审核人员初审意见	签字：　　　年　月　日		
评价人员修改意见	签字：　　　年　月　日		
评价机构终审意见	签字：　　　年　月　日		
邮寄时间	年　月　日	办理人员	

附录 7 科技成果评价咨询专家选用签批单

<table>
<tr><td colspan="2">咨询项目</td><td colspan="3"></td></tr>
<tr><td colspan="2">所属领域</td><td colspan="3"></td></tr>
<tr><td colspan="2">委托机构</td><td colspan="3"></td></tr>
<tr><td colspan="5">拟选用专家名单</td></tr>
<tr><td>序号</td><td>姓 名</td><td>工 作 单 位</td><td>现从事专业</td><td>职称 / 职务</td></tr>
<tr><td>1</td><td></td><td></td><td></td><td></td></tr>
<tr><td>2</td><td></td><td></td><td></td><td></td></tr>
<tr><td>3</td><td></td><td></td><td></td><td></td></tr>
<tr><td>4</td><td></td><td></td><td></td><td></td></tr>
<tr><td>5</td><td></td><td></td><td></td><td></td></tr>
<tr><td colspan="2">承办人意见</td><td colspan="3">承办人：　　　　年　月　日</td></tr>
<tr><td colspan="2">评价机构意见</td><td colspan="3">负责人：　　　　年　月　日</td></tr>
<tr><td colspan="2">备注</td><td colspan="3"></td></tr>
</table>

附录 8　科技成果评价专家咨询意见

<table>
<tr><td rowspan="4">专家基本信息</td><td>姓 名</td><td></td><td>性 别</td><td></td></tr>
<tr><td>所学专业</td><td></td><td>从事专业</td><td></td></tr>
<tr><td>职 称</td><td></td><td>联系手机</td><td></td></tr>
<tr><td>工作单位</td><td colspan="3"></td></tr>
<tr><td rowspan="13">专家咨询意见</td><td colspan="4">技术水平评价</td></tr>
<tr><td>技术成熟度</td><td colspan="3">01 级（ ）；02 级（ ）；03 级（ ）；04 级（ ）；05 级（ ）；06 级（ ）；07 级（ ）；08 级（ ）；09 级（ ）；10 级（ ）；11 级（ ）；12 级（ ）；13 级（ ）；暂不评价（ ）</td></tr>
<tr><td>技术创新度</td><td colspan="3">01 级（ ）；02 级（ ）；03 级（ ）；04 级（ ）；05 级（ ）；06 级（ ）；07 级（ ）；暂不评价（ ）</td></tr>
<tr><td>技术先进度</td><td colspan="3">01 级（ ）；02 级（ ）；03 级（ ）；04 级（ ）；05 级（ ）；06 级（ ）；07 级（ ）；暂不评价（ ）</td></tr>
<tr><td colspan="4">应用效益评价</td></tr>
<tr><td>社会效益</td><td colspan="3">特别显著（ ）；显著（ ）；明显（ ）；一般（ ）；不明（ ）；暂不评价（ ）</td></tr>
<tr><td>经济效益</td><td colspan="3">特别显著（ ）；显著（ ）；明显（ ）；一般（ ）；不明（ ）；暂不评价（ ）</td></tr>
<tr><td>生态效益</td><td colspan="3">特别显著（ ）；显著（ ）；明显（ ）；一般（ ）；不明（ ）；暂不评价（ ）</td></tr>
<tr><td colspan="4">知识产权评价</td></tr>
<tr><td>科研产出</td><td colspan="3">科研产出知识产权明晰（ ）；科研产出知识产权基本明晰（ ）</td></tr>
<tr><td colspan="4">研发团队评价</td></tr>
<tr><td>团队结构</td><td colspan="3">年龄、职称、学历结构合理（ ）；年龄、职称、学历结构基本合理（ ）</td></tr>
<tr><td colspan="4"></td></tr>
<tr><td>专家建议</td><td colspan="4">咨询专家（签字）：
年 月 日</td></tr>
</table>

附录 9　科技成果评价报告模板

报告编号：

2	0	2	1	6	2	0	1	0	0	0	1

科学技术成果评价报告

甘科评字〔2021〕第 0001 号

成果名称：**

委托机构：**

委托日期：2020 年 1 月 20 日

评价机构：甘肃省科学技术情报研究所（盖章）

完成日期：2020 年 2 月 20 日

二〇二一年制

目 录

专家咨询意见编号为 [1] ～ [6]，创新成果技术检索与分析报告编号为 [7]，应用效益证明材料编号为 [8] ～ [11]，知识产权证明材料编号为 [12] ～ [20]，其他证明材料编号为 [21] ～ [30]。

第一部分：委托评价信息

科技成果名称（限35个汉字）	***************************************		
研究起始时间	2011年1月	研究终止时间	2018年12月
技术领域	9	1. 电子信息；2. 先进制造；3. 航空航天；4. 现代交通；5. 生物医药与医疗器械；6. 新材料；7. 新能源与节能；8. 环境保护；9. 地球 . 空间与海洋；10. 核应用技术；11. 现代农业；12. 其他	
应用行业	2	1. 农、林、牧、渔业；2. 采矿业；3. 制造业；4. 电力、热力、燃气及水生产和供应业；5. 建筑业；6. 批发和零售业；7. 交通运输、仓储和邮政业；8. 住宿和餐饮业；9. 信息传输、软件和信息技术服务业；10. 金融业；11. 房地产业；12. 租赁和商务服务业；13. 科学研究和技术服务业；14. 水利、环境和公共设施管理业；15. 居民服务、修理和其他服务业；16. 教育；17. 卫生和社会工作；18. 文化、教育和娱乐业；19. 公共管理、社会保障和社会组织；20. 国际组织	
任务来源	5	1. 国家计划；2. 省部计划；3. 市州计划；4. 行业计划；5. 计划外	
成果密级	1	1. 无密级；2. 秘密；3. 机密；4. 绝密	
成果类别	1	1. 应用技术成果；2. 基础理论成果；3. 软科学成果	
评价目的	3、4	1. 项目结题；2. 项目验收；3. 成果登记；4. 奖励申报；5. 技术交易；6. 行业认可；7. 成果转化；8. 企业融资；9. 其他目的：__________	

续表

<table>
<tr><td colspan="2">科技成果名称（限35个汉字）</td><td colspan="3">**</td></tr>
<tr><td colspan="2">研究起始时间</td><td>2011年1月</td><td>研究终止时间</td><td>2018年12月</td></tr>
<tr><td rowspan="4">委托机构</td><td>机构名称</td><td colspan="3">**</td></tr>
<tr><td>机构性质</td><td>4</td><td colspan="2">1. 科研院所；2. 高等院校；3. 医疗机构；4. 企业；5. 个人；6. 其他</td></tr>
<tr><td>委托联系人</td><td>********</td><td>联系手机</td><td>********</td></tr>
<tr><td>通信地址</td><td colspan="3">********</td></tr>
<tr><td rowspan="4">评价机构</td><td>机构名称</td><td colspan="3">甘肃省科学技术情报研究所</td></tr>
<tr><td>机构资质</td><td colspan="3">甘肃省科技厅认定的第三方科技成果评价机构</td></tr>
<tr><td>评价联系人</td><td>曾硕勋</td><td>联系电话</td><td>0931-8850314</td></tr>
<tr><td>通信地址</td><td colspan="3">甘肃省兰州市城关区平凉路531号</td></tr>
</table>

第二部分：评价机构声明

甘肃省科学技术情报研究所作为省科技厅认定的首批第三方科技成果评价机构（以下简称评价机构），依据《科学技术评价办法（试行）》《科学技术研究项目评价通则》《技术转移服务规范》和甘肃省科技成果评价相关办法，进行科技成果评价和审核，并形成综合评价结论。 1. 评价机构形成的评价结论属咨询性意见，成果拥有方依据《科学技术成果评价报告》和评价结论所做出的任何决策与行为，以及由此产生的后果均与评价机构无关。 2. 评价机构根据申请机构的委托，与申请机构在平等自愿的基础上签订《技术咨询服务合同》，并按照国家技术咨询服务收费规定，收取一定数额的技术咨询服务费（包含专家咨询费），所收费用与成果评价水平的高低、是否可以进行成果登记、是否可以申报科技奖励、是否可以达到申请机构的评价目的均无任何关联关系。 3. 经评价机构评价后，符合《甘肃省科技成果登记办法》（甘科成规〔2017〕1 号）和各市州成果登记办法的成果，可依据《科学技术成果评价报告》进行成果登记，且必须在收到《科学技术成果评价报告》1 个月之内（成果评价报告完成日期之后 1 个月），由成果拥有方完成成果登记，逾期未能完成登记的成果，评价机构和成果登记部门概不负责。

第三部分：综合评价结论

甘肃省科学技术情报研究所（甘肃省科学技术厅首批认定的科技成果第三方评价机构）受 ************************************** 委托，对 ** 成果进行评价，评价目的是成果登记。

本次评价依据《科学技术评价办法（试行）》（国科发基字 [2003] 308 号）、《科学技术研究项目评价通则》（国家标准 GB/T 22900—2009）和《技术转移服务规范》（国家标准 GB/T 34670—2017）和甘肃省科技成果评价相关办法，本着独立、客观、公正、科学的原则，按照评价咨询、形式审查、合同签订、评价师评价、专家遴选、专家咨询、综合评价、结果公示、报告发布等评价流程，形成如下评价结论：

该科技成果技术成熟度达到 10 级（推广级：在行业 / 单位 / 系统开展推广应用），技术创新度达到 6 级（关键技术创新点在国际范围内未见完全相同文献报道），技术先进度达到 6 级（关键技术指标达到国际同领域的先进水平）；社会效益明显、经济效益明显、生态效益明显；科研产出知识产权明晰；研发团队结构基本合理，具备成果进一步转化的现实能力。建议研发团队增加初、中级职称研究人员，实现团队结构的合理化配置和人才梯队培养。

科技评价师（签字）：

年 月 日

审核评价师（签字）：

年 月 日

第四部分：科技成果概述

************************************ 成果属于地球、空间与海洋领域，根据《国民经济行业分类》（国家标准 GB/T 4754—2017），该科技成果主要应用于采矿业行业。该科技成果来源于国家科技重大专项 ******** ******************************* 子课题 **************************** （编号：****************）和国家“973”计划 ************************* 子课题 ***********（编号：*********************），研究周期为 2011 年 1 月至 2018 年 12 月，投入科研经费 560 万元。

陇东地区延长组长 7 源内非常规石油资源展示出了良好的发展潜力，但仍面临甜点主控因素及分布规律不明确，水平井油层钻遇率低，水平井压裂效果差等难题。鉴于此，该科技成果研发团队积极开展非常规石油甜点预测及富集规律研究，持续攻关长水平井优快钻井、致密储层适应性改造技术等试验，揭示了淡水湖盆富有机质泥页岩形成机理，构建了深水区源内沉积模式和不同成因砂体结构，明确了源、储不同类型细粒沉积物空间展布规律；揭示了非常规储层致密成因机理，形成了源内非常规油藏以各向异性、脆性、含油性为主的“七性”甜点评价方法，建立了甜点分级评价标准；定量评价了不同孔隙烃类赋存状态，揭示了微纳米孔隙成藏机理，创建了“强动力连续充注、微纳米孔喉互补”的源内差异成藏模式；形成了“井震混采”技术，突破了盆地三维勘探瓶颈；形成了“井身结构优化、钻井参数强化、钻井液体系优化、关键提升设备配套”的长水平井快速钻井技术，大幅缩短了钻井周期；研发了“井下控砂、应力循环、定点多级”为核心的致密储层体积压裂技术，单井产量提高了

2～3倍。通过应用上述关键技术，大幅提高了水平井钻遇率，确保了长庆油田5000万吨上产稳产和“二次加快”发展6300万吨上产，为庆城10亿吨级大油田勘探开发提供了有力的技术支撑。

该成果已在陇东地区部署探井、评价井近千口，获工业油流井673口；发现14个有利目标，资源量近30亿吨，庆城油田9年间新增探明储量3.59亿吨，有力推动了陇东地区长7石油储量和原油产量的持续攀升。

第五部分：技术成熟度评价

该科技成果的技术成熟度评价如表1所示，其关键技术主要体现在富有机质页岩基本特征及形成机制研究、致密储层特征及甜点评价、石油运聚机理及成藏模式研究。该科技成果主交付物为方法、软件，副交付物为论文、标准、专利等。根据查新报告[6]、论文[7-8]、标准[9-11]、专利[4-5]、专著[9-10]、软件著作权[11]等佐证材料查证，该科技成果的关键技术达到在实际环境中成功应用的水平，关键技术成熟度达到9级（应用级：在实际环境中实现成功应用）。

通过应用非常规油藏勘探配套技术，在陇东地区部署探井、评价井近千口，获工业油流井673口，落实含油面积3000平方公里，资源量近30亿吨。庆城油田新增探明储量3.59亿吨，经济可采量2.48亿吨，预测储量6.93亿吨。截至2019年底预计累计新增产油211.6万吨，新增销售额72.43亿元。综合关键技术成熟度分级（表2）、应用证明[29-30]及专家咨询意见，该科技成果整体的技术成熟度达到10级（推广级：在行业/单位/系统开展推广应用）。

表1　技术成熟度评价

编号	技术模块内容	交付物类型	技术成熟度	佐证材料编号
1	富有机质页岩基本特征及形成机制研究			
1.1	富有机质页岩基本特征和分布研究	方法/论文	3	[15]、[19]、[23]

续表

编号	技术模块内容	交付物类型	技术成熟度	佐证材料编号
1.2	火山灰和湖底热液促进生物勃发研究			
1.2.1	火山灰沉积物对富有机质页岩形成的影响研究	方法 / 论文	3	[15]、[19]、[23-24]、[26-28]
1.2.2	湖底热液对富有机质页岩形成的影响研究	方法 / 论文	3	[15]、[19]、[23]、[26-28]
1.3	富有机质页岩的形成机理及主控因素研究	方法 / 论文	3	[15]、[19]、[23]
2	致密储层特征及甜点评价			
2.1	致密储层特征综合评价	方法 / 标准 / 论文	9	[6-9]、[23]、[25]
2.2	储层致密成因研究	方法	9	[23]、[25]
2.3	甜点评价	方法 / 论文 / 专著	9	[10]、[12]、[14]、[17]、[21]
3	石油运聚机理及成藏模式研究			
3.1	油气运移动力及生烃模拟	方法 / 论文	3	[19]
3.2	微 - 纳米孔喉网络系统对成藏的影响	方法 / 论文	3	[20]
3.3	源储结构与源内差异成藏	方法 / 论文	3	[14]
3.4	成藏动力模拟			
3.4.1	流体包裹体的古压力模拟	方法 / 论文	3	[18]

续表

编号	技术模块内容	交付物类型	技术成熟度	佐证材料编号
3.4.2	源油剩余压力差对成藏的影响	方法 / 论文	3	[16]、[17]
3.5	成藏机理与模式	方法 / 论文	3	[13]

表 2 技术成熟度评价等级（工业类科技成果）

评价等级			含义
推广级	第 13 级	回报级	推广应用效益 – 投入≥投入的 50%
	第 12 级	利润级	推广应用效益 – 投入≥投入的 20%
	第 11 级	盈亏级	推广应用效益 – 投入≥ 0
	第 10 级	推广级	在行业 / 单位 / 系统开展推广应用
应用级	第 9 级	应用级	在实际环境中实现成功应用
	第 8 级	验证级	在实际环境中通过试验验证
	第 7 级	试验级	在实际环境中完成测试试验
验证级	第 6 级	模拟级	在模拟环境中完成测试试验
	第 5 级	仿真级	在模拟环境中通过仿真验证
	第 4 级	实验级	在模拟环境中完成仿真实验
理论级	第 3 级	功能级	完成关键功能分析或关键技术实验
	第 2 级	方案级	确定技术路线或研发方案
	第 1 级	报告级	开展研究形成正式报告

第六部分：技术创新度评价

该科技成果的技术创新度评价如表 3 所示，其创新性主要体现在：揭示了淡水湖盆富有机质泥页岩形成机理，提出了大型内陆坳陷湖盆、多类型细粒沉积组合大面积发育新模式，明确了火山活动、湖底热液、水体富营养化是触发生物勃发并形成高生物生产力的主要控制因素；提出了源内具备发育规模含油储层的观点，构建了深水区源内古气候、古地形、古水流“三古控砂”沉积模式，形成了源内非常规油藏以各向异性、脆性、含油性为主的“七性”甜点评价方法；构建了“强动力连续充注、微纳米孔喉互补”的源内差异成藏模式；应用非常规储层地震识别及含油性预测技术、黄土塬“井震混采”技术，突破了盆地三维勘探瓶颈；形成了“优化井身结构、强化钻井参数、优化钻井液体系、配套关键提速设备”的长水平井快速钻井技术；研发了“井下控砂、应力循环、定点多级”为核心的致密储层体积压裂技术。

研发团队发表与该科技成果密切相关的学术论文17篇[12-28]、标准3项[6-8]、专利2项[4-5]、专著2部[9-10]、软件著作权1项[11]，涉及的知识产权与科技成果核心技术具有较强关联性，核心技术属自主创新技术。根据《创新成果技术检索与分析报告》中核心技术查新[1]，该科技成果的技术创新点在国内外未见完全相同的文献报道，关键技术创新度达到6级（关键技术创新点在国际范围内未见完全相同文献报道）。综合关键技术创新度分级（表4）、查新报告[1]分析、文献分析及专家咨询意见，该科技成果整体的技术创新度达到6级（关键技术创新点在国际范围内未见完全相同文献报道）。

表3　技术创新度评价

编号	技术模块内容	创新描述	创新度	佐证材料编号
1	富有机质页岩基本特征及形成机制	揭示了淡水湖盆富有机质泥页岩形成机理，提出了大型内陆坳陷湖盆、多类型细粒沉积组合大面积发育新模式，明确了火山活动、湖底热液、水体富营养化是触发生物勃发并形成高生物生产力的主要控制因素，揭示了长7高富集度有机质的形成机理	6	[7]

续表

编号	技术模块内容	创新描述	创新度	佐证材料编号
2	致密储层特征及甜点评价	提出了源内具备发育规模含油储层的观点，构建了深水区源内古气候、古地形、古水流“三古控砂”沉积模式，明确了源、储不同类型细粒沉积物空间展布规律，形成了源内非常规油藏以各向异性、脆性、含油性为主的“七性”甜点评价方法，揭示了源内非常规储层致密成因机理，建立了甜点分级评价标准，发展了源内非常规储层表征方法	6	[7]
3	石油运聚机理及成藏模式	构建了“强动力连续充注、微纳米孔喉互补”的源内差异成藏模式，通过模拟富有机质页岩相的生烃动力，定量评价源储压差，提出了源储一体、自生自储、高强度充注、高气油比是源内非常规油藏规模富集的成藏观点	6	[7]

表 4　技术创新度评价等级（各类科技成果通用）

评价等级	含义
第 7 级	关键技术创新点在国际范围内未见相同文献报道
第 6 级	关键技术创新点在国际范围内未见完全相同文献报道
第 5 级	关键技术创新点在国内未见相同文献报道
第 4 级	关键技术创新点在国内未见完全相同文献报道
第 3 级	关键技术创新点在省内未见相同文献报道
第 2 级	关键技术创新点在省内未见完全相同文献报道
第 1 级	关键技术创新点在省内已有相同文献报道

第七部分：技术先进度评价

该科技成果通过技术攻关形成了井震混采技术、黄土塬三维地震高精度成像处理技术、三维地震致密油甜点优选及水平井地震导向技术，三维轨迹剖面优化设计技术、大井丛长水平井提速提效技术、三维长水平段水平井固井技术，混合水压裂、井下控砂浓度压裂、定点多级压裂、水平井压裂等储层改造技术，总结了富有机质页岩基本特征及形成机制、敞流深水湖盆沉积模式、致密储层特征、石油运聚机理及成藏模式。该成果已在庆城地区探井、评价井近千口，获工业油流井 673 口，其中高产井 181 口，发现 14 个有利目标，落实含油面积 3000 平方公里。

经评价机构检索，有机泥质页岩形成机理、源内非常规储层致密成因机理及沉积模式、源内差异成藏模式、油性预测技术，国内外已有研究报道。但除本研究成果外，国内外未见针对庆城地区非常规油藏勘探配套技术研究。该科技成果属于特定区域的针对性研究，国内外无相关指标与本成果进行对比，对比技术先进度评价等级（表 5），仅结合专家咨询意见，该成果的整体技术先进度达到 6 级（关键技术指标达到国际同领域的先进水平）。

表 5　技术先进度评价等级（各类科技成果通用）

评价等级	含义
第 7 级	关键技术指标达到国际同领域的领先水平
第 6 级	关键技术指标达到国际同领域的先进水平
第 5 级	关键技术指标达到国内同领域的领先水平
第 4 级	关键技术指标达到国内同领域的先进水平
第 3 级	关键技术指标达到省内同领域的领先水平
第 2 级	关键技术指标达到省内同领域的先进水平
第 1 级	关键技术指标未达到上述级别要求

第八部分：效益指标评价

一、社会效益评价

该科技成果形成了陇东地区源内非常规油藏以各向异性、脆性、含油性为主的“七性”甜点评价方法，揭示了源、储不同类型细粒沉积物空间展布规律，构建了富有机质页岩相生烃、油气成藏动力模拟方法，为长庆油田非常规油藏勘探开发提供了技术支撑，也为进一步保障国家能源安全和国民经济发展提供了决策依据。同时，该成果形成的黄土塬“井震混采”技术，叠前含油性预测、脆性预测、多属性降维技术，以优化井身结构、强化钻井参数、优化钻井液体系、配套关键提速设备为核心的长水平井快速钻井技术，“井下控砂、应力循环、定点多级”为核心的致密储层体积压裂技术等对国内同类非常规油气勘探开发具有良好的借鉴作用，社会效益[29-30]明显。

二、经济效益评价

该科技成果已针对陇东地区非常规石油资源部署探井、评价井近千口，获工业油流井673口，其中高产井181口，发现14个有利目标，落实含油面积3000平方公里，资源量近30亿吨。庆城油田新增探明石油地质储量3.59亿吨，经济可采储量2.48亿吨，预测储量6.93亿吨，按60%折算成探明储量为4.16亿吨，庆城油田探明石油储量达7.75亿吨，按经济采收率6.9%计算，经济可采储量5349.64万吨，油价按3530元/吨、商品率按95%计算，预计储量未来销售额达1861.04亿元（计算公式：储量未来销售额 = 经济可采储量 × 商品率 × 销售价格），截至2019年年底预计累计新增产油211.6万吨，新增销售额72.43亿元，经济效益[29-30]明显。

三、生态效益评价

西北地区普遍存在科学技术与经济社会发展缓慢、生态环境脆弱、环境污染严重等一系列问题，石油天然气等清洁能源的开发利用需求很大。该科技成果研发的黄土塬“井震混采”技术、长水平井快速钻井技术、致密储层体积压裂技术，为开采清洁能源提供了强有力的技术支撑，将在一定程度上缓解我国的能源紧张，实现生态链的有益循环发展，生态效益[29]明显。

第九部分：知识产权评价

该科技成果研发团队在项目实施过程中发表论文17篇[12-28]，期刊收录信息如表6所示；申请发明专利2项[4-5]，专利评价信息如表7所示；申请软件著作权1项[11]，著作权评价信息如表8所示。

综上所述，该科技成果的科研产出较为丰富，专利的先进性较好，进一步转化的风险较小，论文、软件著作权均未发现学术不端、产权争议等情况，知识产权明晰。

表6 期刊收录信息

刊名	收录情况	篇数
《地学前缘》	《中文核心期刊要目总览》(2017年版)	2
《天然气地球科学》	《中文核心期刊要目总览》(2017年版)	2
《吉林大学学报》	《中文核心期刊要目总览》(2017年版)	1
《石油实验地质》	《中文核心期刊要目总览》(2017年版)	2
《石油勘探与开发》	《中文核心期刊要目总览》(2017年版)	1
《地球科学进展》	《中文核心期刊要目总览》(2017年版)	1
《西南石油大学学报》	《中文核心期刊要目总览》(2017年版)	1
《中国石油勘探》	《中文核心期刊要目总览》(2017年版)	1
《地球科学与环境学报》	《中文核心期刊要目总览》(2017年版)	1
《西安科技大学学报》	《中文核心期刊要目总览》(2017年版)	1
《中国石油大学学报》	《中文核心期刊要目总览》(2017年版)	1
《沉积学报》	《中文核心期刊要目总览》(2017年版)	1
《海相油气地质》	《中文核心期刊要目总览》(2017年版)	1

表 7　专利评价信息

序号	专利名称	申请号	发明人	专利权人	价值度	评价信息
1	********************	**********	**********	**********	9 分	无诉讼、质押保全、复审、无效宣告、转移

表 8　著作权评价信息

序号	软件名称	登记号	著作权人	登记日期	评价信息
1	**********	**********	**********	**********	无产权争议

第十部分：研发团队评价

该科技成果研发团队（以下简称团队）信息如表 9 所示，团队由 15 名成员组成，其中 50 岁以上 9 人、40 ～ 49 岁 5 人、40 岁以下 1 人，40 岁以下占比 7%；博士 11 人、硕士 3 人、本科 1 人，硕士以上学历占比 93%；教授级高级工程师 8 人、高级工程师 6 人、工程师 1 人，副高以上职称占比 93%。项目实施期间，团队发表学术论文 2 篇 [34-35]；获得科技奖励 3 项 [39-41]；获得授权专利 2 项 [36-37]。

综合专家咨询意见，该团队结构基本合理，具备成果进一步转化的现实能力。建议团队增加初、中级职称研究人员，实现职称结构的合理配置和人才梯队培养。

表 9 研发团队信息

序号	姓名	性别	出生年月	技术职称	文化程度	工作单位	对成果创造性贡献
1	***	男	***	教授级高工	博士	*************	项目负责人
2	***	男	***	教授级高工	博士	*************	项目具体负责人
3	***	男	***	教授级高工	博士	*************	负责项目方案的具体执行
4	***	男	***	教授级高工	博士	*************	陆相湖盆富有机质细粒沉积物发育模式研究
5	***	男	***	高级工程师	硕士	*************	致密储层压裂技术和工艺的研发
6	***	男	***	教授级高工	博士	*************	深水区沉积环境恢复研究
7	***	男	***	教授级高工	博士	*************	现场试验与技术推广
8	***	男	***	教授级高工	博士	*************	黄土塬“井震混采”技术研究
9	***	男	***	教授级高工	博士	*************	古气候、古地形、古水体分析深水富砂机制
10	***	男	***	高级工程师	硕士	*************	储层微观特征研究
11	***	男	***	高级工程师	博士	*************	致密储层成因机理、储层“七性”评价
12	***	男	***	高级工程师	博士	*************	资源潜力分析
13	***	男	***	高级工程师	博士	*************	成藏控制因素分析
14	***	男	***	高级工程师	硕士	*************	成藏机理研究
15	***	男	***	高级工程师	本科	*************	长 7 致密储层储量计算和研究

附录 10　2017—2020 年甘肃省科技成果评价服务对象名单（部分）

2017 年服务对象名单（部分）

序号	科技成果评价委托机构
1	兰州大学
2	中国石油天然气股份有限公司长庆油田分公司
3	西北师范大学
4	民勤中天羊业有限公司
5	中国石油天然气股份有限公司兰州化工研究中心
6	国网甘肃省电力公司天水供电公司
7	中国农业科学院兰州畜牧与兽药研究所
8	国网甘肃省电力公司电力科学研究院
9	靖远煤业集团有限责任公司总医院
……	……

2018 年服务对象名单（部分）

序号	科技成果评价委托机构
1	中国石油天然气股份有限公司勘探开发研究院西北分院
2	甘肃农业大学
3	甘肃省农业工程技术研究院
4	甘肃省建筑科学研究院
5	酒泉市肃州区畜牧兽医局
6	甘肃省酒泉市人民医院
7	武威职业学院
8	敦煌市医院
9	张掖市林业科学研究院
……	……

2019 年服务对象名单（部分）

序号	科技成果评价委托机构
1	中国石油天然气股份有限公司勘探开发研究院西北分院
2	大禹节水集团股份有限公司
3	中国水电四局（酒泉）新能源装备有限公司
4	中铁十六局集团有限公司
5	甘肃省自然资源规划研究院
6	甘肃省农业科学院农产品贮藏加工研究所
7	陇南市疾病预防控制中心
8	甘肃荟荣草业有限公司
9	甘肃省安全生产科学研究院有限公司
……	……

2020 年服务对象名单（部分）

序号	科技成果评价委托机构
1	中核兰州铀浓缩有限公司
2	兰州市勘察测绘研究院 兰州市市政服务中心 中煤航测遥感集团有限公司
3	兰州大学第二医院
4	甘肃省草原技术推广总站
5	甘肃建投重工科技有限公司
6	甘肃路桥公路投资有限公司
7	窑街煤电集团有限公司
8	平凉市农业科学研究院
9	宁县果业局
……	……

参考文献

[1] 刘天立 . 科技成果的概念与判定 [J] . 管理现代化，1984（6）：41-42，47.

[2] 荆明新 . 科技成果的概念与分类 [J] . 河南科技，1989（9）：7-8.

[3] 丁向阳 . 我国科技成果评价理论与方法研究 [J] . 中国科技奖励，1995（4）：22-24.

[4] 中国科学院 . 中国科学院科学技术研究成果管理办法 [J] . 中国科学院院刊，1986（3）：283-285.

[5] 贺德方 . 对科技成果及科技成果转化若干基本概念的辨析与思考 [J] . 中国软科学，2011（11）：1-7.

[6] 吕志英 . 科技成果的界定及知识产权保护 [J] . 南京林业大学学报（人文社会科学版），2007（4）：130-133.

[7] 广州市科学技术局 . 广州市科学技术局关于印发广州市科技成果登记实施办法的通知 [EB/OL] .（2020-05-22）[2021-03-28] . http: //kjj.gz.gov.cn/xxgk/zcfg/zcfgwj/content/post_5889266.html.

[8] 河北省软件评测中心 . 什么是科技成果 [EB/OL] .（2012-08-02）[2021-03-28] . http: //www.hebeistc.org.cn/news.aspx?News_ID=71.

[9] 汪晓军 . 中国科学报：什么是真正的科研成果 [EB.OL] .（2014-04-28）[2021-03-28] . http: //news.sciencenet.cn/htmlnews/2014/4/293028.shtm.

[10] 郭美云 . 科技成果的定义分类及其评价 [J] . 华东石油学院学报（社会科学版），1988（1）：82-83.

[11] 周春莲，刘鑫洲 . 不同类别科技成果的定量综合评价 [J] . 科学经济社会，1988（5）：300-303.

[12] 秦乐 . 科技成果评价指标体系研究 [J] . 信息通信技术与政策，2019（1）：14-17.

[13] 岳莎莎，袁欣然．浅谈科技成果的保护方式［J］．今日科苑，2009（12）：287.
[14] 杨庆华，陈浩，孙占平．论科技成果的分类［J］．科技·人才·市场，1996（3）：40-41.
[15] 赵永新，王炎涛，张孝国．农业科技成果分类及其评价指标外延含义［J］．上海农业科技，1988（3）：3-4.
[16] 蔡金华．日本农业科技成果的分类［J］．农业科技管理，1995（12）：43.
[17] 吴国梁，崔秀珍，丁福虎．农业科技成果的特点和转化途径［J］．农业科技管理，1994（7）：24-27.
[18] 李宏伟．试论科技成果的价值特点［J］．河北林学院学报，1994（S1）：156-159.
[19] 矿山测量．什么是科技成果［J］．矿山测量，1995（3）：42.
[20] 李志民．评审、评价和评估，科技“三评”的内涵与区别［EB/OL］．(2020-12-24)［2021-03-28］．https://www.ict.edu.cn/2020/zmhhs_1224/76105.html.
[21] 王春福．试论政策评估和政策评价的区别［J］．理论探讨，1992（3）：46-48.
[22] 殷起鸣．DIT-84009 科技成果评价［J］．大连工学院学报，1984，23（3）：126.
[23] 何浩，钱旭潮．科技成果及其分类探讨［J］．科技与经济，2007（6）：14-17.
[24] 知乎．增强现实产业联盟［EB/OL］．(2021-03-10)［2021-03-28］．https://www.zhihu.com/question/64037826/answer/1771889211.
[25] 申向东，刘尧．建立科技成果评价指标体系对科技成果转化的影响研究[J]．创新科技，2016（11）：29-31.
[26] 袁红业．模糊综合评判法在科技成果评价中的应用［J］．科学管理研究，1991（3）：48-53.
[27] 王立双．科技成果评价方法及指标体系［J］．科技进步与对策，1993（3）：56-57.
[28] 李伟．科技成果评价指标体系及微机处理［J］．沈阳建筑工程学院学报，

1994（1）：93-100.
[29] 方尉页．美国政府如何评价科技成果 [J]．全球科技经济瞭望，1994（3）：7-8.
[30] 陈宁．美国的科技评价与科研事后评价概况 [J]．全球科技经济瞭望，2007（12）：25-31.
[31] 陶蕊，翟启江．美国先进技术计划评估实践的特点与启示 [EB/OL]．（2019-02-22）[2021-03-28]．https://www.sohu.com/a/296509320_468720.
[32] 何有琴，夏梅，刘岩，等．国外科技评价实践及对我国的借鉴 [J]．科学与管理，2007（2）：26-28.
[33] 聂虹，魏翔，佟方．英国、美国、日本科技成果评价比较及启示 [J]．中国矿业，2017，26（S2）：45-48.
[34] 肖其师，刘哲．发达国家科技评价经验与启示：对日韩瑞英德科技评价体系的考察 [J]．科学管理研究，2018，36（6）：107-110.
[35] 黄群，张义芳，孙浩林．德国科学委员会科研机构绩效评价研究 [J]．全球科技经济瞭望，2018，33（3）：35-41.
[36] 科技部．韩国将通过网络接受国家研究成果公开评价 [EB/OL]．（2011-07-19）[2021-03-28]．http: //www.most.gov.cn/gnwkjdt/201107/t20110714_88290.html.
[37] 吴春玉，郑彦宁．韩国科学技术评价体系简析 [J]．科技管理研究，2011，31（22）：40-43.
[38] 姜波．科技成果标准化评价理论与实务 [M]．北京：知识产权出版社，2018：25-103.
[39] 陈玉涛．科技成果评价 [M]．北京：企业管理出版社，2018：137-178.
[40] 郭向远．科技评估方法与实务 [M]．北京：北京理工大学出版社，2019：95-141.
[41] 杨小乐，范利明，王彦丰，等．军工科研院所基于技术成熟度评价的创新能力提升 [C] // 中国企业改革与发展研究会．中国企业改革发展优秀成果 2018（第二届）下卷．北京：中国经济出版社，2018：11.

[42] 欧建新．技术成熟度评价方法在空空导弹研制中的应用研究［C］// 中国航空学会管理科学专业委员会．2013 年中国航空学会管理科学分会学术会议论文集．北京：中国航空学会，2013：6.

[43] 张慧，薛建华，程文渊，等．基于技术成熟度的航空科研管理平台研究［C］// 中国航空学会管理科学专业委员会．2013 年中国航空学会管理科学分会学术会议论文集．北京：中国航空学会，2013：8.

[44] 褚恒之，曾相戈．技术成熟度评价在航空装备研制中的应用研究［C］// 中国航空学会．探索创新交流：第五届中国航空学会青年科技论坛文集（第 5 集）．北京：北京航空航天大学出版社，2012：6.

[45] 程文渊．技术成熟度评价方法的国防科研应用实践研究［C］// 中国航空学会．探索创新交流（第 4 集）：第四届中国航空学会青年科技论坛文集．北京：航空工业出版社，2010：8.

[46] 知乎．浅谈德国工业 4.0 成熟度标准模型：在各个生产环节的要求和技术的应用［EB/OL］．（2019-06-21）［2021-03-28］．https://zhuanlan.zhihu.com/p/70119927.

[47] 孟海华．Gartner：2019 汽车电子技术成熟度曲线［EB/OL］．（2019-08-22）［2021-03-28］．https://www.sohu.com/a/335564081_671272.

[48] 方新．国外关于技术创新评价指标的研究［J］．中外科技信息，1991（1）：43-50.

[49] 彭凯．国内外技术创新研究综述［J］．金田，2013（2）：43-50.

[50] 沈律．科技创新的一般均衡理论：关于科技成果创新度评价的科学计量学分析［J］．科学学研究，2003（2）：205-209.

[51] 张兴，纪军，过增元．研究项目 / 成果创新度的评价方法［J］．中国科学基金，2011，25（3）：164，168.

[52] 李勇刚，邓特，毛志幸，等．农用离心泵先进性评价研究［J］．农业机械，2020（6）：118-120.

[53] 刘海勇．发明专利的技术先进性评价［EB/OL］．（2018-03-16）［2021-03-28］．

https://www.meipian.cn/15x3bf11.
[54] 高艳红，杨建华，杨帆.技术先进性评估指标体系构建及评估方法研究[J].科技进步与对策，2013，30（5）：138-142.
[55] 刘佳，白改玲，纪明磊.一种评价天然气液化工艺技术先进性的新方法[J].化学工程，2016，44（11）：69-73，78.
[56] 喻庆勇，王九云.研究型大学知识产权性科技成果的社会效益问题：以创新驱动发展战略为视角[J].哈尔滨工业大学学报(社会科学版)，2015(2)：135-140.
[57] 李胜春.科技成果的转化是产生社会效益促进就业的源泉［J］.劳动保障世界（理论版），2010（6）：55-57.
[58] 吴长顺，彭玲.社会效益性科技成果产业化的组织模式研究［J］.科技管理研究，2005（11）：6-8，10.
[59] 苏国丽.农业科技成果转化的对策研究：以河南地区为例［D］.郑州：河南农业大学，2011.
[60] JENNIFER M C. Can managerial turnover be a good thing？ The impact of city manager change on local fiscal outcomes［J］. Public administration review，2018，78（3）：338-349.
[61] ARNOLD R D，CARNES N. Holding mayors accountable： New York's executives from koch to bloomberg［J］. American journal of political science，2012，56（4）：949-963.
[62] 杨君宝.高校科技成果转化效率的制约因素及对策探索［J］.产业与科技论坛，2020（7）：129-130.
[63] 杨娜，陈川，徐佳鹤，等.我国林业科研院所科技成果转化初探［J］.国家林业和草原局管理干部学院学报，2020（1）：60-64.
[64] 石军，叶小群，李娜，等.科技成果转化效益评价探究[J].科技创业月刊，2020（2）：54-57.
[65] 邓佳军.绿色增长视角下中国工业企业科技成果转化效率研究［D］.绵阳：

西南科技大学，2019.
[66] 李婷 . 企业科技成果评价探讨［J］. 科技创新导报，2019（2）：235-239.
[67] 邓佳军 . 中国工业企业科技成果转化效率评价：基于绿色增长视角［J］. 广西质量监督导报，2018（10）：74.
[68] 郑力会，鄢爱民，李忠慧，等 . 国内外石油科技成果管理对比分析及建议［J］. 石油科技论坛，2018（4）：23-31.
[69] 潘苏彦，魏一鸣，张海波，等 . 基于风险修正型现值收益法的医院科技成果经济效益评估实证研究［J］. 北京医学，2016（9）：952-955.
[70] 谭春辉，李思佳，程凡 . 创新武汉市科技成果评价指标研究 [J]. 科研管理，2016（S1）：607-613.
[71] 潘苏彦，魏一鸣，潘军华 . 北京 21 家市属医院科技成果转化调查［J］. 北京医学，2014（12）：1058-1060.
[72] 郭奇 . 科技成果转化的经济效益评价［J］. 科技创新与生产力，2014（7）：29-31，33.
[73] 刘玮，李燕凌 . 科技创新成果转化与产业链发展［J］. 科学管理研究，2014（1）：15-18.
[74] 华玉燕，赵纳 . 基于 DEA 方法的科技金融结合效率研究：以安徽省为例［J］. 金融教育研究，2013（3）：46-49.
[75] 黄伟 . 我国科技成果转化绩效评价、影响因素分析及对策研究 [D]. 长春：吉林大学，2013.
[76] 李勃 . 农业科研项目绩效评价指标体系构建研究［D］. 昆明：云南大学，2011.
[77] 王晓红，陈浩 .1999—2006 年我国各省市高校科研效率的实证研究：基于科技成果指标变化的对比分析［J］. 科研管理，2011（4）：94-101，135.
[78] 徐晨，邵云飞 . 基于 DEA 的科技成果转化绩效评价研究［J］. 电子科技，2010（7）：58-61.
[79] 唐敏 . 江苏省科技成果转化及综合评价研究［D］. 扬州：扬州大学，2010.

[80] 成玉飞．高校科技成果转化评价指标体系的分析设计［J］．科学大众（科学教育），2010（3）：122.
[81] 裴晓红．畜牧科技成果效益评价指标构成的初步探讨［J］．贵州农业科学，2009（10）：163-166.
[82] 沈菊琴，熊珂，卢小广，等．主成分分析法在县域工业科技成果转化绩效评价的运用［J］．科技管理研究，2009（5）：178-180.
[83] 尹航，孙希波，傅毓维．基于因子分析的科技成果转化项目综合风险评价［J］．科技进步与对策，2009（3）：1-6.
[84] 尹航．基于BP神经网络的科技成果转化项目技术经济可行性评价研究［J］．科学学与科学技术管理，2008（5）：99-106.
[85] 成玉飞．我国高校科技成果转化过程及评价研究：以天津市为例［D］．天津：河北工业大学，2008.
[86] 刘希宋，成勇．基于神经网络的科技成果转化评价［J］．科技进步与对策，2007（1）：47-49.
[87] 孙仁金．基于期权定价理论的科技成果经济价值评估［C］// 中国石油大学（北京）．第一届中国能源战略国际论坛论文集．北京：中国石油大学（北京），2006.
[88] 苏琳珉．石油科技成果经济效益评估方法［J］．大庆石油学院学报，2004（1）：53-55，122.
[89] 黄伟．中国科技成果转化现状与发展［J］．科技成果纵横，2002（5）：7-9.
[90] 李强，冯中朝．农业科研成果的社会、经济、生态效益评估方法与模型［J］．技术经济与管理研究，1999（5）：3-5.
[91] 黄伟．美国的风险投资［J］．科技成果纵横，1999（1）：3-5.
[92] 刘威．高校院系科研绩效综合评价与优化研究［D］．北京：华北电力大学，2015.
[93] 郁春兰．基于AHP的高职院校科技创新团队成长性评价研究［J］．科技经济导刊，2019（32）：153.

[94] 朱光兴，郭东强 . 高校科技创新团队绩效评价体系构建：基于 AHP-IMOI 模型 [J] . 教育评论，2019（6）：71-77.
[95] 王凤莲，周晓宏，汪琨 . 地方产业高层次科技人才团队绩效评价体系构建 [C] // 中国软科学研究会 . 第十四届中国软科学学术年会论文集 . 北京：中国软科学研究会，2018.
[96] 王晓蓬，许安琪 . 高校科技创新团队“定性”与“定量”评价及其优化措施 [J]. 浙江理工大学学报（社会科学版），2018（3）：237-242.
[97] 陈睿莹 . 高层次科技人才评价及科研团队挖掘研究 [D] . 南京：南京农业大学，2018.
[98] 代蕾，尹宝莹，沈业 . 促进地方高校科技创新团队发展的人才评价机制构建 [J] . 吉林广播电视大学学报，2017（11）：31-32.
[99] 唐明 . 让科技评价激励团队创新能力 [N] . 人民政协报，2017-09-11（3）.
[100] 胡泽民，刘杰，莫秋云，等 . 基于 DEA-FCA 模型的科技创新团队绩效评价研究 [J] . 科技管理研究，2017（14）：64-69.
[101] 王晓蓬，朱雪波 . 高级要素市场化背景下科技创新团队评价体系研究 [J] . 高等工程教育研究，2016（3）：142-146.
[102] 荣鹏飞，葛玉辉 . 科技型企业高管团队决策绩效评价的 ELMAN 神经网络模型研究 [J] . 现代情报，2014（3）：110-114.
[103] 贾连奇，李巨光，朱雪梅，等 . 农业科技创新团队绩效评价体系研究 [J] . 第一资源，2013（5）：40-50.
[104] 张海燕 . 高校科技创新团队成长性评价研究 [D] . 天津：天津大学，2006.
[105] 王文娟 . 我国高校科研团队绩效评价指标体系研究：基于投入产出比视角 [D] . 济南：山东师范大学，2013.
[106] 张金福，王思清 . 大学科研团队外延性学术产出评价体系的构建 [J] . 玉林师范学院学报，2013（1）：117-121，15.
[107] 孙晓军 . 医药科技成果转化中的法律风险防范 [J] . 区域治理，2019（43）：

125-127.

[108] 潘广悦，范强，刘贞．科技成果转化常见法律风险与防范措施［J］．国防科技工业，2019（9）：21-23.

[109] 张贤．新型研发机构科技成果转化项目风险管理研究：以C研究院为例［D］．成都：电子科技大学，2019.

[110] 李昊，雷少伟，鲁先锋．农业科技企业科技成果转化的风险分析及防范措施研究：以浙江传化生物技术有限公司为例［J］．广西农业机械化，2019（3）：87-90.

[111] 田巽猎．科技成果转化中知识产权法律风险防范研究［D］．北京：中国政法大学，2019.

[112] 陈长民，郑丹婷．陕西农业科技成果转化风险投资的问题与对策［J］．西部金融，2019（2）：19-23.

[113] 张艳秋，郑彦宁．中美科技成果转化中的风险投资比较研究［J］．全球科技经济瞭望，2018（4）：35-39.

[114] 范瑞泉，黄林军，刘乐，等．科技成果转化关联关系的界定与交易风险防控［J］．中国高校科技，2018（3）：37-38.

[115] 刘波，杨芮，李科．科技成果转化中试风险源研究：基于西北地区制造业的实证分析［J］．科学学与科学技术管理，2017（1）：75-87.

[116] 张代军，包蓓露．企业科技成果转化融资风险及其保险意愿研究［J］．保险理论与实践，2016（11）：64-77.

[117] 李玲娟，欧晓斌．科技成果转化中风险资本的退出机制研究［J］．科学管理研究，2016（2）：86-89.

[118] 吕超，杨贵彬．黑龙江省老工业基地高新技术产业科技成果转化风险评价指标研究［J］．经济师，2015（9）：198-200.

[119] 林婉琼．专利风险感知对科技成果转化绩效影响实证研究［D］．福州：福州大学，2015.

[120] 秦国杰．高新农业科技成果转化的风险分析［J］．山西农业科学，2014（6）：

618-620.

[121] 齐美然，郭子雪，卢鑫．高校科技成果转化项目投资风险评价指标体系研究［J］．河北企业，2014（6）：24-25.

[122] 王婷，李电东．科技项目开发及成果转化中的风险管理模式［J］．中国科技信息，2011（11）：175-176.

[123] 蔡韡．基于企业实力和风险分析的高校科技成果转化研究［J］．河北工业大学学报，2009（2）：56-62.

[124] 王立英，董兴林，马媛，等．高校科技成果转化过程中的风险识别与度量［J］．科技管理研究，2008（6）：186-188.

[125] 吕超．基于粗糙集的科技成果转化风险评价指标选择研究［J］．技术经济，2008（2）：31-34.

[126] 潘建红．以高质量科技政策供给推动科技成果转化［J］．人民论坛·学术前沿，2019（24）：60-65.

[127] 诸葛媛．我国高校科技成果转化法律制度完善研究［D］．武汉：华中师范大学，2019.

[128] 夏一维．刍议制定农业科技成果转化政策的风险规避［J］．辽宁行政学院学报，2014（12）：20-22.

[129] 马扬，陈刚，孙剑峰．科技成果转化的阻滞分析及政策研究［J］．科学管理研究，2000（2）：19-22.

[130] NAMGAY P，SINGHA A. Evaluation and analysis of grammatical linguistic pattern over social science and technology textbooks［J］. Procedia computer science，2016，93：521-532.

[131] KUMALADEWI N，SUGIARTI Y. Design analysis of data warehouse for lecturer performance evaluation （case study: faculty of science and technology UIN jakarta）［C］//IEEE. 4th International Conference on Cyber and IT Service Management. New York:IEEE，2016： 152-157.

[132] DE LIMA R G，LINS H N，PFITSCHER E D，et al. A sustainability

evaluation framework for Science and Technology Institutes： an international comparative analysis [J] . Journal of cleaner production，2016，125：145-158.

[133] HWANG D，CHUNG S. A study on the effect of performance evaluation institutions on national R&D programmes： by applying the science and technology production function [J] . Public policy review，2017，31（4）：27-57.

[134] PANDEY A，KUMAR A. Commentary on "Evaluating the criteria for human resource for science and technology （HRST） based on an integrated fuzzy AHP and fuzzy DEMATEL approach" [J]. Applied soft computing, 2017(51): 351-352.

[135] MARKOVIC D，MLADENOVIC I，MILOVANCEVIC M. Estimation of the most influential science and technology factors for economic growth forecasting by soft computing technique [J] . Quality and quantity，2017，51（3）：1133-1146.

[136] AL-KFAIRY M，KHADDAJ S，MELLOR R B. Evaluating the effect of organizational architecture in developing science and technology parks under differing innovation environments [J] . Simulation modelling practice and theory，2020，100：102036.

[137] MBA 智库百科 . 科学技术经济效益 [EB/OL] . [2021-08-17] . http://wiki. mbalib.com/wiki/ 科学技术经济效益 .

[138] 蒿珺 . 出口总额暴涨 320%！ 高原夏菜助力甘肃脱贫攻坚 [EB/OL] .（2013-12-06）[2020-08-01] . https://wiki.mbalib.com/wiki/%E7%A7%91%E6%8A%80%E7%BB%8F%E6%B5%8E%E6%95%88%E7%9B%8A.

[139] 快科技 . 华为正在大幅扩张俄罗斯的研究中心，数学天才助力突破 3G 网络 [EB/OL] . （2019-09-19）[2020-08-01] . https://www.xianjichina.com/news/details_144944.html.

[140] 巨颖．全球量子技术大角逐，谁将领跑？［EB/OL］．(2019-06-27)［2020-08-03］．https://www.sohu.com/a/323468237_354046.

[141] 秦雯，张颖．40 年 · 瞬间 15：24 年前，他们打破了医保的大锅饭［EB/OL］．(2018-11-15)［2020-08-03］．http: //k.sina.com.cn/article_6145283913_16e49974902000igwq.html.

[142] 卢岩．广岛纪念核爆 69 周年，日本“核”未来仍需警惕［EB/OL］．(2014-08-06)［2020-08-03］．http://www.chinanews.com/gj/2014/08-06/6462440.shtml.

[143] 中国青年报客户端．乌克兰纪念切尔诺贝利核事故 34 周年［EB/OL］．(2020/04-22)［2020-08-03］．https://baijiahao.baidu.com/s? id=1665132977116783486&wfr=spider&for=pc.

[144] 赵鲁．实验室 SARS 病毒泄漏事故回顾［N］．中国科学报，2014-07-25 (14).

[145] 双珜秘制．阿斯旺大坝建成后，虽治理了尼罗河的泛滥，也影响了周边生态环境［EB/OL］．(2019-03-04)［2020-07-29］．http: //k.sina.com.cn/article_6775659131_193dc5a7b00100gc45.html?from=travel.

[146] 胡展奋，高勤荣．山西煤炭采空区坍陷：不适合居住村超 700 个［EB/OL］．(2011-11-02)［2020-07-28］．https://news.qq.com/a/20111102/001233.htm.

[147] 新华网．存放核废料仍是全球难题［EB/OL］．(2011-08-16)［2020-07-28］．http: //news.ifeng.com/c/7faArbBLpYi.

[148] 人民网．让中国人探索太空的脚步迈得更稳更远［EB/OL］．(2020-04-23)［2020-07-28 ］．https://baijiahao.baidu.com/s? id=1664915918458368560&wfr=spider&for=pc.

[149] 新华网时政部．“墨子号”量子卫星率先实现千公里级星地双向量子纠缠分发［EB/OL］．(2017-06-16)［2020-07-28］．http://www.xinhuanet.com/politics/xbzt/2017mzh.htm.

[150] 九州纵横．比原子弹还难？我们造出自己的高端光刻机还有多远？［EB/OL］．(2017-07-03)［2020-07-28］．https://www.sohu.com/

a/405447099_484281? _f=index_pagefocus_1.

[151] 索比光伏网．每月只发电 40 小时，甘肃光伏电站严重亏损！谁该为此担．（2018-09-28）［2020-07-28］．https://www.sohu.com/a/256654540_418320.

[152] 中油网．世行：2020 年全球经济将下滑 5.2%！美国 GDP 将下滑 6.1%，中国呢？［EB/OL］．（2020-06-10）［2020-07-28］．https://www.sohu.com/a/256654540_418320.

[153] 余企云．美国环境保护评述［J］．全球科技经济瞭望，1997（6）：50-52.

[154] 苏航，方燕翎．关于完善科技成果评价体系的思考：环境影响评价对科技成果评价的指导与借鉴意义［J］．科技与创新，2019（13）：103-104.

[155] 王浩宇，李杨，韩震，等．对《建设项目环境影响评价技术导则总纲》的几点思考［J］．环境科学与管理，2017，42（7）：10-12.

[156] 生态环境部．《环境影响评价法》修改后有关问题答记者问［J］．资源节约与环保，2019（2）：1-2.

后　记

本书由甘肃省科学技术情报研究所（甘肃省科学技术厅2017年认定的首批第三方科技成果评价机构）组织编写，主要论述了什么是科技成果评价、科技成果评价的国内外研究现状、科技成果评价的流程及管理服务系统，详细阐述了科技成果评价工作开展的具体理论与方法，并结合甘肃省科技成果评价案例描述了具体的操作实务。编写本书旨在促进甘肃省科技成果评价从业人员队伍建设，进一步提高科技成果评价的标准化水平，推动优秀科技成果的转移转化。

本书第1章至第6章由张龙同志完成，第7章至第10章、附录由曾硕勋同志完成。本书在编辑出版过程中，得到了科学技术文献出版社的大力支持，非常感谢出版社副总编丁坤善同志和出版社编辑同志。同时，本书也参考了国内众多同行的研究成果，也得到了甘肃省科学技术情报研究所领导和同事的关心与帮助，在此深表感谢。

经过近4年的科技成果评价实践，甘肃省的科技成果评价工作积累了一定的方法与经验，在本书中得到了充分体现。但是，根据《关于完善科技成果评价机制的指导意见》和新的评价形势与需求，甘肃省的科技成果评价工作仍然有很多方面需要深入研究探索，且由于编写时间和作者水平有限，本书还有很多欠妥及疏漏之处，恳请广大读者理解并提出宝贵的意见与建议。